레일리의
수력학·전기학 연구

구 자 현 지음

멜일미의

수력학·전기학 연구

ksi 한국학술정보㈜

이 저술은 2005년 정부 재원(교육인적자원부 학술연구조성사업비)으로
한국학술진흥재단의 지원을 받아 연구되었음(KRF-2005-003-H00001).

　필자가 레일리를 연구의 중심으로 삼은 것은 매우 우연적이었다. 서울대학교 과학사 및 과학철학 협동과정에서 과학사를 공부하면서 필자는 평소의 관심대로 물리학사에 많은 관심을 갖게 되었다. 레일리의 음향학사가 필자의 박사 논문의 주제가 된 것도 깊은 고민 속에서 결정된 것은 아니었다. 그러나 그러한 결정은 곧 금광을 발견한 것이나 다름없다는 것을 깨달았다. 음향학사가 갖는 중요성에도 불구하고 1990년대 전반까지 근대적인 음향학사를 본격적으로 서술하려는 노력은 거의 전무하다시피 했다. 그러므로 필자의 연구는 기존의 연구를 면밀히 살피고 그 가운데서 논의할 내용을 찾아내는 방식이 아니라 정글에 그럴듯한 구조물을 세우는 일과 흡사했다. 직접 모든 것과 부딪쳐야 하는 어려움이 있었지만 그러한 창조적인 작업 자체는 큰 성취감을 안겨 주었다. 곤경을 극복해나가면서 필자의 연구는 해외에서도 그 가치를 서서히 인정받게 되었다. 그러면서 필자는 레일리가 과학사상에서 갖는 중요성에도 불구하고 그의 과학 연구 전반에 대한 연구 자체가 매우 부족하다는 것을 알게 되었다. 레일리의 『음향 이론』

에 관한 장(chapter)을 *Landmark Writings in Western Mathematics 1640 - 1940*에 쓰게 된 것이 계기가 되어 이 책을 편집한 그래턴-기네스(Ivor Grattan-Guinness) 교수는 필자의 적극적인 연구 지원자가 되었고 그는 필자에게 레일리에 대한 확대된 연구를 수행할 것을 격려했다. 그것이 계기가 되어 필자의 연구 주제가 된 것이 레일리의 수력학과 전기학이었다.

이 두 연구 주제는 레일리에 있어서 음향학과 가장 긴밀한 연관성을 갖는 분야였기 때문에 우선적으로 선정되었다. 그러므로 필자의 연구도 주로 이 주제의 음향학과의 관련성에 집중되었다. 그렇지만 레일리의 수력학과 전기학은 음향학과는 별도의 관심 속에서 수행된 경우가 많았다. 이러한 레일리의 연구들은 보다 오래된 각 분야의 연구사와 긴밀한 연관을 갖고 있었다. 그렇기 때문에 필자는 짧은 논문을 출판하려는 계획을 바꾸어 수력학과 전기학의 역사를 정리하고 그러한 맥락에서 레일리의 연구를 다루는 것이 독자들에게 이 주제를 이해하는 데 더 도움이 되리라는 생각을 했다. 그렇기 때문에 이 책은 수력학과 전기학에 대한 일반적인 관심이 있는 독자들에게도 도움이 될 수 있는 역사적 정보들을 상당 부분 포함하고 있다. 그러므로 전반부의 내용은 독창적인 연구보다는 다른 저자들의 연구를 정리하는 성격을 갖게 되었고 후반부에 레일리의 연구에 대한 서술 부분이 원전에 기초한 연구를 포함하는 구조를 갖게 되었다.

과학사를 연구함에 있어서 과학의 내용의 전개 못지않게 사회적 맥락을 중시하려는 시도들이 많이 이루어져 왔다. 과학은 사회와 관계를 맺고 진척이 된다는 측면에서 그러한 역사 서술이 의미를 갖는다고 할 수 있으나 여전히 많은 이들은 과학의 개념의 형성과 변형과 더불어 연구의 진척 과정에 더 많은 관심을 갖고 있다. 필자의 과학사 서술의 방식은 이러한 사람들의 관심을 충족시키는 데 집중되어 있다. 이러한 과학사 서술 방식의 고수는 여전히 과학의 내용상의 변혁에 결정적인 영향을 미치는 것은 과학 자체이며 사회적 맥락의 영향은 부수적이라는 필자의 믿음을 반영한다. 이러한 과학사 서술의 장점은 과학사 서술을 통하여 과학 연구자들이나 학생들에게 과학의 발전 과정에서 창조성은 어떻게 형성되는 것인가를 알려서 이후에 있게 될 그들의 연구에 창조적 아이디어를 제공하고 과학의 혁신을 이루기 위해서 어떠한 방식의 사고 전개가 요구되는지를 알게 할 수 있다는 점이다. 필자는 그것 자체가 과학사 연구의 실용성을 증진시킬 수 있는 실제적인 방안이라고 믿는다. 부디 이 책의 논의들이 그러한 목적을 달성하기를 바란다.

이 연구가 이루어질 수 있도록 도움을 준 많은 이들에게 감사한다. 자료의 제공에 협조해 준 Burndy Library, Dibner Institute와 Niels Bohr Library, College Park에도 감사한다. 자료의 접근을 위해서 애써 주신 윌슨(Curtis Wilson) 교수와 그래턴-기네스 교수께도 감사한다. 연구를 위해 재정적 지원을 해준 한국학술진흥재단과 책의 출판을 위해 애써 주신 한국학술정보(주)에도 감사한다. 그리고 무엇보다도 나의 생의 동반자로서 위로와 격려뿐 아니라 모든 일의 완벽한 원조자가 되어준 아내 최윤정과 항상 위로와 격려와 자극이 되어준 아들 구단열에게도 감사한다.

구 자 현
영산대학교 학부대학

차 례

서 문: 왜 수력학과 전기학인가

레일리(Rayleigh, 1842-1919)의 과학자로서의 명성은 널리 알려져 있다. 그는 영국인 최초의 노벨 물리학상을 수상했으며 19세기 말 선진 영국 과학을 이끌어가는 핵심적인 인물이었다. 하늘이 왜 파란지를 밝혀내었고, 고전역학적인 방법으로 흑체의 복사 공식을 수립하였으며 양자 역학에서 근사치를 구하는 방법인 레일리–리츠(Rayleigh-Ritz) 방법을 만들어내기도 하였다. 그 밖에 그의 업적은 역학, 탄성학, 수력학, 음향학, 열역학, 기체 운동론, 전자기학, 광학, 수학 등 당시 물리학의 모든 분야를 아우를 정도로 광범위하다.[1] 연구 분야의 다양성에서 당시 최고의 과학자라고 부를 수 있는 윌리엄 톰슨이나 맥스웰과 어깨를 겨룰 정도이다.

레일리가 가장 관심을 많이 가진 분야는 음향학이었다. 『음향 이론』(*The Theory of Sound*)은 레일리가 쓴 유일한 책이며 그가 남긴 446편의 논문 중 130편이 음향학에 관한 것이었다.[2] 그는 음향학에서

---

1) Rayleigh, *Scientific Papers by Lord Rayleigh* (New York: Dover), vol. 6, p. xiii.

실험과 수학적 이론 양쪽에서 독창적인 연구 업적을 남김으로써 영국 음향학을 세계적인 수준으로 올려놓았으며 영국 음향학이 음악 이론에 부응하는 경험적 과학의 수준에서 벗어나 수학적 이론의 통합적 체계 위에 서는 데 중심적인 역할을 수행하였다.[3] 그가 이와 같이 많은 과학 분야에 관심을 가지면서도 특별히 음향학에 첫째가는 관심을 가진 이유는 무엇이었을까? 그에 대한 대답은 어디에도 분명하게 나와 있지는 않지만 레일리가 음향학 연구를 수행을 하면서 항상 다른 진동과 파동의 문제에 폭넓은 관심을 표명하였던 것에서 추론이 가능하다. 그는 당시 물리학의 핵심을 파악하는 핵심 원리로 파동과 에너지 보존을 생각하고 있었다. 그에게 자연의 모든 현상의 변화하는 과정은 파동의 형태였으며 이러한 파동의 형태를 추적하는 핵심에는 미분 방정식이 있었다. 이러한 생각에는 1822년에 발표된 푸리에의 정리가 핵심적인 역할을 하였다. 모든 종류의 복잡한 곡선도 가장 단순한 사인파의 조합으로 만들어낼 수 있다는 사실은 자연 세계의 모든 공간적, 시간적 전개 양상을 사인파의 조합으로 표현할 수 있다고 믿게 만들었다. 또한 그가 이러한 탐구 과정을 진척시키기 위해서는 미분 방정식을 수립하고 풀이하는 과정이 꼭 필요했던 것이다. 또 하나의 원리인 에너지 보존은 윌리엄 톰슨이 모든 물리적인 계를 통합할 수 있는 원리로서 채용하였던 것으로 톰슨의 영향을 받아 레일리도 에너지 보존의 원리를 파동의 논의에 핵심적인 고려사항으로 삼았다. 그는

---

2) Ja Hyon Ku, "J.W. Strutt, Third Baron Rayleigh, *The Theory of Sound*, First Edition (1877-78)," in Ivor Grattan-Guinness ed., *Landmark Writings in Western Mathematics 1640-1940* (Amsterdam: Elsevier, 2005), chapter 45. pp. 588 – 599.

3) Ja Hyon Ku, "British Acoustics and Its Transformation from the 1860s to 1910s," *Annals of Science* 63 (2006), pp. 395 – 423.

자연의 양상이 전개되는 데 가장 중요한 제한 요인으로서 에너지 보존은 자연을 이해할 수 있는 핵심적인 정보를 제공해 준다고 믿었다. 이러한 파동과 에너지 원리를 광범위하게 자연에 적용하려고 하는 것이 레일리의 과학 연구의 전반적인 방향이었다고 간주할 때 이러한 원리를 가장 손쉽게 경험적으로 확인할 수 있는 분야가 음향학이다. 발음체가 진동을 하고 거기에서 귀로 확인할 수 있는 소리가 발생하는데, 소리는 일반적인 파동이 보이는 다양한 측면들을 모두 드러내기 때문에 레일리의 소리에 대한 연구는 단순히 거기에서 그치지 않고 항상 관련된 다른 분야의 탐구와 연결되었다.

　소리에 대한 탐구가 인접한 물리적 현상과 연결될 때 가장 긴밀한 연관성을 가질 수 있는 대상이 수면파, 빛, 전기 진동이었다. 이 삼자는 모두 파동의 일종이라는 것이 이미 알려져 있었기 때문에 소리에 이어서 레일리의 직접적인 관심사가 되었다. 소리에서 일어난 현상이 유비적으로 연결될 수 있는 현상들을 이러한 대상들에서 찾을 수 있었고, 동일한 수학적인 방법을 적용할 수 있는 문제들이 그 언저리에 있었다. 그중에서 수력학과 전기 분야는 레일리가 음향학 연구를 수행하기 위해서 도구적인 목적에서도 꼭 필요한 분야였다. 수력학은 유체의 움직임을 다루는 분야로 이미 당시 많은 수학자들과 과학자들의 관심을 끌고 있는 분야였는데 레일리가 음향학적 현상들을 이해하기 위해서 공기의 움직임의 이해가 필요했기 때문에 음향학 연구에서 꼭 필요한 개념적, 수학적 도구를 제공해주는 분야였다. 또한 소리의 검출을 위해서 당시에 널리 활용되기 시작했던 불꽃이나 분사물의 진동의 문제를 해결하기 위해서도 수력학적 탐구가 필요했다. 비슷한 방식으로 전기 분야도 음향학 연구에 연결되었다. 전기적 진동 자체가 파동의 형태여서 음향학적 논의가 유비적으로 확장될 수 있는 탐구 대상이기도 했지만 음향학 실험의 도구로서 전기는 중요했다. 진동하는 물체의 운동을 관찰하기 위한 목적에서 요구되는 단속적인 시야나 단속적인 조명이 일정한 주기를 갖게 하기 위해서 전동 소리굽쇠나 RLC 진동 회로가 중심적인 역할을 하게 되었다. 그런 점에서 일정한 진동수를 유지하는 전동 소리굽쇠를 만들어 내거나 RLC 회로를 구축하는 일은 매우 중요한 일이었다. 이런 이유에서 레일리는 전기 회로의 구성 요소에 대해서 많은 관심을 갖게 되었다. 더 나아가서 전화기를 회로에서 미세한 전류를 검출할 수 있는 수단, 즉 전기 신호를 음향 신호로 전환해주는 장치로 활용함으로써 레일리는 음향학적 방법을 전기 연구에 채용하는 연구를 수행하였다.

물론 모든 수력학이나 전기에 대한 레일리의 연구가 음향학과 관련성을 가지고 이루어진 것은 아니었다. 레일리는, 소리 연구와 관련성을 갖지 않더라도 그 자체의 탐구 대상으로서 수력학과 전기에 대한 다양한 연구를 수행하였다. 수력학에서 항공이나 항해를 위해 필요한 저항의 이해나 모세관력에 의한 표면 저항, 조수 현상, 고립파 등에 대한 연구가 있었고 전기에서는 표준 전기 저항의 측정, 표준 기전력을 갖는 전지의 제작, 은의 전기화학 당량 측정과 같은 연구들을 수행하였다. 이러한 연구들이 관련 분야에서 혁명을 일으킬 수 있을 정도의 반향을 불러일으킨 것은 아니었지만 중요한 진보를 이룩했으며, 역사적 관점에서는 당시 관련 분야의 연구 관심사가 무엇이었으며 어떤 방식으로 연구가 진척되었는지를 이해할 수 있는 기회를 제공해준다.

이 정도면 독자들은 왜 이렇게 상이한 성격을 갖는 수력학과 전기학이라는 생소한 주제를 묶어서 하나의 책을 쓰게 되었는지를 납득하게 되었으리라고 믿는다. 이미 필자는 레일리의 음향학에 대해서는 박사 학위 논문과 그 이후 출판된 논문들을 통하여 많은 논의를 전개하였고 관심사를 인접 분야로 확대하기로 작정하였기 때문에 음향학 다음으로 연구하기에 적합한 주제로 선정한 것이 이 두 분야였다. 그렇지만 두 분야의 성격은 매우 상이하다. 19세기 물리학의 주제를 다룰 때 우리는 역학, 수력학, 빛, 음향학과 같이 전통적인 수학화된 분야와 열, 전기, 자기와 같이 전통적인 실험적 분야를 함께 살펴본다. 전자는 계속되는 수학적 방법론의 진보에 발맞추어 더 확장된 문제의 취급이 이 분야에서 이루어지는 것을 볼 수 있다. 한편 19세기 물리학의 혁명은 후자의 분야들이 수학화되는 과정에서 일어났다. 열역학의 형성과 열역학 법칙들의 정립이 이 시기에 이루어졌고 전자기학의 수립과 전자기파의 발견, 빛의 본성의 이해와 더불어 더 혁명적이라고 할 수 있는 장 개념의 수립이 후자에서 일어났다. 결국 20세기 초에 이르면 전자와 후자는 구분할 것 없이 수학화되고 실험의 방법에 의해 정교화된 검증 시스템을 갖춘 물리적 탐구 분야로 인식되었다. 그런 점에서 이 두 분야가 어떻게 레일리에게서 연구되고 있었는지를 살피는 것은 이러한 통합이나 균질화의 과정이 어떻게 일어났는지를 알아볼 수 있는 기회를 제공한다.

이 책에서는 레일리의 두 분야에서의 연구를 다루기 전에 먼저 수력학과 전기 분야의 연구사를 살펴볼 것이다. 그렇지만 두 분야를 대등한 비중으로 다루지는 않을 것이다. 왜냐하면 전기 분야에 대하여는 과학사 분야에서 기존에 많은 연구들이 이루어졌고 국내에도 그러한 연구들이 많이 소개되어 있는 반면에 수력학 분야에 대해서는 기존의 연구가 박약할 뿐만 아니라 국내에서 이 분야의 역사에 대한 소개 자체가 전무한 상태이기 때문이다. 그러므로 필자는 특히 수력학의 역사를 좀 더 많은 분량을 할애해서 정리하는 것이 독자들이 레일리의 수력학 연구를 이해하는 데 필요한 기초 개념을 잡는 데 도움을 줄 수 있을 것이라고 믿는다. 반면에 전기 분야의 역사 소개에서는 레일리의 연구 관심사와 관련성이 있는 부분을 중심으로 논의를 전개하고자 한다. 그렇게 두 분야에 대한 개관이 끝나면 레일리의 생애와 연구 관심사를 전반적으로 살펴본 후에 수력학에 대한 연구와 전기에 대한 연구를 몇 가지 주제로 나누어서 살펴볼 것이다. 이 과정에서 레일리가 발표한 논문들과 미발표 연구 노트와 서신들의 내용을 중점적으로 살피고 분석하게 될 것이다. 이로써 레일리의 연구 관심사의 특징과 논의상의 특징이 드러나게 될 것이다. 이 연구를 레일리의 수력학과 전기에 관한 완전한 논의로 보기에는 미흡한 점이 너무 많다. 그럼에도 불구하고 이 책은 그러한 심화된 연구를 위한 하나의 사전 작업으로서 의미를 가질 수 있을 것이다.

수력학의 약사

수력학(hydrodynamics)은 그 명칭이 의미하는 바와는 사뭇 다른 의미를 가지고 있다. 그 명칭에 따르면 이 분야의 논의가 '물'(水, hydro)의 '역학'(力學, dynamics)에 한정될 것처럼 보이지만 이 분야의 범위는 그보다 더 넓어서 모든 유체를 아우른다. 그런 점에서 공기역학(aerodynamics)까지도 모두 포괄하는 분야인 셈이다. 이러한 명칭이 쓰이게 된 것은 역사적인 유래를 갖고 있다. 원래 물에 관련된 과학적 논의는 수리학(水理學, hydraulics)이 있었다. 고대로부터 그 뿌리를 찾을 수 있는 이 학문은 매우 실용적이고 기술적인 성격이 강했다. 특히 로마 시대에는 먼 거리까지 연결하는 수도관이 건설될 정도로 물의 흐름에 대한 관심이 드높았다. 또한 수리학은 항해술의 기초 분야로서도 중요한 의미가 있었다. 그런 점에서 물의 흐름에 대한 이해는 매우 중요했다. 비슷한 분야로서 정수역학(靜水力學, hydrostatics)이 고대부터 존재했다. 아르키메데스의 원리로 유명한 부력에 대한 탐구가 흐르지 않는 정지한 물의 다양한 특성을 연구하는 분야로서 일찍부터 존재했다.

그에 반하여 수력학은 근대에 출현하였다. 수리학과 정수역학의 전통을 이어 받아 유체의 동역학적 특성을 탐구하는 분야로서 출범하였던 것이다. 그 뿌리는 뉴턴에게서 찾을 수 있는데 뉴턴의 역저 『자연철학의 수학적 원리』(프린키피아)에서 2권의 대부분을 할애하여 뉴턴은 이 문제를 다루었던 것이다. 뉴턴의 근대적인 역학이 처음으로 다룬 문제가 천체 분야와 유체의 운동이었다는 점은 주목할 만한 가치가 있다. 18세기에 그의 전통을 잇는 뉴턴주의자들에 의해 수력학은 핵심적인 수학적 논의가 수행되어야 할 분야로서 관심을 끌게 되었기 때문이다. 오일러(Leonhard Euler), 다니엘 베르누이(Daniel Bernoulli), 달랑베르(D'Alembert), 라플라스(Simon Laplace)가 모두 관심을 기울였고 방정식의 구축과 풀이를 통해서 수학적인 이해를 도모하였던 분야인 수력학은 근대적인 수학적 분야로서 당당하게 출발하였던 것이다. 그런 점에서 수력학은 처음부터 매우 수학적이었고 거기에서 취급하는 논의 또한 수학적 취급을 위해 이상화되어 있었다.

그렇기 때문에 실재하는 유체의 운동을 취급하는 문제는, 다루는 계의 복잡성 때문에 그 진보가 매우 더디게 이루어졌다. 최초의 기본 방정식들이 만들어진 후에 유체 저항의 법칙이 유도되기까지 거의 200년이 걸렸다. 반면에 다른 인접 분야인 역학, 전기역학, 열역학 등에서는 관련 분야에서 예측이 실험으로 검증됨으로써 그 분야의 연구의 유용성이 비교적 빨리 입증되었다. 가령, 조수 이론만 하더라도 라플라스의 평형 방정식이 18세기 말에 수립되었지만 그것으로 실제 조수의 운동을 예측하는 것은 불가능했다. 라플라스의 방정식은 이상적인 모형에 적용되었지만 실용적인 필요에 의해 조수 현상을 예측하기 위해서는 훨씬 더 복잡한 요인들이 개입되어야 했다. 이렇게 수력학 분야는 일련의 현상을 이해하기 위한 실용적인 이론이 수립되기까지 매우 긴 시간이 걸린 분야였다. 이 분야에서 이론의 정교화가 더디게 이루어진 주된 이유로는 무한대에 가까운 자유도와 기본 방정식이 갖는 비선형성을 들 수 있다. 이 두 요인은 구체적인 경우에서 방정식의 해를 얻는 것을 매우 어렵게 만들었다. 해를 얻어낸 경우에도 불안정성은 종종 그러한 해의 정확성을 훼손하였다.

이러한 어려움 때문에 수력학에서 순수하게 수학적으로 진보를 이루어가는 데에는 많은 문제가 있었다. 문제를 풀어 가는 데 어느 분야보다도 직관에 의존하는 일이 많았고 방정식을 변형하여 문제를 푸는 혁신적인 방법들이 동원되었다. 가령 나비에(Navier)는 점성에 관한 항을 첨가하였고 다른 이들은 더 높은 차수의 항을 추가하기도 했다. 또 다른 방법은 헬름홀츠가 특이점의 행동 양식을 추적하기 위해서 취한 방법으로 오일러 방정식의 해가 가져야 할 연속성을 포기하는 것이었다. 때로는 구체적인 조건들을 결정해서 그러한 조건하에서 일어날 수 있는 몇 안 되는 흐름들을 탐구하는 방식이 궁구되기도 하였다. 이러한 '유선 추적' 방식은 계산으로 얻을 수 있는 흐름들이 유체 저항이 최소가 되는 것들에 해당되었기 때문에 상당한 성과를 기대할 수 있었다.[1] 이론가들은 계속된 새로운 문제로부터의 도전을 새로운 근사의 방법을 고안하여 해결해 나갔던 것이다.

1. 수학으로서의 수력학

이 절에서는 18세기에 수력학이 수학적 분야로서 걸출한 이론가들

---

1) Olivier Darrigol, *Worlds of Flows: A History of Hydrodynamics from the Bernoullis to Prandtl* (Oxford University Press, 2005), pp. 323-324.

에 의해서 출현하는 과정을 살펴보고자 한다. 이들은 동역학적인 시스템으로서 유체의 계를 취급하기 위한 기초적인 개념을 정립하는 역할을 수행하였다. 이들은 문제를 단순화하기 위해 이상화된 성질의 유체를 가정하였기 때문에 그들의 해가 의미하는 것은 실제적인 유체의 행동 방식과는 차이가 있었다. 그렇지만 그들은 좀처럼 실험을 이론적 궁구와 병행하려는 시도를 하지 않았다.

　스위스의 의사이자 기하학자인 다니엘 베르누이(Daniel Bernoulli)의 『수력학』(*Hydrodynamica, sive de viribus et motibus fluidorum commentarii*)이 출판된 것은 1738년이었다.[2] 그는 정수역학과 수리학을 아우르는 분야로서 수력학 *hydrodynamica*라는 말을 처음으로 만들었다. 그는 유체의 운동에 대하여 새롭고 일관된 방법으로 전통적인 문제들을 풀어 나갔다. 그리스와 로마 시대부터 유체 운동의 중요한 문제는 구멍이나 짧은 파이프를 통해서 그릇으로부터 물이 흘러나오는 것을 기술하는 것이었다. 이 문제에 대한 첫 실험 연구는 르네상스에 시작되었고 그것을 역학의 법칙으로 풀어내려는 시도는 17세기에 시작되었다. 또 한편으로는 실용적인 관심에서 이 문제에 대한 연구가 이루어졌는데, 수력 기계나 수차의 작동, 배의 저항이 우선적인 관심사였다. 또 철학적으로는 기체의 탄성과 데카르트의 소용돌이가 이러한 문제에 닿아 있었다. 베르누이의 책은 유체 저항을 제외한 이런 모든 문제들을 취급하였다. 그의 우선적인 관심사는 탄성 유체의 운동 이론이었다. 이러한 문제를 다루는 데 있어서 그가 취한 핵심적인 원리는 '잠재적 상승'과 '실제적 하강'의 동등성이었다. 베르누이의 가장 혁신적인 성과는 움직이는 유체가 용기의 벽에 미치는 압력의 문제와

---

2) Daniel Bernoulli,, *Hydrodynamica, sive de viribus et motibus fluidorum commentarii* (Strasbourg, 1738).

관련되었다. 이것은 생리학자나 의사에게 매우 중요한 주제였다. 우리는 이것을 '베르누이 법칙'이라고 부르는데 실제로 그는 속도의 개념을 그의 법칙에서 사용하지 않았고 벽이 받는 압력에 대해서 추론하였지만, 현대 물리학자들은 베르누이의 법칙을 유체의 내부 압력에 적용하고 있다. 그의 체계는 자유도가 1이었고 라이프니츠의 영향을 받아 활력(vis viva)의 보존이 운동을 결정하였다.

1742년에 다니엘 베르누이의 아버지인 요한 베르누이(Johann Bernoulli)의 책 『수리학』(Hydraulica)이 출판되었다.[3] 그는 라이프니츠의 활력 원리의 추종자였지만 그는 이 원리를 더 근본적인 역학 법칙의 간접적인 결과로 간주했다. 그의 목적은 수리학을 뉴턴의 역학 체계 위에 세우는 것이었다. 그는 운동 방정식에 도달하기 위해 가상적인 계에 대하여 뉴턴의 제2 법칙을 적용했다. 그는 유체의 방출의 다양한 경우에 대하여 자신의 방정식을 적용함으로써 그의 아들의 결과에 도달하였다. 그는 움직이는 유체가 용기의 벽에 미치는 압력에 대하여 새로운 접근법을 사용하여 그의 아들의 법칙을 비정상적(unsteady) 평행 판형(slice) 흐름으로 일반화하였다. 그는 관련된 압력을 실의 장력, 곧 연결된 계로서 연속하는 고체의 상호 작용과 비슷한 성격을 갖는 내부 압력으로 해석했다.

프랑스의 기하학자이며 철학자인 달랑베르(Jean le Rond D'Alembert)는 그의 영향력 있는 『동역학론』(Traité de dynamique)을 1743년에 발표하여 연결된 계의 동역학을 몇 개의 일반적인 원리 위에 세우는 일을 하였다.[4] 그의 동역학은 세 개의 법칙 위에 세워져 있었다. 첫

---

3) Johann Bernoulli, 'Hydraulica nunc prmum detecta ac demonstrata directe ex fundamentis pure mechanicis. Anno 1732', *Opera omnia* 4, Renè Dugas, *Histoire de la mécanique* (Paris, 1950), pp. 274-278.

4) Jean le Rond D'Alembert, *Traité de dynamique* (Paris, 1744).

번째 법칙은 관성의 법칙, 두 번째 법칙은 주어진 물체에 가해진 운동의 벡터 중첩, 세 번째 법칙은 두 개의 강체가 정면 충돌할 때 속도가 질량에 반비례할 때에만 충돌 후 정지한다는 것이다. 그는 이 세 개의 법칙을 사용하면 과거의 모호한 힘의 개념을 쓰지 않고도 동역학의 완전한 체계를 유도할 수 있다고 믿었다. 그런 점에서 달랑베르는 뉴턴의 역학에서 이탈하여 역학을 더욱 근본적인 기초 위에 세우고자 했다. 달랑베르는 정역학을 계에 가해진 다양한 운동들이 서로를 상쇄하는 동역학의 특수한 경우로 간주했다. 이러한 개념에 입각하여 달랑베르는 가상 속도(virtual velocity)의 원리를 유도했다. 이것은 다양한 힘을 받는 연결된 계는 이 힘들의 일이 계의 무한히 작은 운동에 대하여 서로를 상쇄할 때 평형에 있게 된다는 것이다. 여기에서 평형이란 속박에 의해 상쇄되는 가해진 운동의 부분에 대하여 유효하다. 이것이 달랑베르의 동역학 원리이다.[5]

달랑베르는 이 원리에 입각하여 유출의 문제를 고려하였다. 즉 높이에 의존하는 중력을 받는 유체의 평형의 조건을 결정하는 것이 그의 첫 번째 관심이었다. 이어서 그는 다니엘 베르누이의 『수력학』과 유사한 문제를 풀어 거의 동일한 결과를 얻었다. 베르누이가 활력의 보존을 적용했던 문제를 달랑베르는 활력의 상쇄의 개념을 적용해 풀었다. 1746년에 달랑베르는 바람의 원인에 대한 과학 아카데미의 공모 수상 논문에서 그의 접근법의 위력을 과시했다. 바람의 원인과 관련하여 열효과는 당시 수리 물리학의 범위를 뛰어넘어 있었으므로 그는 지금은 무시할 만하다고 알려진 달과 태양의 인력에 주목했다. 그는 동일한 두께로 구면을 덮고 있는 공기의 층이 일정한 밀도를 갖는다고 보고 분석을 실행했다. 그는 조석력과 중력을 받아 유체 입자가 가속도를

---

5) Darrigol, 앞의 책, pp. 11-14.

받는 것으로 보고 이들이 유체 층에 작용해 평형을 이루는 것으로 문제를 풀었다. 이로써 달랑베르는 연속 매질에 퐁테인(Alexi Fontaine)과 오일러(Leonhard Euler)의 미분을 적용하는 혁신을 이루었다.[6]

스위스의 기학학자이자 베를린 아카데미 회원이었던 오일러는 새로운 동역학 원리가 연속계를 위해 필요하다고 믿지 않았고 내부 힘의 개념에도 반대하지 않았다. 그는 1740년에 요한 베르누이가 물의 모든 상태에서 압력을 정확하게 결정한 것을 축하해 주었고 1750년에 연속체의 역학의 기저는 무한히 작은 물체의 요소에 적용된 뉴턴의 제2 법칙이라고 보았다. 그는 유체의 경우에 내부 힘을 압력과 동일시하였으므로 유체 요소의 가속도는 압력 경사(gradient)와 외부 힘인 중력이 결합된 효과에 의존한다고 보았다. 그는 달랑베르처럼 모든 유체의 속도를 비회전성으로 보는 잘못을 범했다. 이 잘못 덕택에 오일러는 속도 퍼텐셜(velocity potential)을 도입할 수 있었다. 속도 퍼텐셜 ϕ는

$$\frac{\partial \phi}{\partial x} = v_x, \ \frac{\partial \phi}{\partial y} = v_y, \ \frac{\partial \phi}{\partial z} = v_z$$와 같이 길이에 대하여 미분하면 각 방향의 속도 성분이 얻어지는 물리량이다. 이후 이 개념은 비회전성 유체의 운동을 푸는 데 매우 요긴하게 사용되었다. 오일러는 가변적인 단면의 좁은 관을 통해 흐르는 흐름의 방정식을 세웠고 그것을 풀어 베르누이 부자의 결과를 얻었다. 더 나아가서 오일러는 속도 퍼텐셜이 일반적으로 존재한다고 생각하는 잘못을 범했지만 그러한 오류가 그의 유체역학의 논의를 가능하게 만들었다는 점에서 탓할 것만은 아니었다.

라그랑주(Joseph Louis Lagrange)는 1781년에 유명한 논문에서 달랑베르의 업적을 높이 평가했으나 그의 방법이 유체 운동의 실제적인 문제를 풀기 위해 엄밀한 방법이 결여되어 있는 것에는 유감을 표했

---

6) 같은 책, pp. 16-19.

다.[7] 오일러의 방정식을 풀기 위해 라그랑주는 속도 퍼텐셜을 쓰면 미지의 함수를 셋에서 하나로 줄일 수 있기 때문에 체계적으로 속도 퍼텐셜을 도입했다. 그는 이와 관련해 '비압축성 유체의 운동이 퍼텐셜로부터 유도되는 힘(중력이나 외부 압력)에 의해 촉발될 때 속도 퍼텐셜은 존재한다.'라는 정리를 제시했다. 그는 이 정리의 조건들이 자연의 대부분의 흐름에 적용된다고 믿었지만 그렇지 않은 하나의 예로 조수 운동을 들었다. 조수 운동에는 코리올리의 힘이 개입하는데 그것은 퍼텐셜에서 유도되지 않기 때문이다. 그는 얕은 물 위의 작은 표면 교란은 전파 속도 $\sqrt{gh}$ (g: 중력 가속도, h: 물의 깊이)를 갖는 진동하는 현의 방정식을 따른다는 것을 보였다.[8]

라그랑주의 방정식과 비압축성 유체의 속도 퍼텐셜을 위한 경계 조건은 많은 19세기 수력학 연구의 불변의 기저가 되었다. 가령 푸아송(Poisson), 코시(Cauchy), 스톡스, 부새네스크(Boussinesq), 코르테벡(Korteweg), 드 프리스(Gustav De Veris)의 수력학이 그것을 받아들였다. 이 방정식의 풀이는 퍼텐셜 이론과 푸리에 정리의 발전에 의존했다. 나중에 코시는 푸리에 분석을 그의 파동에 대한 논문에서 다시 발명했고, 스톡스는 퍼텐셜을 위한 중요한 정리를 얻어냈으며, 윌리엄 톰슨은 그것을 전기와 자기의 문제에 적용했다.

요컨대 18세기를 거치면서 수력학은 든든한 수학적 기초를 확보하였다. 달랑베르는 어떤 유체 운동의 문제에 관련된 방정식이든 세울 수 있는 일반적인 방법을 발명했고 유체 역학 최초의 편미분 방정식을 얻었다. 오일러는 달랑베르의 업적을 이용해 무점성의 유체의 운동

---

7) Joseph Louis Lagrange, 'Mémoire sur la théorie du mouvement des fluides,' *Oeuvres*, vol. 4 (1869), pp. 714–717.

8) Darrigol, 앞의 책, pp. 26–27.

방정식에 기초한 자신의 수력학 이론을 전개할 수 있었다. 그러나 그의 업적은 이미 베르누이 부자의 연구에서 나타난 방정식이나 다루어진 문제들을 좀 더 일반화한 것이었다. 라그랑주는 이들의 방법에 관련한 대안적 기초를 놓았고 유체 운동에 관련된 방정식을 풀 수 있는 강력한 방법들을 제시하였다. 이러한 과정에서 용기로부터의 유출과 복합 진자의 낙하를 연결하는 유비가 핵심적인 역할을 하였다. 후자의 문제를 푸는 동역학적 원리가 전자의 문제를 푸는 데에도 적용되었다. 다니엘 베르누이는 활력의 보존에 호소했고, 요한 베르누이는 뉴턴의 제2 법칙에 의지했으며 달랑베르는 상쇄되는 운동의 평형에 관한 자신의 동역학적 원리를 따랐다. 이러한 일반적인 원리를 사용하여 달랑베르는 더 복잡한 문제를 풀 수 있었다. 또한 이 과정에서 내부 압력의 개념도 중요한 역할을 했다. 일반적인 유체 역학으로 가기 위해 내부 압력의 개념은 달랑베르의 원리와 함께 핵심적인 길을 열었다. 달랑베르와 라그랑주는 달랑베르 원리를 사용했고 내부 압력의 개념은 단지 유도되는 개념으로 도입했다. 오일러는 내부 압력의 개념에 기초했고 달랑베르의 원리는 무시했다. 오일러는 뉴턴의 제2 법칙이 유체의 부피 요소에 적용된다고 추측했다. 이러한 단순한 생각에서 오일러의 방정식은 유도되었던 것이다.[9]

2. 수면파의 탐구

1781년에 라그랑주는 수면파의 기초 방정식을 작성했고 얕은 물의 작은 파라는 가장 단순한 경우에 대하여 그것을 풀었다. 19세기를

___

9) 같은 책, p. 30.

지나면서 일정한 깊이의 물에서 생기는 작고, 평평하고, 단조적인 (monochromatic) 파동의 민첩성, 수면에 미치는 국소적 작용으로 생기는 파동의 양상, 제한된 크기의 진동파 또는 고립파의 형태, 파동의 크기와 모양에 미치는 마찰, 바람, 가변적인 바닥의 효과 등이 궁구되었다. 이러한 문제들에 대해서 당시 연구자들은 현대적인 이론에 비하여 훨씬 복잡하고 힘든 경로를 따라 결론에 도달하였다. 그 이유는 그당시에 활용할 수 있는 수리 물리적 도구가 그만큼 부족했기 때문이었다. 가령 푸아송은 이미 몇 년 전에 발명된 푸리에의 분석법을 적용할 줄 모르고 파동에 관한 엄청나게 복잡한 계산을 수행하였던 것이다. 푸아송이 그 정리를 몰랐던 것은 아니었지만 그것이 대수적인 형태로만 제시되어 있었기 때문에 물리 문제에서 그것을 요령껏 적용할 줄을 몰랐던 것이다. 이러한 푸리에 정리의 활용 가능성은 19세기를 거치면서 광학, 음향학, 수력학에서 구체적인 파동 현상이 푸리에 정리를 이용해서 풀리기 시작하자 수면파 등 수력학의 문제들에서도 광범위하게 알려지면서 수력학의 발전에 결정적인 기여를 했다. 푸리에 분석뿐 아니라 상미분 방정식의 이론, 퍼텐셜 이론, 섭동 방법, 코시의 유수(residue) 방법도 물리학의 다른 분야들 사이의 유비 관계를 통해 관련된 문제들에 적용되면서 그것의 진가가 제대로 알려지게 되었다.

수면파의 연구에서는 경험적 연구들이 이론화를 앞서 나갔다. 수면파에 관련된 대부분의 현상들은 그것들이 설명되기 훨씬 전에 알려져 있었다. 그만큼 이 주제는 실용적인 목적에 닿아 있었다. 그것들은 항해 문제와 관련해서 발견되었고 실제적인 용도에서 이러한 현상들의 이해가 요구되었다. 조수의 예측, 선박의 흔들림, 선박의 저항, 항구 안전, 운하의 특성 등은 실제적인 필요성 때문에 수력학적 해법을 요구하는 주요 문제였다. 특히 영국의 과학자들인 에어리(G. B. Airy),

스톡스, 톰슨, 레일리, 램이 대륙의 과학자들에 비해서 이러한 문제에 더 관심이 있었다.[10)

18세기 말에서 19세기 초에 프랑스의 수학자들은 새로운 수력학에 기초하여 파동 이론에 대해서 많은 진보를 이루어내었다. 라플라스는 1775년과 76년에 달랑베르의 수력학에 입각하여 유명한 조수 이론을 발표하였다. 그는 대양을 등속으로 자전하는 타원체 위에 달과 해의 변하는 인력을 받는 변하는 깊이의 완전한 액체의 층으로 표현했다. 그는 조수의 높이 변화가 깊이에 비해 매우 작다는 근사를 채용하여 문제를 풀었다. 그러므로 라플라스의 조수 방정식은 얕은 물의 작은 파의 전파를 취급하면서 추가적으로 코리올리의 힘과 달과 태양의 섭동을 외부 힘으로 고려한 것이었다. 라플라스의 조수 이론은 다음 절에서 좀 더 오래된 역사적 맥락에서 다시 살펴볼 것이다.

라그랑주는 1781년의 논문에서 아주 우아한 형태로 수면파의 문제를 라플라스의 이전의 분석을 언급하지 않고 제시했다. 그의 목적은 해석 역학을 수력학에 적용하여 몇 가지 실용적인 문제, 가령 용기에서 나오는 유수와 상대적으로 덜 연구된 수면파의 문제를 다루는 것이었다.[11) 라플라스처럼 라그랑주는 수학적 분석이 가능한 물리적 문제를 선택하였다. 그들은 다른 맥락, 곧 조수와 유출(efflux)에서 고안했던 수학적 과정이 이 문제에 적용된다는 것을 인식한 다음에 수면파의 문제를 채택하였던 것이다.[12) 그들의 방법은 수면파 문제에서

10) Alex Craik, "The Origins of Water Wave Theory," *Annual Reviews of Fluid Mechanics* 36 (2004), pp. 1–28.

11) Joseph L. Lagrange, "Mémoire sur la théorie mouvement des fluides," *Mémoires*, Académie Royale des Sciences et des Belles-Lettres de Berlin, 1781 또는 *Oeuvres*, vol. 4 (1869), pp. 695–750.

12) Darrigol, 앞의 책. pp. 36–37.

단지 제한된 해만을 줄 수 있다는 것을 발견했다. 라플라스는 정지한 사인 파동의 경우에만, 라그랑주는 얕은 깊이의 물의 문제의 경우에만 해를 얻을 수 있었다.

　이후 30년간 수학적 분석의 방법이 진보했고 라플라스와 라그랑주의 파동 이론의 결점들이 분명해졌다. 1813년에 르장드르(Legendre), 푸앙소(Poinsot), 라플라스, 비오(Biot), 푸아송을 포함하는 아카데미 위원회는 무한히 깊은 액체의 수면파 문제를 1816년 아카데미상의 주제로 삼았다. 이것은 라플라스가 1776년에 손대었던 문제를 조금 일반화시킨 형태였다. 라플라스의 제자이자 에콜 폴리테크닉의 첫 졸업생이었던 푸아송이 이 주제에 대한 첫 논문을 썼다. 그는 1776년의 라플라스의 해법의 한계를 정중하게 지적하고, 라그랑주의 1782년의 해는 얕은 깊이에만 유효하므로 깊은 깊이로 확장하는 것은 불가하다고 밝혔다. 그는 속도 퍼텐셜 ϕ에 대한 라그랑주의 방정식을 채택하여 2차원인 유체 표면에서 작은 교란이 있는 경우에 라플라스 방정식

$$\frac{\partial^2 \phi}{\partial^2 x^2} + \frac{\partial^2 \phi}{\partial^2 y^2} = 0 \qquad (2-1)$$

을 얻었다. 푸아송은 라플라스의 방법을 모방하여 개별 해를 구하였고 중첩에 의해 가장 일반적인 해를 얻었다. 이로부터 그는 결과적으로 나타나는 파동의 형태인 '이빨 모양 파동'(ondes dentelées)을 얻었다. 그 논문의 마지막 부분에서 푸아송은 더 실제적인 3차원의 문제에서 유사한 결과를 얻었다. 이 과정에서 푸아송은 단선적 파동이나 보강 또는 상쇄 간섭과 같은 개념이 없어서 쓸데없이 장황한 논의를 전개하였다.[13] 그의 성공적인 논의에도 불구하고 자신이 상 위원회의 위

원이었던 푸아송은 경쟁에 참가할 수가 없었다.

젊지만 이미 유명한 수학자였던 코시(Augustin Caucy)가 그 상을 받았다. 그의 원 논문은 11년 후에야 출판되었는데 따로 작업을 했으면서도 푸아송과 코시 사이에 중첩된 부분이 상당히 많았다. 둘 다 라그랑주의 속도 퍼텐셜과 관련된 미분 방정식을 사용했고 둘 다 유체 표면의 국소적 교란을 고려했다. 게다가 둘 다 푸리에 분석을 통해서 방정식을 풀었다. 코시의 경우에는 푸리에의 열 이론을 알지 못했지만 함수와 그것의 푸리에 변환의 상반적 관계를 스스로 찾아냈다. 수학적 관점에서 코시는 푸아송보다 더 체계적이고 엄밀했다. 그는 속도 퍼텐셜의 존재에 관한 라그랑주의 정리를 엄밀하게 증명하였다. 이 목적으로 코시는 운동 방정식의 라그랑지안 형을 사용했다. 그는 처음에 속도 퍼텐셜이 존재하면 그 존재 조건은 이후에도 유지된다는 라그랑주의 정리를 유도했다. 또한 코시는 푸아송과 달리 차원 없는 변수를 조직적으로 사용했다. 파동의 물리적 논의에 있어서도 코시는 푸아송보다 범위가 넓었다. 푸아송은 라플라스처럼 그의 분석을 고체 물체를 갑자기 물속에 담갔을 때 생기는 교란에 한정했는데 코시는 초기 유체 속도가 충격압에 얼마나 의존하는지 보이고 속도 퍼텐셜을 외부 충격에서 비롯되는 내부 충격압으로 해석하였다. 그는 어떤 순간에 유체의 운동은 그 표면에 가해진 충격압에 의해 정지 상태에서 만들어지는 것으로 간주할 수 있음을 입증했다. 이것은 나중에 영국의 수력학자들에게 중요한 영향을 미치게 된다.[14]

한편으로 코시의 논의는 푸아송의 논의보다 불완전했다. 코시는 단지 원래의 교란의 형태에 독립적인 파동을 기술했지만 푸아송은 이러

---

13) 같은 책, pp. 37-42.
14) 같은 책, p. 44.

한 형태의 효과를 파동 운동의 가장 두드러진 효과로 간주했기 때문이다. 코시는 푸아송의 논문을 읽고서야 이 문제를 푸아송보다 더 철저하게 탐구했다. 요컨대 코시는 수학적 의미에 치중했고 푸아송은 물리적 의미에 더 관심이 많았다고 할 수 있다. 그렇지만 푸아송의 물리학은 이상화된 물리학에 머물렀다. 그가 상정한 대로 수면파를 일으키기 위한 라플라스의 건짐(emersion) 방법은 실제로 작동되지 않으며 푸아송은 그것을 확인하기 위해서 실험을 하지도 않았다.

1820년에 토리노의 수력학자 비도네(George Bidone)는 수면의 국소적 교란에 의해 만들어진 1차 파의 등가속도 운동과 두 1차 파의 가속도 값을 얻어 내어 푸아송의 예측이 옳음을 확인했다고 주장했다. 비도네는 24인치 깊이와 24인치 폭을 갖는 수로에서 실험을 했다. 그는 건짐 방법이 라플라스나 푸아송이 예상한 것과는 다른 방식으로 일어나는 것을 언급했다. 비도네는 건져 올릴 때 물이 바로 떨어지지 않고 일정한 높이까지 끌려 올라갔다가 갑자기 세차게 떨어지는 것을 보았다. 그는 물이 떨어지기 전에 이미 생긴 1차 파에만 관심을 기울임으로써 이 문제점을 피할 수 있을 것이라고 판단했다. 그는 푸아송의 계산이 충격적 교란에 적용되지 않는다는 것을 인식하지 못했으므로 어떻게 그가 푸아송의 계산 결과와 일치하는 실험 결과를 얻었는지는 확실하지 않다.[15]

1825년에 라이프치히 대학의 교수인 에른스트 베버(Ernst Heinrich Weber)와 그의 형제인 빌헬름 베버(Wilhelm Weber)가 『파동론』(*Wellenlehre*)을 출판했다.[16] 이 책은 모든 이전의 파동 이론을 요약

---

15) 같은 책, p. 45.

16) Henrich Weber and Wilhelm Weber, *Wellenlehre auf Experimente gegründet, oder über die Wellen tropfbarer Flüssigkeiten mit Anwendung auf die Schall- und Lichtwellen* (Leipzig, 1825).

하고 이에 관한 정교한 정량적 실험을 제시했다. 그들은 클라드니(Ernst Chladni), 사바르(Félix Savart), 영(Thomas Young), 프레넬(Augustin Fresnel)이 광학과 음향학의 맥락에서 이룩한 업적을 소개하여 파동 물리학을 정리하고자 했다. 그들은 이 분야를 견고한 실험적 기초 위에 세우고 수면파를 파동 운동의 원형으로 삼고자 했다. 그들은 두 개의 길고 좁은 물탱크를 사용했다. (그림 2.1) 그들은 탱크의 한 쪽 끝에서 물을 교란했고 수직으로 또는 수평으로 잠긴 판을 갑자기 당기는 방식으로 생긴 파의 옆모습을 직접 그렸다. 그들은 파동이 탱크를 따라 이동하는 데 걸리는 시간을 쟀고 먼지 입자를 날리는

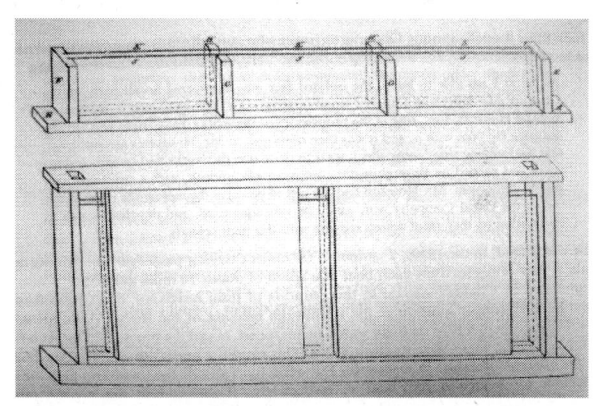

출전: Weber, *Wellenlehre*, 도판.

그림 2.1 베버 형제의 실험용 물통

통 속에서 내부 유체의 운동을 가시화했다. 그들은 책의 출판 직전에 푸아송의 이론을 알게 되었고 그의 이론이 자신들의 실험과 일치하는 부분이 있는 것을 알았다. 그들은 푸아송의 말대로 가속되는 1차 파와 그 뒤를 따라 등속 운동하는 이빨 모양 파가 존재한다는 것을 확증했다. 그들은 또한 진동의 주기가 파장의 제곱근에 비례한다는 것을 확인했다.[17] 나중에 스코트 러셀(Scott Russell)이 지적하듯이 베버 형제의 물탱크는 너무 좁고, 너무 얕고, 너무 짧아서 마찰 없는 깊은 물

---

17) Darrigol, 앞의 책, p. 46-47.

의 방정식의 조건을 근사하기에는 적합하지 않았다. 그들의 실험에서 교란 방식은 푸아송이 생각한 정적인 표면 변형과는 달랐고 결정적으로 이들 형제는 푸아송의 '이빨 모양 파'는 교란된 표면을 갖는 큰 파동을 의미한다고 오해했다. 실제로 푸아송의 공식들은 그가 가리키려고 했던 것이 우리가 이제 '조절된 파동'(modulated wave)이라고 부르는 것임을 보여준다.

1833년에 케임브리지의 천문학자 챌리스(James Challis)는 당시의 수력학의 상태를 영국과학진흥협회 회의에서 요약적으로 발표했다.[18] 그는 푸아송과 코시의 이론의 우수성과 비도네와 베버 형제에 의한 실험적 검증에 대해 긍정적으로 언급하면서도 유체 저항의 문제에 대해 정체되어 있는 것을 걱정했다. 뉴턴의 옛 이론은 적어도 저항이 속도의 제곱에 비례한다는 관찰 사실에 부합하는 설명을 제시했는데 그 후에 별로 발전이 이루어지지 않았던 것이다. 그는 운하 항해에서 관찰된 특이 현상으로 시속 4, 5마일의 속력에서 견인되는 배가 물 위로 올라와서 그 저항이 갑자기 0이 되는 일이 생긴다는 것을 제시했다.[19] 글래스고의 공학자이자 증기력과 항해 건축의 전문가인 러셀은 이러한 현상에 대해 잘 알고 있었다. 챌리스의 발표에 고무된 러셀은 1834년에 영국과학진흥협회의 에든버러 회의에서 간단한 이론을 제시하였다. 물을 통과하는 배의 운동은 배의 바닥의 물의 압력을 정상 값보다 높게 만든다. 이것이 배에 대하여 부분적인 방출(emersion)을 일으켜 물의 저항을 낮춘다는 것이 러셀의 설명이었다. 이것을 수식을 세워 논의하는 과정은 러셀이 역학의 법칙에 대해 무지함을 드러내준

---

18) James Challis, "Report on the Present State of the Analytical Theory of Hydrostatics and Hydrodynamics," *British Association Report* 1833, pp. 131–151.

19) Darrigol, 앞의 책, p. 47.

다. 그는 뉴턴의 저항 이론의 전방 압력으로부터 바다 압력을 유도했고 아르키메데스의 변위를 동역학적 변위와 혼동한 것으로 보인다.

러셀은 자신의 생각이 뉴턴의 저항 이론에 점진적으로 수정을 가하는 일을 한다고 느꼈다. 그는 어느 날 높은 속력으로 움직이는 배가 갑자기 멈추었을 때 배가 그 주위에 만들었던 작은 물결 속에 과격한 교란이 생겨나는 것을 보았다. 배의 길이의 중앙 근처에 잘 형성된 형태로 쌓인 물이 뾰족한 마루를 갖는 형태로 올라가서 상당한 속력으로 진행하기 시작했다. 그것은 걸어서 쫓아갈 수 없을 정도로 빨랐기 때문에 러셀은 말을 타고 1마일 이상 그 수면파를 따라갔다. 그것은 점점 약해져서 사라졌다. 그는 이 특이한 파를 고립파(solitary wave)라고 불렀는데, 몇 번의 실험으로 고립파의 운동 속도를 측정하였다. 그는 4가지 다른 배를 시속 3 내지 15마일로 속도를 변화시키면서 다양한 깊이의 운하에서 끌었다. 처음에는 말로 배를 끌게 했는데 1835년에는 현수 추 조속기를 통해 더욱 정확하고 조절된 속도로 잡아당겼고 동력계(dynamometer)를 써서 저항을 측정했다. 러셀은 저항이 커지다가 깊이에 따라 일정한 한계 속도에 도달하면 갑자기 저항이 줄어들다가 다시 증가하게 되는 것을 관찰했다. 러셀은 임계 속도가 주어진 깊이에서 고립파의 속도와 동등하다는 것을 발견했다. 그는 고립파의 속도가 라그랑주의 속도 공식 $\sqrt{gh}$, 더 정확하게 $\sqrt{g(h+\sigma)}$ (σ: 평형 상태 수면으로부터 잰 수면파의 마루의 높이)가 됨을 발견했다. 러셀은 움직이는 배 주위의 수면의 모양이 임계 속도보다 작은 속도에서는 뱃머리 근처에서 올라가서 큰 1차 파를 형성하고 그 결과로 배는 기울어져 배의 잠긴 실효 횡단면을 넓히고 결과적으로 저항을 크게 만든다는 것을 깨달았다. 배의 속력이 임계 속도에 달하면 이 파가 고립파의 속력에 도달하여 진행하기 위해 배로부터 밀어주는 일이 더 이상 필요하지 않게 된다. 배의 속력이 더 증가하면 배는 자신의 파동을 따라잡아 실효 횡단면이 훨씬 더 작아져서 저항도 작아진다.

임계값 아래의 속도에 대해서 러셀은 '변위의 후미파', 즉 선미에서 수면이 낮아지는 현상도 주목했다. 양쪽 옆에서 이 함몰된 곳으로 물이 쇄도하면 배의 뒤에 물의 진동을 일으키게 된다고 러셀은 추론했다. 배가 임계 속도에 도달할 때까지 이 진동은 더 과격해지다가 배가 임계 속력을 넘어서게 되면 사라진다. 왜냐하면 후미파는 더 이상 존재하지 않게 되기 때문이다.[20] 직관적 추론에 따라 러셀은 배 뒤에 물이 모이는 것이 배의 진행에 주된 장애물이 된다고 인식했다. 작은 깊이의 운하에서 이 장애물은 임계 속도를 넘을 때에 극복될 수 있었다. 러셀은 이 문제를 해결하기 위해 선미를 오목하게 만드는 것을 제안했다. 러셀은 선미를 오목하게 하는 것은 배의 속력이 중요했던 해적들에 의해 오랫동안 사용되었음을 주목했다. 실제로 다른 문화권에서도 이러한 방법은 오래전부터 사용되었고 러셀은 단지 여기에 단지 이론적 우월성이 있음을 처음으로 설명했다고 주장했다.

1835년에 러셀은 '파동 호'(*The Wave*)를 건조했다. 75피트의 용골에 6피트의 선폭을 가진 모형으로 배 건조의 새 원리를 점검하기 위한 것이었다. 이듬해에 러셀은 선미가 물결 모양인 배들을 계속 만들어 시험하였다. 처음에는 포물선 모양을 택하다가 그것이 과도하다는 것을 알고 사인파 모양을 나중에는 채택했다. 그는 영국인들의 배 건조 방법의 보수성을 거듭 비판했고 1850년대에 그는 거대한 금속선인 그

---

20) Scott Russell, 'Experimental Researches into the Laws of Certain Hydrodynamical Phenomena that Accompany the Motion of Floating Bodies, and Have Not Previously Been Reduced into Conformity with the Known Laws of the Resistance of Fluids," *Transactions of Royal Society of Edinburgh* 14 (1839), pp. 47-109, esp. pp. 65-67.

레이트 이스턴 호(*The Great Eastern*)에 자신의 설계를 적용하였다.

1836년에 브리스톨에서 열린 영국과학진흥협회 회의에서 파동 위원회가 구성되었고 그 위원회를 러셀과 로비슨(John Robison)이 이끌게 되었다. 러셀은 1837년에 열린 리버풀 회의에서 첫 보고서를 제출하였다. 그는 여기에서 고립파에 의해 조수를 설명하는 시도를 제시하였다. 그는 운하와 20피트 길이에 1피트 폭의 실험용 탱크에서 수행한 실험에 대해 보고하였다. 그는 고립파가 $\sqrt{g(h+\sigma)}$의 속력을 갖는 것을 광학적 방법으로 확인하였다. 그는 해수에 대해서도 몇 가지 측정을 수행하였다. 그는 이후의 보고서에서 고립파의 독특한 성질을 확인했고 그의 탐구를 다른 종류의 파동으로 확장했으며 그의 결과를 이전의 수학적 이론들과 비교하였다.

왕실 천문학자(Astronomer Royal)인 에어리는 고립파의 존재를 이미 부인하고 있었다. 그는 러셀의 관찰 결과를 단지 라그랑주의 얕은 물의 파동의 확인에 불과하다고 보았다. 러셀은 자신이 발견한 파는 라그랑주의 파와 달리 주어진 높이에 정해진 형태를 가지기에 높이의 6배에 해당하는 파장을 갖는다고 주장했다. 러셀은 자신의 고립파의 독특성을 드러내기 위해 파를 4종(order)으로 구분하였다.

1종. 병진파(wave of translation). 이것은 병진 운동을 포함하는 파동이다. 질량의 이동이 일어난다. 양성파는 고립파일 수 있고 음성파는 항상 2차파를 동반한다.

2종. 진동파(oscillatory wave). 이것은 질량의 이동을 포함하지 않는다. 연속적인 양성파와 음성파의 그룹으로 나타난다. 가장 흔하게 볼 수 있는 파동으로 바람이 불면 수면에 일어나는 수면파가 이에 해당한다. 진행파일 수도 있고 정상파일 수도 있다.

3종. 모세관파(capillary wave). 이것은 물이 미세한 깊이의 교란을 일으키는 것이다. 물의 표면 장력에 의존한다.

4종. 입자파(corpuscular wave). 이것은 고립파의 빠른 연속이다. 음파가 대표적인 예이다.[21]

러셀은 1종에 집중했지만 2종과 3종에 대해서도 주의 깊은 실험을 수행하였다. 가령 그는 막대를 수직으로 물에 넣고 수평으로 움직이면 막대의 앞쪽에 생기는 모세관파를 그림으로 표현하였다. 특히 음파를 입자파로 간주한 것은 러셀의 특이한 견해였다. 러셀은 소리가 소리굽쇠나 주위 공기의 조화 진동이 아니라 상자의 구멍에서 나가는 고립파의 열(列)이라고 보았다. 그는 지구를 둘러싼 일정한 깊이의 공기의 바다에서 소리가 고립파의 형태로 퍼져나가는 것으로 보았다. 심지어 그는 빛이 에테르의 더 큰 바다에서 움직이는 4종 파동이라고 주장했다. 이런 것들은 러셀이 역학의 기본 원리에 무지했음을 드러낸다. 그렇지만 그가 파동과 배의 형태의 연구에서 보여준 통찰력은 좋은 평가를 받았다. 러셀은 조수도 매우 큰 범주의 고립파라는 주장을 전개했고 이에 대하여 휴얼에게 관찰 계획서를 제출하였다. 당시 영국에서 조수 운동의 전문가는 휴얼(William Whewell)과 러벅(John Lubbock)이었기에 휴얼의 승인으로 그 일이 파동 위원회의 임무의 일부가 되었다. 러셀의 관찰 보고서에 따르면 강의 조수에서는 썰물의 시간이 밀물의 시간보다 더 길고, 하구에서 멀수록 그 차이는 더 커진다.

에어리는 조수 현상뿐 아니라 일반적인 파동의 성질에 대해서도 많은 탐구를 수행하였다. 비스듬한 해안에서 수면파가 흩어지는 현상, 바람에 의한 수면파가 커지는 현상, 운하의 배가 움직일 때 동반하는 수면파를 미분 방정식에 적용하여 푸는 방법을 제시하였다. 그리하여 에어리는 러셀의 관찰 사실을 나름대로 설명하고 러셀의 고립파 개념

---

21) Darrigol, 앞의 책, p. 55.

을 배격했다. 일정한 높이의 수면파에 대하여 운동 방정식은 비선형이
다. 추가적인 힘이 없이, 모양의 변화 없이 진행하는 교란은 교란의
기울기가 일정할 때만 유효하다. 이 기울기가 무한대에서는 속도가 0
이 될 것이므로 그러한 교란은 있을 수 없다. 그러므로 고립파는 수학
적으로 불가능하다는 것이 에어리의 결론이었다. 그는 러셀이 관찰한
것은 라그랑주의 이론을 근사적으로 적용할 수 있는 충분히 작은 파
동이었다는 주장을 제시했다.

1846년에 영국 수력학의 새로운 지도자이자 케임브리지 대학의 교
수였던 스톡스는 BAAS에서 이 분야의 상태를 설명하였다.[22] 영국에
서 챌리스(James Challis)의 발표 이후에 많은 연구들이 이루어졌고
상당 부분의 연구들은 러셀의 실험에 고무되었다. 스톡스는 푸아송과
코시의 논문의 가치를 평가절하했다. 그는 그들이 건저올림(emersion)
에 의해 생긴 수면파를 수학적으로 다루려고 했지만 그것은 극히 어
렵기 때문에 탐구를 위한 적당한 주제가 아니라고 보았다. 러셀이나
에어리의 파동, 조수, 항해에 대한 연구에서 드러나듯이 중요한 연구
는 더 간단한 것들이고 설명이 가능한 현상들과 더 연결된 주제들이
라고 보았다.[23] 가령 깊이보다 훨씬 긴 파장을 갖는 수면파는 라그랑
주, 그린, 켈란드, 에어리가 보였듯이 일정한 단면을 갖는 운하에서,
그 파고가 깊이보다 훨씬 작은 상태를 유지한다면 변형 없이 진행한
다. 그 속도는 단순한 공식으로 표현된다. 그는 또 하나의 흥미롭고
쉽게 탐구할 만한 주제로 '유한한 진동파'를 들었다. 이것은 일정한 깊
이의 유체에서 등속으로 변형 없이 진행하는 파로서 그 운동은 2차원

22) G.G. Stokes, "Report on Recent Researches on Hydrodynamics," *British Association Report* (1846); Stokes, *Mathematical and Physical Papers*, 5 vols (Cambridge, 1880-1905), vol. 1, pp. 157-187.

23) Darrigol, 앞의 책, p. 69.

적이고 주기적이다. 그리고 스톡스는 러셀의 실험이 고립파의 존재를
잘 보여주었지만 마찰이 그러한 파의 감쇠의 유일한 원인이라는 주장
은 거부했다. 얼마 전에 이루어진 언쇼(Samuel Earnshaw)의 계산은
고립파의 존재를 지지했지만 스톡스는 같은 계산 결과에서 고립파에
대한 비마찰 감쇠 요인이 있다는 결론을 끌어냈다. 스톡스는 러셀의
고립파의 가장 본질적인 특성을 부인했을 뿐 아니라 그것을 조수나
소리에 적용하는 것도 반대했다. 1846년에 스톡스는 일정한 높이의 안
정적인 고립파는 불가능하다고 믿었다. 하지만 일정한 높이를 갖는 안
정적인 진동파는 가능하다고 보았다. 그는 라그랑주의 파동 이론으로
부터 근사적인 해를 추구하였고 진동파에 대한 러셀의 실험 결과를
이론적으로 정당화하였다.[24]

1870년대에 기상학 위원회(Meteorological Council)를 위해 파동의
측정에 대한 글을 써야 했기에 스톡스는 다시 수면파의 문제로 돌아
왔다. 그는 배의 흔들림을 잘 막기 위해서는 해수파의 파고와 파장에
대한 지식이 필요하다고 주장했다. 그는 높은 파 이론을 개선하고 가
능한 최고의 파에 대해 생각해 보았다. 무한한 깊이의 물 위에 생기는
유한한 진동파에 관한 이론은 1802년에 프라하 대학의 수학 교수인
거스트너(Franz Joseph von Gerstner)가 발표하였다.[25] 그는 유체 입
자의 원운동이 수면에서 거리에 따라 그 반지름이 감소하는 방식으로
이루어진다고 가정했다. 거스트너의 유도는 유체 입자의 주위의 압력
이 시간의 경과에 따라 동일하다는 특별한 가정에 의존했다. 베버 형
제는 수면 근처에서 거스트너가 말한 원운동을 발견했지만 수중에서

---

24) 같은 책, p. 70−72.
25) Franz Joseph von Gerstner, "Theorie de Wellen," *Annalen der Physik*
32 (1809), pp. 412−415.

원운동의 반지름은 거스트너의 예상대로 변하지는 않았다. 1860년대에 영국인들과 프랑스 인들은 배의 흔들림에 관심을 가지면서 거스트너 파에 대하여 세 가지를 재발견하였다. 에든버러의 공학 교수인 랭카인 (William Rankine)과 해군 공학자 프루드(William Froude), 해사 학교의 교장인 리슈(Ferdinand Reech)가 그 공로자들이다. 응용 역학자인 생－브낭(Adhémar Barré de Saint-Venant)과 그의 제자인 부새네스크(Joseph Boussinesq)는 거스트너의 이론을 알게 되자 그것을 완전히 믿었다. 거스트너 파는 원래 정지해 있던 완전한 액체에 압력이 작용해서는 생길 수 없었기에 물이 갖는 불완전한 유체의 성질이 주요한 역할을 한다고 간주해야 했다. 스톡스의 생각은 달랐다. 그는 자연적인 원인은 비회전성의 파만을 만들어낼 수 있다고 생각했다.

스톡스는 거스트너 파를 배격했고 비회전성 파의 마루가 날카로운 끝을 가진다면 그 끝은 반드시 120도의 각도를 가져야 한다는 것을 우아하게 입증했다. 파동의 비회전성은 속도 퍼텐셜의 존재를 의미하는데 속도 퍼텐셜이 만족하는 조건들은 파의 끝이 120도이어야 함을 요구한다. 1880년까지 스톡스는 가장 키가 큰 파는 120도의 꼭대기 각도를 가져야 한다고 생각했다. 스톡스는 1846년 보고서에서 안정한 고립파가 존재하지 않을 것이라고 말했던 것을 철회하고 상쇄하지 않고 이론적으로 전파될 수 있는 고립파의 존재를 받아들이는 쪽으로 기울었다. 이에 대해 톰슨은 어떤 깊이의 물에서건 안정한 자유로운 주기적인 파의 존재에 대해 부정적인 생각을 고수했다. 유한한 파들의 급수가 수렴하는지에 대해 엇갈린 해석이 있었기 때문이었다. 이 문제는 1925년에 이르러서 안정한 형태의 유한한 파의 존재가 레비－시비타(Tullio Levi-Civita)에 의해 입증되면서 해결되었다.[26]

---

26) Darrigol, 앞의 책, p. 76.

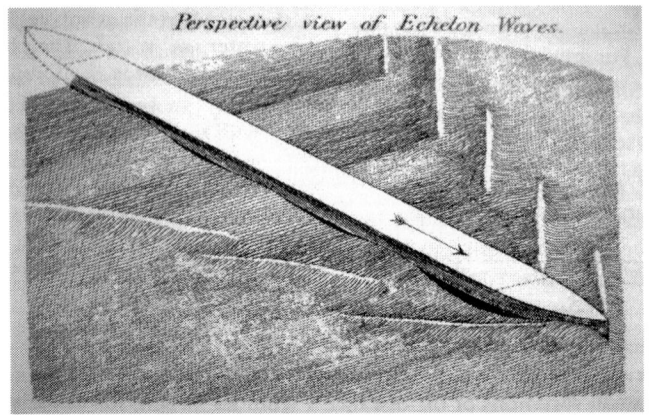

출전: Thomson, *Popular lectures and Addresses*, 3 vol. 3, 도판.

그림 2.2 톰슨의 배 물결파

톰슨이 이 분야에서 세운 가장 두드러진 업적은 3차원에서 이끌어
낸 배 물결파(ship wave) 패턴이다. 레일리처럼 톰슨은 수면의 고정
된 점을 통과하는 수평 직선에 일정하게 적용되는 압력에 의해 만들어
진 교란들을 중첩시켰다. 그는 레일리처럼 성분 파의 마루의 모양을 알
려주는 식으로 기하학적으로 파의 양상을 얻지 않고 해석학적 방법을
써서 파의 세기를 구하였다. 그는 스톡스와 레일리가 군속도와 파 속도
이론에서 상정한 것처럼 간섭의 원리를 사용하였다.(그림 2.2)[27] 톰슨
이 배 물결파의 이론적 분석을 성공적으로 마칠 수 있었던 것은 그가
정상 위상(stationary phase) 방법에 결정적으로 의존했기 때문이다.
이 방법은 스톡스가 1850년에 이미 예고했던 것이었다. 스톡스는 왜
이 방법이 효과를 낼 수 있는지를 설명하지 않았지만 이 방법은 파의
분석에 엄청난 효과를 갖는 것이었다. 1887년에 톰슨은 정상 위상 방
법을 제시하였다. 정상 상태는 군속도 dw/dk가 x/t가 될 때 위상이

---

27) 같은 책, p. 95.

정지 상태가 되면서 나타난다. 정상 위상 방법을 사용하면 자동적으로 큰 위상 적분의 점근적 행동을 자동적으로 제공해주는 이점이 있다. 푸아송이나 코시, 스톡스는 형식적인 전개만을 제시하였으나 톰슨의 방법은 수리물리적 분석을 시도했다. 톰슨의 업적 앞에서 보면, 코시나 푸아송의 엄청난 분량의 계산을 포함하는 논문들이 몇 줄의 수리물리적 상식이 되어 버린다. 이렇게 배 수면파라는 엄청난 문제의 해는 톰슨에 의해 간단하게 제시될 수 있었다.[28] 1908년에 뉴캐슬의 응용 수학 강사(lecturer)였던 헤이블럭(Thomas Havelock)은 배가 만들어낸 교란을 연속적인 충격이 만들어내는 교란의 중첩으로 간주하라는 톰슨의 제안을 따라 정상 위상 방법을 반복 적용하여 해당하는 계산을 해낼 수 있었다.[29] 배에서 연속적으로 만들어지는 충격으로 생기는 수면파 사이의 상쇄 간섭을 막는 길은 위상이 시간의 변화에 대하여 정지 상태가 되는 것이다.

톰슨과 헤이블럭의 배 수면파의 제형(梯形)의 유도는 계산은 복잡하지만 결과는 단순하다. 1775년에 라플라스는 이미 배 물결파 문제를 수학적으로 다룰 수 있는 수력학 방정식을 알고 있었다. 그렇지만 그는 단조화 진동으로부터 국소적 교란을 종합하는 방법을 알지 못했기 때문에 그것을 풀 수 없었다. 40년 후에 푸아송과 코시는 배 뒤의 물의 교란을 양산하는 다중 적분식을 쓸 수 있었지만 그것을 풀 수 있는 효과적인 수단이 없었다. 90년 후에 톰슨은 간섭의 원리 덕택에 이 작업을 성공적으로 마칠 수 있었다. 파군(wave group)의 직관을 사용

---

28) 같은 책, p. 97.

29) Thomas Henry Havelock, "The Propagation of Groups of Waves in Dispersive Media, with Applications to Waves on Water Produced by a Travelling Disturbance," *Proceedings of Royal Society of London* 81 (1908), pp. 398-430.

함으로써 그는 적분을 피해서 기하학적 방법으로 추론하는 길을 열었던 것이다. 이것은 19세기에 수학적 분석과 물리적 해석이 손잡고 발전해 갔음을 보여준다. 이러한 제휴에 힘입어 19세기 수리물리학자들은 복잡한 파 패턴을 선형 근사에 의해 성공적으로 취급할 수 있었다. 수면파를 취급하는 방식이 다른 형태의 유체 운동보다 수학적 분석을 더 쉽게 적용할 수 있었던 것은, 물의 작은 점성을 고려하지 않음으로써 문제를 단순화할 수 있었고, 비회전 특성으로 문제를 취급하면서 조화 속도 퍼텐셜을 사용할 수 있었고, 물의 흐름을 안정한 흐름으로 취급했기 때문이었다.

3. 점성의 효과

19세기 초 달랑베르, 오일러, 라그랑주의 이성적 유체 역학은 파이프의 흐름이나 선박 저항과 같은 실제적인 문제와 무관했다. 공학자들은 자신의 경험적 공식들을 사용했고 수학자들은 완전히 저항이 없는 흐름에 대한 이론을 가지고 있었다. 1820년대와 1830년대에 에콜 폴리테크닉을 졸업한 프랑스의 공학자 겸 수학자인 나비에, 코시, 생-브낭(Saint-Venant) 등은 이론과 실천의 간극을 메우려고 노력했다. 나비에는 1821년에 탄성체를 위한 평형과 운동의 일반적 방정식을 발표했다. 곧 그는 점성이 있는 흐름에 대한 새로운 수력학 방정식인 나비에-스톡스 방정식을 얻어냈다. 그의 이론은 당시에 별로 관심을 끌지 않았지만, 네 번에 걸쳐 재유도되었다. 1823년에 코시, 1829년에 푸아송, 1837년에 생-브낭, 1845년에 스톡스가 독자적으로 이 방정식을 재발견했다.

이러한 시대적 특성은 방법론적으로나 존재론적으로나 이들 연구자들이 입자론적 추론에 호소했다는 것에서 드러난다. 라플라스의 입자 물리학과 거시적 연속체 물리학은 서로 대립되는 것으로 인식되어 왔다. 푸아송은 전자, 푸리에는 후자의 대표자로 인정을 받았다. 그러나 실제로 푸리에의 열 이론은 그 내용은 입자 물리학적이었지만 그것을 받아들인 영국인들에 의해 연속체 물리학으로 해석되었다. 오히려 코시는 무한소 기하학과 공간 평형 논증을 결합하여 변형(strain)과 응력(stress)을 정의하고 입자를 언급하지 않고 운동 방정식을 유도해 내었다. 그러나 그 대립구도는 완전하지 않다. 푸아송은 코시의 응력 개념에 의존했고 코시는 자신의 입자적 유도(molecular derivation)를 제시하였다.[30] 다른 이들도 이 사이에 타협적인 노선을 택하였다. 나비에는 입자간력에서 시작하여 가상 일(virtual work)을 고려하여 거시적 수준으로 나아갔다. 생-브낭은 응력 개념의 정의가 입자적이어야 한다는 것을 주장하였지만 나비에-스톡스 방정식은 거시적인 유도였다. 스톡스는 유체 속의 일반적 형태의 응력을 코시의 논의를 따라 제시했지만 응력의 선형성을 단단한 구의 입자에 근거하여 변형을 고려함으로써 정당화하였다.

이러한 맥락에서 나비에-스톡스 방정식이 왜 환영을 받지 못했는지를 이해할 수 있다. 나비에의 이해 방식은 임의적이고 모순적으로 비춰졌기 때문이었다. 코시와 푸아송은 나비에가 유체 역학에 기여한 것이 아무것도 없다고 보았다. 그들은 수학에 치우쳐 있었기 때문에 나비에가 물리적 직관을 그의 방정식에 투영한 것을 탐탁하지 않게 생각했다. 생-브낭과 스톡스는 그 방정식은 받아들였지만 그 유도 방법은 다시 찾아야 한다고 생각했다. 그렇지만 대부분의 공학자들은 오

---

30) Darrigol, 앞의 책, pp. 101-102.

히려 나비에의 유도가 너무 이상화되어 있고 수학적이라고 생각했다. 실제로 그의 방정식은 제한적인 문제에만 적용될 수 있었다. 그것은 진자 주위나 모세관 안에서 일어나는 것처럼 느리고 규칙적인 운동에만 적용이 되었다. 다른 수력학적 문제들에서는 여전히 경험적인 접근법들 외에는 대안이 없었다.

달랑베르와 오일러는 모두 입자의 상호작용은 너무 복잡하여 거시적 차원에서 잘 정의된 수학적 법칙들을 내놓을 수 없다고 생각했다. 이러한 복잡성은 유체의 마찰에서 상당부분 비롯되었는데 일찍부터 이 문제는 철학자들의 관심을 끌었다. 마리오트(Mariotte)의 『물의 운동에 관하여』(Traité du mouvement des eaux, 1686) 이래로 수력 공학자들은 흐르는 물과 벽 사이의 마찰을 가정하였다. 그들은 직접 그 마찰을 측정하려고 하였다. 뒤 부아(Pierre Du Buat)는 운하와 항구 개발에 종사하면서 수력학에 대한 남다른 관심을 가졌다. 그는 유체의 마찰이 압력에 의존하지 않음을 입증했다. 한편 보슈(Charles Bossut)는 공학 학교에서 수학을 가르쳤고 저지하는 힘이 속도의 제곱에 비례한 것을 발견했다. 19세기 중엽까지 독일과 프랑스의 마찰 공식은 관찰 기록의 누적에 의존하였다.[31]

뒤 부아는 이전까지 유체와 벽 사이의 마찰을 고려한 것에서 한 걸음 더 나아가 유체 내부의 마찰 개념, 즉 점성에 대해 생각하기 시작했다. 1800년에 유명한 군사 공학자인 쿨롱(Charles Coulomb)은 유명한 비틀림 천칭 기술을 사용하여 '매우 느린 운동에서 유체의 점착(coherence)과 저항의 법칙'을 연구하였다. 그는 원판을 줄로 다양한 유체 안에 늘어뜨려서 비틀림 진동의 감쇠 효과를 알아보았다. 이러한 개념은 이미 뉴턴이 원통을 유체에 담그고 회전시켜서 소용돌이를 일

---

31) 같은 책, p. 104.

으킬 수 있는 원인으로 점성을 고려한 것에 담겨 있었다. 그는 심지어 두 개의 이웃한 동일한 축의 유체 층 사이의 마찰은 그들의 속도 차이에 비례한다고 가정했다. 18세기 말에 벤투리(Giovanni Battista Venturi)는 내부 유체 저항에 효과를 나타내는 실험을 수행하였다. 그는 유체 내부에 생기는 맴돌이(eddy)를 저항을 일으키는 주요 원인 중 하나로 간주했다. 뒤 부아와 쿨롱의 연구와 함께 벤투리의 연구는 내부 저항에 대한 관심을 회복시키는 데 기여했다.

1816년에 파리 과학 아카데미 회원인 지라르(Pierre-Simon Girard)는 뉴턴의 개념을 모세관 내부에서의 유체의 운동에 적용하여 연구를 수행하였다. 그는 입자간의 응집력이 모세관 현상과 파이프 안 흐름의 지체(retardation)를 모두 일으킨다고 생각했다. 그는 한 층의 유체가 관의 벽에 달라붙고 나머지 유체는 거의 균등한 속력으로 움직인다고 가정했다. 그리하여 유체의 지체는 움직이는 유체의 기둥과 점착된 층 사이에서 일어난다고 보았다. 그는 쉽게 결과를 알 수 있는 모세관을 이용하여 점착력을 측정하였다. 그는 물이 흐르는 다양한 길이의 관에서 방출량을 측정하였는데 그의 결론은 2차 마찰 항은 충분한 길이의 관에 대하여 0으로 볼 수 있다는 것이다. 그리하여 그는 마찰을 본질적으로 선형인 것으로 간주하였다. 그는 모세관 현상이 동물과 식물의 피나 수액의 순환을 설명하는 데 핵심적인 역할을 할 것을 잘 감지했다. 그의 선구적인 실험과 이론적 탐구는 아카데미 회원들의 환영을 받았다.

이와 같이 18세기와 19세기 초에 걸쳐 실험적으로 유체의 마찰을 이해하려는 광범위한 시도들이 있었지만 그것을 수학적으로 결정하려는 시도는 없었다. 나비에 이전에는 아무도 오일러의 수력학 방정식에 마찰을 담당하는 새 항들을 넣으려는 시도가 없었다. 이는 어디까지나

이성적 유체 역학은 수학적인 탐구 활동이었지 현상의 설명을 시도하고자 하는 것과는 거리가 있었기 때문이기도 하고 오일러의 방정식이 당시 수학이 감당하기에도 충분히 복잡했기 때문이었다. 설령 누가 항을 넣고자 했어도 내부 저항에 대한 개념이 아직 미성숙했던 이 시기에는 그러한 시도가 결실을 맺기 힘들었을 것이다.

나비에는 에콜 폴리테크닉과 토목학교(Ecole des Ponts et Chaussée)에서 교육 받았다. 그는 전자에서 수학적 기술을, 후자에서 실용적 마인드를 전수받았다. 그는 당시 수력학이 실험적으로 알려진 많은 사실들을 기술하지 못하는 것을 안타깝게 느꼈다. 그는 유체 저항의 원인을 두 가지로 생각하였다. 잠긴 물체 주위에 압력이 불균일하게 분포되어 있는 것과 입자 부착 때문에 물체와 이웃하는 유체의 층들 사이에서 일어나는 마찰이 그것이다. 그는 1805년과 1806년에 발표된 라플라스의 모세관 이론을 추종했다. 기본적으로 입자들 사이의 단거리 인력에서 점성이 기인한다는 것을 받아들이고 고체를 이상적으로 단단하게 보는 이성 역학의 충돌 이론을 거부했다. 그에게 있어서 고체는 입자 간 인력과 척력이 균형을 이루면서 형성되는 것이었다. 1820년의 논문에서 그는 라그랑주의 모멘트 방법을 적용하여 운동 방정식과 경계 조건을 동시에 얻었다. 그는 계속된 탐구에서 탄성을 입자론적으로 해명했고 유체 역학에 그의 새로운 입자 기법을 적용하여 1822년에 아카데미에서 나비에-스톡스 방정식을 발표하고 그것을 요약하여 출판하였다. 그의 방정식은 또 하나의 입자 이론의 성취로 간주되기도 했지만 그것이 라플라스 물리학에서는 쓰지 않는 속도에 의존하는 힘을 씀으로써 달랑베르의 원리를 적용할 수 없는 운동 방정식을 만든 것으로 인식되었다.[32]

---

32) 같은 책, pp. 117-118.

코시도 나비에와 같은 그랑제콜(Grandes Ecoles)들을 다녔으므로 수학적 훈련이나 공학적 경험을 모두 겸비했다. 그렇지만 그의 건강과 수학적 재능 때문에 그는 주로 학문적 연구에 치중했다. 그는 압력계의 대칭성이 세 방향의 주축의 존재를 함축한다고 보았고 이 압력의 방향으로 국소적 변형도 일어난다고 보았다. 코시는 이때 변형력의 증가율이 변형의 정도와 무관하다는 훅의 법칙을 반영하여 텐서(tensor) 개념에 입각한 이론을 구축하였다. 그는 응력 텐서가 변형의 속도를 나타내는 텐서에 비례해야 한다고 생각했다. 그는 탄성 이론을 1822년에 발표하고 이듬해 그것을 요약하여 출판하였다. 그의 이론에서 나비에의 평형 방정식은 특별한 경우에 속한다. 그렇지만 코시의 응력－변형 이론은 연속계를 사용하기 때문에 입자 이론에 부합하지 않는다는 동료 연구자들의 저항이 있었다. 그렇지만 사실상 코시는 원자론자였고 누구보다 철저하게 입자론적 기초 위에서 탄성 이론을 제시하였다.

푸아송은 공학 경험이 없었기에 에콜 폴리테크닉을 졸업하고 거기에 눌러 앉았다. 그는 라플라스 입자 프로그램에 대한 열정 때문에 탄성에 관심을 가졌다. 그는 1829년에 코시의 논문으로 드러난 자신의 논문의 문제점을 수정했다. 이 과정에서 그는 유체 이론을 전개할 기회를 얻었다. 그는 기본적으로 유체는 운동하면서 고체처럼 응력을 받으며 이 응력은 매우 짧은 시간 동안 자발적으로 누그러진다고 생각했다. 그리하여 액체는 응력을 받는 상태와 이완된 상태를 빠르게 반복한다는 것이다.[33]

이 시기에 프랑스에서는 영국에 비해서 공학자들이 수학적 훈련을 더 적게 받았음에도 불구하고 산업은 더욱 빠르게 발전하였다. 생－브낭도 에콜 폴리테크닉과 토목학교를 나왔다. 그는 일찍부터 공학을 과

---

33) 같은 책, pp. 125-126.

학과 일치시키려는 결심을 하였다. 그는 경험주의와 이성 역학의 임의
적 이상화를 모두 배격했다. 그는 탄성 이론을 전개하면서 '반역
전'(semi-inverse) 방법을 사용하여 큰 성과를 거두었다. 탄성을 구하
는 문제는 응력과 변형의 관계를 적용함으로써 풀리지만 실제적으로
중요한 '역'(逆)의 문제는 주어진 힘에서 변형을 결정하는 것으로 결국
에 미분 방정식을 얻게 되지만 그것이 풀리지는 않는다는 것이 문제
였다. 생-브낭은 역 문제를 변형과 가해지는 힘이 일부 주어지는 풀
수 있는 혼합된 문제로 대체하는 방법을 썼다.

이러한 탄성 이론의 성과에 힘입어 생-브낭은 유체 문제도 다루었
다. 그는 농촌에서 물을 과학적으로 관리하는 문제에 관심이 있었다.
1834년에 그가 아카데미에 제출한 유체 동역학에 대한 논문은 입자론
적 사고에 기초해 있었다. 그는 유체가 이동하는 병진 운동과 입자들
간의 상호 작용이 함축하는 비병진 운동을 구분하고 내부 압력의 입
자론적 정의를 제시하였고 움직이는 유체에서 입자들의 충돌에 의해
병진 운동이 교란되어 생기는 횡압력의 존재를 상정하였다. 1840년대
에 생-브낭은 비병진 운동을 열과 동일시했다. 1846년에 생-브낭은
유체의 저항이라는 오래되고 어려운 문제에 도전하였다. 이 유체 저항
의 문제는 1750년대에 달랑베르에 의해 역설로 표현되었다. 달랑베르
는 머리 쪽과 꼬리 쪽이 대칭인 물체가 유체 속에서 움직일 때 머리
쪽의 압력과 꼬리 쪽의 압력이 균형을 이루기 때문에 유체의 저항은
사라지게 된다는 점을 지적하였다. 생-브낭은 내부 마찰의 도입으로
달랑베르의 역설을 풀 수 있음을 보였다. 그는 오일러에게 운동량의
균형을, 보르다에게 활력의 균형을 빌어 와서 이상적인 유체에서는 압
력이 하는 일이 0이 되어 유체 저항은 사라진다는 것을 보였다. 입자
적 유체에서는 내부 저항의 일이 압력이 하는 일에 더해지고 비병진

운동의 활력이 고려되어야 하므로 유체가 물체를 지날 때 압력은 떨어지고 저항은 더 이상 0이 되지 않는다. 물체에 의해 유도되는 비병진 운동의 양이 클수록 저항은 커진다. 생-브낭이 과학과 공학을 연결하려는 노력은 실재하는 유체의 내부 압력을 과학적으로 풀어내려는 시도를 낳았다. 그는 나비에의 수력학 방정식을 부드럽게 흐르는 유수가 가변적인 점성 계수를 가지고 있을 때 그것을 통제하는 것으로 재해석했다. 그는 운동량과 에너지의 균형을 경험적으로 알려진 흐름의 특징과 연결시키는 방법을 썼다.[34]

비슷한 시기에 영국에서는 공학자들이 아니라 에어리나 챌리스와 같은 천문학자, 또는 그린이나 켈란드 같은 수학자가 수력학의 문제에 관여했다. 스톡스는 공학과는 관계가 먼 사람이었다. 그는 수학 트라이포스 1위와 스미스 상을 수상한 영예로운 케임브리지 졸업생이었다. 그렇지만 그는 이론과 실제의 차이를 알았고 그 간격을 메우는 데 관심이 많았다. 스톡스는 유체의 저항을 관찰하여 3가지 원인에 주목하였다. 즉 유체 마찰, 불연속적 흐름, 난류로 이끄는 불안정성이 그것이었다. 그는 횡압력의 개념, 대칭 논의, 무한소 변형의 기하학을 코시한테 빌려와 그것들을 결합하여 불완전한 유체에 대한 논의를 전개하였다. 그는 압력의 3차원의 주축 개념을 등방성 물질의 3차원 변형을 일으키는 방식으로 이해하였다. 그는 미소물리적 사색을 피하도록 훈련받았지만 프랑스의 선행연구자들의 내부 마찰의 개념은 횡방향의 입자적 작용 없이는 상상할 수 없었다. 이러한 과정에서 스톡스는 국소적 등방성을 근거로 하고 응력과 왜곡률 사이에 선형 관계를 갖는 유일한 수력학 방정식인 나비에-스톡스 방정식을 이끌어내었다.[35] 스

---

34) 같은 책, pp. 134-135.
35) 같은 책, p. 138.

톡스는 내부 마찰이 유체 저항과 흐름 지체에서 하는 역할을 알아내
는 데 주력했다.

스톡스가 연구를 시작하기 전에 이미 좁은 관에서 배출에 관한 이
론이 제시된 적이 있었다. 1839년에 독일의 수력 공학자인 하겐
(Gotthilf Hagen)은 지름이 1 내지 3 밀리미터의 작은 관을 가지고
수행한 실험을 통해 이 법칙에 도달하였다. 그는 선형 항이 마찰을 일
으킨다고 보고 관 위쪽의 압력이 관의 반지름 R의 4제곱의 역수에
의존한다는 것을 유도했다. 그는 내부 마찰이 이웃한 유체층의 상대
속도의 제곱에 비례한다고 믿었는데, 이러한 마찰 개념은 나중에 틀린
것이 드러났기 때문에 R의 역4제곱의 법칙 발견의 공로는 푸아쇠이
에게 돌아가곤 한다.

푸아쇠이유(Jean-Louis Poiseuille)는 에콜 폴리테크닉 출신의 의사
였다. 그는 1840년에 모세관 흐름에 대한 실험을 수행하였다. 그는 어
떤 혈관이 왜 다른 혈관보다 더 많은 피를 받는지를 알고 싶었다. 그
는 압력, 길이, 직경, 온도가 다양한 액체가 모세관에서 흐르는 데 어
떻게 영향을 미치는지 알기를 원했다. 그는 모세관에서 유지되는 기둥
의 높이가 관의 반지름의 네제곱 R^4에 반비례한다는 법칙에 도달하
였다.[36] 헬름홀츠(Hermann von Helmholtz)는 하겐-푸아쇠이유 법
칙에 나비에-스톡스 방정식을 처음으로 연결시킨 물리학자였다. 헬름
홀츠는 오르간 파이프의 공명 진동수의 측정치와 이론치 사이의 불일
치를 설명하기 위해서 유체 마찰에 관심을 가졌다. 1859년에 그는 내
부 마찰을 포함하는 수력학 방정식을 세웠고 톰슨에게 그것이 스톡스

---

36) Jean-Louis Poiseuille, "Researches Expérimentales sur le mouvement
des liquides dans les tubes de trés petit diamétre," *Mémoires des
Académie des Sciences de l'Institut de France* 9 (1844), pp. 433-543.

의 것과 같은지 물었고 톰슨의 대답은 그렇다는 것이었다. 액체의 점성 계수를 정하기 위해 헬름홀츠는 그의 학생 피오트로프스키(Gustav von Piotrowski)에게 청하여 속이 빈 금속 구를 액체로 채우고 그 안에 비틀림에 저항하는 철사를 늘어뜨려 진동을 얼마나 감쇠시키는지 측정하도록 했다. 헬름홀츠는 이 측정과 푸아쇠이유의 실험으로부터 점성 계수를 알아내기 위해 나비에-스톡스 방정식을 적분했다. 두 값은 유체의 유한한 미끄러짐이 금속 구의 벽에서 일어나지 않는다면 일치하지 않았다. 1860년대까지 나비에-스톡스 방정식은 물리학자들의 표준 도구가 되지 못했다. 유체 저항과 흐름 지체에 대한 결과를 판단하는 데 결정적인 것은 경계 조건이었지만 그것들이 아직 확정되지 않았다. 20년이 지나서야 램(Horace Lamb)은 나비에-스톡스 방정식과 스톡스의 경계 조건이 수력학에 대한 자신의 책의 한 장을 이룰 만하다고 판단했다.[37] 이러한 변화는 느리거나 소규모의 운동이라는 제한된 경우에 적용하여 성공을 거둔 몇 가지 사례와 1866년에 등장한 맥스웰의 기체의 운동 이론에 의해 그 방정식이 확인된 것에서 기인했다. 레이놀즈와 부새네스크가 1880년대에 난류에 대한 연구를 수행하기 전까지 이 방정식은 실용적인 수리학(hydraulics)과 완전히 무관했다. 수력학 방정식에 점성을 나타내는 항을 삽입해주는 것은 자연 상태나 인공적인 상태에서 만날 수 있는 실제적인 흐름 현상을 설명하기에는 충분하지 않았다. 나비에-스톡스 정식은 오랫동안 수리물리학적 흥미의 대상이었을 뿐이었다.

---

37) Darrigol, 앞의 책, pp. 143-144.

4. 소용돌이 물리학

오일러의 유체 역학이 실제 현상에 들어맞지 않는 문제를 점성을 도입하는 방식으로 해결하는 것은 층형태의 흐름(laminar flow)의 경우를 제외하고는 그리 성공적이지 못했다. 1860년대에 헬름홀츠는 오일러 방정식에 대한 또 다른 접근법인 소용돌이 해법을 제시했다. 헬름홀츠는 음향학의 문제인 오르간 파이프의 발음 문제를 연구하면서 이러한 생각을 하게 되었다. 악기를 개선하기 위해서는 공기의 내부 마찰과 감쇄 효과를 알 필요가 있었다. 그는 나비에-스톡스 방정식을 몰랐기에 오일러 방정식의 해를 분석하면서 내부 마찰의 역할을 고려하였다. 이 과정에서 헬름홀츠는 소용돌이 시트(vortex sheet) 개념을 생각해 내었다. 소용돌이 시트는 직사각형의 소용돌이의 연속적 배열이다. 그는 소용돌이 시트가 시트를 가로지르는 유체 속도가 접선 방향으로 불연속적임을 의미한다는 것을 발견했다.[38] 그는 오르간의 주둥이를 통해 공기가 연속적으로 흐르는데도 교대하는 운동이 만들어지는 현상을 설명하는 데 그러한 불연속 운동을 사용했다. 1868년에 그는 불안정성이나 표면의 돌출(protuverance)이 커져서 나선형으로 감기는 현상과 같은 불연속면의 일반적 특성을 기술했다. 헬름홀츠는 오일러의 방정식을 오르간 파이프라는 특정한 계에 구체적으로 적용하는 데 어려움이 있다는 것에 집중했다.

헬름홀츠는 1850년대 중엽에 소리의 감각에 대한 연구를 시작하였다. 음향학은 당시 물리학이 발전하는 분야였고 음악과 수학을 연결시킬 수 있는 이상적인 분야였다. 1848년과 1849년에 《물리학의 진보》 (*Fortschritte der Physik*)에 실은 이론 음향학에 관한 논평에서 헬름

---

38) 같은 책, p. 145.

홀츠는 베르트하임(Guillaume Wertheim)이 오르간 파이프로 수행한 음속 측정을 비판했다.[39] 베르트하임은 파이프 안의 공기가 파이프의 아래쪽 끝에 속도의 마디를 갖고 구멍에는 배를 갖는 정상 상태라고 가정했다. 그는 관의 길이로부터 파장을 유도했고 그것에 소리의 진동수를 곱해 음속을 얻었다. 측정된 소리의 진동수는 부는 세기에 어느 정도 의존하는 문제점이 있었다. 베르트하임은 자신이 발명한 물 오르간으로 보였듯이 공기를 물로 대치하면 이론적인 정상 조건은 완전히 무너진다는 것을 알고 있었다. 헬름홀츠는 이전의 연구자들에 의해 상정된 경계 조건이 지나치게 단순화되어 있다고 주장했다. 특히 관의 입구 근처에서는 유체의 운동을 더 실제적으로 취급할 필요가 있음을 지적했다.[40]

1859년에 나온 첫 음향학 논문에서 헬름홀츠는 실험을 통해 합음과 차음의 존재를 입증했다. 그는 이러한 조합음은 귀의 역학적 반응이 더 이상 선형적이지 않으며 소리의 진폭의 제곱에 비례하는 항을 포함함을 주장하였다. 헬름홀츠는 1859년에 「끝이 열린 오르간 파이프 안의 공기의 운동에 관하여」라는 논문에서 오르간 파이프의 끝 부분에서 일어나는 공기의 흐름에 주목했다.[41] 그는 말단 효과를 고려하여 얻은 자신의 이론치를 베르트하임과 자미너(Friedrich Zamminer)의 측정치와 비교했다. 넓은 관에서는 일치가 확실했지만 좁은 관에서

---

39) Hermann von Helmholtz, "Bericht über die theoretische Akustik betreffenden Arbeiten vom Jahren 1848 und 1849," *Die Fortschritte der Physik* 4 (1852), pp. 124-125; 5 (1853), pp. 93-98.

40) Darrigol, 앞의 책, pp. 146-147.

41) Hermann von Helmholtz, "Theorie der Luftschwingungen in Röhren mit offenen Enden," *Journal für die reine und angewandte Mathematik* 57 (1859), pp. 1-72.

는 일치한다고 말하기 어려웠다. 헬름홀츠는 이러한 불일치는 부는 파이프의 진동수와 공명 진동수의 차이에 의해 설명될 수 있다고 생각했다. 마찰이 커지면서 주기적 진동에 대한 공명기의 반응 폭은 커졌다. 오르간 파이프에서는 공기의 점성 때문에 마찰이 있는데 공명의 폭은 마찰이 클수록 커지므로 파이프가 가늘수록 커진다. 헬름홀츠는 좁은 관에서 그의 이론이 잘 들어맞지 않는 것을 점성의 효과와 연결시켰다.

1863년에 나온 헬름홀츠의 개선된 이론에서는 점성이 오르간 파이프의 공명 진동수를 넓히거나 옮긴다는 것을 확실히 했다.[42] 푸아송, 나비에, 생-브낭, 스톡스의 연구를 몰랐던 헬름홀츠는 마찰의 영향을 정의하고 그것을 측정할 방법을 찾는 데 주력했다. 그는 퍼텐셜에서 유래한 힘이나 물에 잠긴 고체의 운동으로 비압축성, 비점성 유체를 움직이면 퍼텐셜이 유체의 속력에 의존하게 된다고 알고 있었다. 마찰력은 퍼텐셜에서 나오지 않으므로 퍼텐셜이 적용되지 않는 운동만을 유도할 뿐이었다. 헬름홀츠는 운동 원인에 관계없이 이러한 종류의 운동을 연구하는 것에서 출발했다. 속도 퍼텐셜이 존재하면 순간적인 유체의 운동에서 국소적 회전이 없다고 해석할 수 있다. 그렇다면 속도 퍼텐셜이 없다는 것은 소용돌이 운동이 유체에 존재한다는 것을 의미했다.[43] 그는 소용돌이가 시간이 지나면서 어떻게 변해 가는지를 조사했다. 그는 소용돌이 필라멘트의 단면적을 회전 속도에 곱한 값은 시간이 지남에 따라 변하지 않으므로 소용돌이 필라멘트는 안정한 구조임을 보였다. 이러한 개념은 나중에 톰슨의 자기 분극의 솔레노이드형 분포나 맥스웰의 '힘의 관' 개념에 반영되어 나타났다.[44]

---

42) 같은 책, p. 148.
43) 같은 책, p. 149.

헬름홀츠는 유체 소용돌이에서 얻은 개념을 전류 분포에서 자기력이 발생하는 것에 유비적으로 적용하여 소용돌이 주변에서 유체의 운동에 대한 직관을 얻었다. 나중에 맥스웰은 이 방법을 전류에 의해 발생하는 자기장을 결정하는 데 사용했다. 이러한 유비는 이미 톰슨도 익숙했다. 다만 톰슨이나 맥스웰이 그러한 유비를 전자기 현상을 이해하고 이론을 구축하는 데 사용한 반면에 헬름홀츠는 반대의 일을 했다. 헬름홀츠가 에너지 보존을 고려하여 운동의 결과를 추적한 것은 톰슨과 비슷했다.

헬름홀츠는 그의 정리와 유비를 무한한 유체 속의 소용돌이 운동의 단순한 예들에 적용했다. 가장 흔한 것은 균일한 평면 소용돌이 시트(sheet)이다. 소용돌이의 양쪽에서의 유체 속도의 평균값이 실제로 시트가 움직이는 속도가 된다. 유체 운동의 접선 방향의 불연속이 오일러 방정식과 양립가능하다는 것 때문에 이 특별한 경우는 이후의 헬름홀츠의 수력학에서 핵심적인 역할을 하게 된다. 헬름홀츠는 이어서 단일한 직사각형 소용돌이 필라멘트와 세기가 다른 평행한 두 직사각형 필라멘트를 다룬다. 전자기와의 유비로부터 그는 필라멘트 주위를 유체가 회전할 때에는 필라멘트로부터의 거리에 비례하는 선속도로 돈다는 것을 유도했다. 이때 유체의 속도는 각 필라멘트로 생기는 속도의 중첩한 값이 된다. 소용돌이 고리의 경우는 더 복잡한데 이는 속도가 소용돌이 자체에 의해 소용돌이에 전해지면서 사라지지 않기 때문이다. 헬름홀츠는 단일한 고리의 중심에서는 원형 고리가 크기의 변화 없이 흐름의 방향으로 축을 따라 움직여야 한다는 것을 증명했다. 두 개의 고리가 존재할 때에는 각 고리는 다른 고리가 전해주는 유체 속도에 영향을 받게 된다. 헬름홀츠는 숟가락과 조용한 수면만 있으면

44) 같은 책, pp. 150-151.

소용돌이 고리의 춤을 관찰할 수 있다고 했다. 숟가락을 수직으로 물에 담그고 그것을 빠르게 당기면 반쪽 소용돌이 고리가 생긴다. 이 고리의 양끝은 수면에 작은 침하를 일으킨다. 이 고리들은 헬름홀츠의 예상대로 움직였다. 이 소용돌이 고리 실험은 간단하지만 그것에 대한 수학적 분석은 전문가만이 이해할 수 있다.[45)]

출전: Tait, *Lectures on Some Recent Advances in Physical Sciences*, 2nd ed. (London, 1876), p. 292.

그림 2.3 테이트의 연기 상자

소용돌이 운동에 관한 헬름홀츠의 논문은 뛰어난 독일 수학자들과 물리학자들의 관심을 끌었다. 관련된 논문들이 많이 나왔고 괴팅겐 아카데미는 이 정리들에 대한 라그랑지안 유도에 상을 내걸었고 이 상은 1861년에 항켈(Hermann Hankel)에게 수여되었다. 헬름홀츠의 논문은 키르히호프의 유명한 역학 강의의 기초가 되었다. 영국에서도 톰슨, 맥스웰, 테이트(Peter Guthrie Tait)가 헬름홀츠의 소용돌이 이론을 환영했다. 테이트는 해밀턴의 4원수론이 헬름홀츠가 말하는 유체운동의 분해에 얼마나 적합한지를 깨닫고 기뻐했다. 그는 헬름홀츠의

---

45) 같은 책, p. 153.

논문을 번역하고 직접 연기 상자를 만들어 소용돌이 고리의 쇼를 통해 헬름홀츠의 예측이 맞는 것을 보였다.(그림 2.3)[46] 톰슨은 1867년에 헬름홀츠에게 편지를 보내 자신이 생각한 소용돌이 고리 원자에 대한 생각을 전했다. 맥스웰은 소용돌이 운동을 받아들였고 두 닫힌 소용돌이가 서로에 작용하면 임의의 평면에 그것들을 투영했을 때 그 투영 면적의 합이 일정하다는 것을 입증했다.

한편 프랑스에서는 다른 반응이 나왔다. 유명한 수학자이자 아카데미 회원이었던 베르트랑(Joseph Bertrand)은 헬름홀츠의 이론의 기본적인 가정에 대해 반대하였다. 헬름홀츠는 동역학적 필요성에 따라 그것들의 기하학적, 운동학적 개념들을 조정하고 있었는데 베르트랑은 물리적 논의가 기하학적 직관을 제어하는 것을 거부했던 것이다. 그러나 베르트랑의 도전은 프랑스에서도 환영을 받지 못했다. 톰슨이 잠시 흔들렸지만 영국인들도 꿋꿋한 지지 의사를 밝혔다. 그 후 헬름홀츠의 이론은 표준이 되었고 여러 유체의 운동에 적용되었다.[47]

1869년에 헬름홀츠는 생리학의 필요에 의해 점성 유체의 문제를 다시 다루기 시작했고 전기와의 유비 속에서 유체 현상을 이해하려는 시도를 계속했다. 그는 풀무로 연기를 내뿜으면 그것은 처음에는 빽빽한 분사물을 이루다가 점차 소용돌이로 바뀌지만 전기는 이런 경우에 모든 방향으로 흐르는 점에서 차이가 난다는 것을 주목했다. 그는 이것을 내부 마찰 때문이라고 생각하지 않고 운동이 접선 방향으로 불연속이기 때문에 생기는 현상이라고 생각했다. 그는 얇은 소용돌이 시트가 속도의 평행한 성분의 불연속을 의미하므로 가능한 불연속은 소용돌이 시트로 환원될 수 있다고 생각했다. 그는 이러한 개념을 불연

---

46) 같은 책, p. 155.
47) 같은 책, p. 157.

속면의 기본적 특성을 유도하기 위해 사용했다. 내부 마찰에 의해 각 소용돌이 필라멘트의 회전하는 입자들은 점차 이웃하는 입자들을 회전시킨다. 마침내 그 시트는 유한한 크기의 소용돌이로 성장한다. 이때 불연속면은 매우 불안정하다. 그는 연기의 분사물이 음파에 놀랍게 민감하다는 틴들(John Tyndall)의 보고도 불규칙성이 안정한 분사물의 표면 위에 형성되기 때문이라고 설명했다.[48] 분사물의 경우에 수축이 일어나는 것은 한 세기 전에 보르다(Charles de Borda)가 분사물의 운동량 선속(momentum flux)과 용기의 벽에 미치는 압력의 합 사이의 균형에 의해 증명한 문제였다.

헬름홀츠는 자신의 불연속 유체 운동에 관한 짧은 논문이 수력학의 기본 방정식과 실제 관찰되는 유체 간의 간극을 메울 수 있다는 점에서 중요하다고 생각했다. 그는 고체 장애물 주위에 생기는 흐름의 기본적인 특징으로 불연속면과 나선형으로 말리는 현상을 들었다. 스톡스는 불연속 흐름이 거의 점성이 없는 유체의 행동을 옳게 표현해준다는 헬름홀츠의 생각을 따랐지만 톰슨은 그것이 기본적인 동역학적 원리와 모순이 된다고 생각했다.[49]

헬름홀츠는 오르간 파이프에서 생기는 '쉭' 하는 소음 중에서 관의 공명 진동수 근처의 성분이 관의 기주를 진동시킨다고 보았다. 1868년의 수력학 논문에서 헬름홀츠는 오르간 파이프 불기를 제대로 설명하려면 불연속적 공기 운동에 토대를 두어야 한다고 언급했다. 파이프의 출구는 공기 날을 만들어 파이프의 구멍 위쪽인 립(lip)을 때리면 관 속의 공기가 진동하게 된다. 이 운동 때문에 공기의 흐름이 날에 수직 방향으로 앞뒤로 진동하고 해당하는 소용돌이 시트가 그 운동을 따라

---

48) 같은 책, pp. 160-162.
49) 같은 책, p. 165.

진동하게 되면 공기가 교대로 관의 안과 밖으로 움직인다. 이때 소용
돌이 시트의 불안정성 때문에 날의 공기는 파이프의 진동하는 공기와
섞이게 된다. 만약 관이 충분히 좁지 않아서 높은 배음을 억누르지 않
으면 결과적인 기주의 진동은 시간에 대하여 톱니 모양의 함수를 그
리게 된다. 이렇게 헬름홀츠에게 오르간 파이프의 문제는 내부 마찰과
소용돌이 이론을 유발했고, 이에 대한 이해는 오르간 파이프의 음을
이해하는 기초가 되었다.

5. 불안정성과 난류에 대한 탐구

유체의 불안정성은 두 개의 유체 덩어리가 서로에 대하여 미끄러질
때 발생한다. 가령 연기 분사물 주위나 수면에 바람이 불 때 이런 일
이 생긴다. 헬름홀츠는 소용돌이 시트를 사용해서 이 불안정성을 이해
하려 하였고 오일러의 방정식을 벗어나는 것처럼 보이는 현상을 설명
하는 데 그것을 사용했다. 스톡스는 수력학적 불안정성을 일찍이 주목
하였고 약간 점성이 있는 유체인 공기와 물에 대하여 관찰된 운동의
본질적인 특성을 이와 연결시켰다. 그는 흐름의 선이 너무 강하게 발
산할 때 불안정성이 생긴다고 보았다. 가령 갑자기 파이프가 넓어진다
든지 고체 입자를 통과한다든지 할 때 불안정성이 유발된다.

1871년에 톰슨은 바람에 의해 수면에 생기는 불안정성을 논의했
다.[50] 그의 논의는 헬름홀츠의 연구와는 독자적으로 다른 방법으로

---

50) William Thomson, "The Influence of Wind and Capillarity on Waves
in Water Supposed Frictionless," *Mathematical and Physical Papers*
(Cambridge, 1882–1911), pp. 76–79.

이루어졌다. 헬름홀츠의 경우에 불안정성은 수력학 방정식에서 유도되었고 스톡스의 경우에는 단지 추측이었다. 톰슨이 전개한 물질의 소용돌이 이론은 그가 상상한 운동에 대하여 안정성을 요구하였지만 연기고리의 안정성에 대한 관찰과의 유비 속에서 이루어졌다. 1880년대가 되어서야 톰슨은 소용돌이 고리가 불안정하다고 생각하게 된다. 다른 관심 때문에 스톡스와 톰슨은 불안정성에 대하여 다른 편향을 지니고 있었다. 그들은 완전한 액체 속에서 불연속면이 가능한가를 놓고 많은 논의를 전개했다. 스톡스는 불연속면의 형성이 고체 장애물을 지나서 완전한 유체가 흐를 때에 나타나는 불안정성의 기본적 메커니즘을 제공한다고 주장했다. 톰슨은 그러한 과정이 근본적인 수력학의 정리들을 위반하며 점성이 스톡스가 말하는 불안정성에 본질적인 역할을 한다고 주장했다.

평행한 흐름 사이의 안정성의 문제는 레일리의 주요 관심사였다. 1880년에 레일리는 완전 유체 속에서 2차원의 평행한 운동의 안정성의 기준을 제시하였다. 이러한 이론은 틴들이 연기 분사물에 소리를 가해주었을 때 생기는 불안정성을 관찰한 것에 토대를 두었다. 1883년에 레이놀즈(Osborne Reynolds)는 원형 파이프 속에서 층형 흐름과 난류성 흐름 사이의 전이를 실험을 통해 설명하였고 이것은 평행한 흐름 안정성에 대한 더 많은 이론적 연구를 촉발시켰다. 그 후 톰슨이 평행한 2차원 점성 흐름의 경우에 불안정성의 증거를 발표하자 레일리는 이 증거들에 반론을 제기했고 오어(William Orr)는 1907년에 그 증명이 불완전하다는 것을 입증했다.[51]

불안정성은 수력학 방정식의 엄밀한 해가 왜 현실 세계의 흐름을 기술해주지 못하는지 설명해준다. 불안정한 계는 교란에 의해 변화무

51) Darrigol, 앞의 책, pp. 184-185.

쌍한 흐름 상태를 만들어낸다. 장애물 뒤에 생기는 물의 소용돌이나 불에서 피어오르는 연기에서 나타나는 난류(turbulence)는 수력학자들에게 다루기 어려운 문제였다. 난류는 연속적인 유체 층이 서로에 대하여 매끄럽게 미끄러지는 상태인 층류(laminar flow)와 구분되는 유체의 상태로서 1880년대에 톰슨에 의해 처음 쓰이기 시작했다. 1822년에 나비에는 선형 흐름과 비선형 흐름을 구분하였고 1830년대에 생-브낭은 동요된 흐름과 규칙적인 흐름을 대조적인 개념으로 보았다. 그렇지만 조금씩 난류의 어떤 측면에 대해서는 지적인 이해가 가능하다는 것이 알려지게 되었다.

난류에 대한 탐구는 19세기에 프랑스 공학자들이 '열린 수로 흐름'이라고 부르는 것을 연구하면서 시작되었다. 당시에 운하 건설이 많았고 어떤 강이 항해를 위한 수로가 될 수 있는지를 연구하는 일이 많았다. 1822년에 나비에는 점성 유체 운동에 대한 그의 방정식을 제안한 직후에 자신의 방정식이 수리학에서 자주 만나는 '비선형' 흐름을 기술하는 데 사용될 수 없음을 인식하였다. 1830년대와 40년대에 생-브낭은 같은 방정식이 흐름의 상황에 의존하도록 점성 매개변수를 조정해주면 동요된 흐름의 대규모적 평균에 적용될 수 있음을 알았다. 1870년대에 그의 제자인 브새네스크는 열린 수로 흐름 이론에서 이 접근법을 성공적으로 사용하였다.

1820년대와 30년대에 열린 수로를 연구한 이들은 수력학의 기본 방정식을 계산하려고 하지 않았고 대신 준(準)경험적 방법을 채용하였다. 그들은 흐름을 평행한 층으로 이상화하고 역학적 원리를 적용하면서 벽의 마찰에 해당하는 실험적 입력까지 고려하여 문제를 풀기를 시도하였다. 그렇기 때문에 그들은 난류를 무시하였는데 생-브낭은 수리학의 문제들의 근본적인 해결을 제시해주려면 난류의 본성에 대한 통찰력을 가져야 할 것을 지적하였다. 열린 수로에 대한 수학적 취급은 주로 프랑스 공학자들에 의해 이루어졌고 영국인들은 그것을 기피하였다. 예외적으로 윌리엄 톰슨의 형인 제임스 톰슨(James Thomson)은 프랑스 연구자들의 연구를 접하였고 난류가 이 문제의 해법을 얻는 데 핵심적으로 고려되어야 한다는 점을 인식했다. 제임스를 도우면서 윌리엄 톰슨은 1887년에 난류성 유체가 실효적인 강체성(rigidity)을 가지기 때문에 큰 규모의 횡진동을 전파시킨다는 것을 발견했다. 이는 에테르의 운동에 대한 톰슨과 피츠제럴드의 이론으로 이어졌다.

톰슨과 피츠제럴드의 에테르 이론과 생-브낭과 부새네스크의 수리학적 이론은 단지 만들어진 난류를 취급했다. 난류의 발생 과정에 대한 이해는 1839년에 독일의 수리학자인 하겐이 파이프 흐름에서 이러한 전이 과정이 갑자기 일어난다는 것을 발견하면서 시작되었다. 그는 원래 공학자들에게 더 정확한 지체 공식을 제공하기를 원했기 때문에 이 흥미로운 현상에 대해 더 깊은 주의를 기울이지 않았다. 1880년대에 레이놀즈의 수력학 실험은 이러한 전이와 전이의 조건을 밝혀내었다. 수리학보다는 항해의 문제를 해결하기 위해 레이놀즈는 난류에 관심을 가졌다. 그는 프로펠러, 배가 지나간 자취, 해수파에 대해 생각하면서 대부분의 수력학의 역설과 변칙들은 보이지 않는 소용돌이 운동에 대하여 우리가 무지하기 때문에 생기는 것 같다고 추측했다. 이런 점에서는 톰슨이나 맥스웰도보다 일반적인 견지에서 소용돌이 이론을 자연현상을 설명하기 위한 개념으로 사용하는 데 의견을 같이했다. 이들은 에테르의 자기적 성질이나 물질의 안정성을 취급하는 데 이미 이상적인 유체인 에테르 속의 소용돌이를 상정했다. 레이놀즈는 소용돌이의 끊임없는 발생이 실제 유체에서 저항과 지체의 주요 원인이라고 보았다. 그는 크룩스(William Crookes)의 라디오미터와 그레이엄

(Thomas Graham)의 증발 현상을 숙고해보고서 희석된 기체의 흐름의 본성은 물질의 규모적 특성에 의존한다고 보았다. 특히 바람개비의 크기나 관의 직경 등에 관계되는 흐름의 규모와 평균 자유 경로 사이의 비율이 결정적이었다. 좀 더 빽빽한 유체의 흐름의 본성은 나비에-스톡스 방정식의 규모적 특성에 의존할 것이라고 예상했다. 레이놀즈는 이것으로부터 레이놀즈 수에 의해 좌우되는 전이의 개념을 도출하였고 이것을 실험으로 확인하고 정교화하였으며 결국에는 난류 전이의 통계적 이론으로 나아갔다.[52]

6. 항력과 양력

유체가 고체에 미치는 힘에 대한 논의는 뉴턴의 입자 충격 이론으로 시작되었고 달랑베르의 1752년 논문에 이르러 본격적으로 논의되었다. 그렇지만 그것에 대한 광범위하고 정량화된 설명이 나온 것은 20세기 전반의 일이었다. 19세기까지는 이 문제의 해결을 위한 부분적인 성과만이 도출되었다. 19세기에 레일리의 '정지한 유체'(dead-water) 이론과 퐁슬레와 생-브낭의 소용돌이 저항 이론 등이 대표적인 예이다. 이 이론들은 모두 개념적 기초가 결여되었기 때문에 어느 것도 예측이 가능할 정도의 성과를 이루지는 못했다. 뉴턴의 이론은 유체 입자의 상호작용을 일부러 무시했고 레일리의 이론은 불합리하게 큰 자취의 존재를 가정했으며 생-브낭의 이론은 관찰과의 일치가 필요했다. 그렇지만 모든 이론들이 현대의 유체 저항 이론의 중요한 요소들을 포함했다. 뉴턴은 유사성 논증이 내부 저항을 어떻게 2차식으로 제한했는지 이해

---

52) 같은 책, pp. 230-231.

했다. 레일리의 이론은 현재의 비유선 흐름에서 받아들여지는 분리 과
정을 예고했고 생-브낭은 분리된 흐름의 불안정성으로부터 생기는 맴
돌이(eddy) 저항을 옳게 기술했다.

빅토리아 시대에 증기 항해가 발전하면서 선박의 선체를 어떻게
만들어야 최적의 모양이 되는지가 공학자들의 관심사가 되었다. 러셀
은 파 저항을 최소화하기 위해 많은 노력을 기울였고 랭카인은 겉면
마찰(skin friction), 큰 회오리 저항(large-eddy resistance), 파 저항
(wave resistance)을 명확하게 구분했다. 프루드는 모형의 합리적 사
용을 위한 조건을 제시했고 관련된 실험 기법을 발전시켰다. 겉면 마
찰을 취급하면서 프루드는 '난류성 경계층'(turbulent boundary layer)
을 제대로 기술했다. 그렇지만 프루드와 랭카인은 레이놀즈 수가 큰
저항의 경우에 그 메커니즘의 이해는 정성적인 수준에 머물렀기에
효과적인 계산을 위한 구도가 결여되어 있었다. 이런 점에서 프란틀
(Ludwig Prandtl)은 20세기에 들어서면서 제대로 큰 레이놀즈 수를
갖는 유체 저항에 대한 경계층 이론을 성공적으로 전개하였다. 그렇지
만 이 이론이 갑자기 1904년에 출현한 것이 아니었다. 이미 1830년에
경계층 개념은 실제적으로 유용해졌고 프란틀 이후에 카르만(Theodore
von Kármán)이 이 층에서의 난류의 역할을 제대로 이해하였다. 부
새네스크는 레이놀즈의 맴돌이 점성의 개념 위에서 그들은 파이프에
서 일어나는 지체와 난류성 경계층 이론의 현대적인 이해의 기초를
이루는 대수적 속도 분포를 발견하였다. 이러한 과정에서 스톡스와
레일리가 개척한 유사성과 차원 논증법이 광범위하게 사용되었다.[53]

유익한 유체 저항의 형태인 공기동역학적 양력에 대한 최초의 성
공적인 이론들이 20세기를 거치면서 출현하였다. 19세기 말의 유체

53) 같은 책, pp. 264-465.

역학 지도자들이 새나 비행기가 날기 어렵게 만드는 유체 저항의 개념을 고수하는 동안 영국의 자동차 공학자인 랜체스터(Frederick Lanchester)와 독일의 수학자인 쿠타(Wihelm Kutta)는 독자적으로 제대로 작동하는 날개 주위에서 일어나는 순환성 흐름(circulatory flow) 개념에 도달했다. 러시아에서는 주코프스키(Nikolai Joukowski)가 1906년에 이러한 순환과 양력의 관계를 밝혔고 쿠타의 2차원 이론을 일반화하였다. 이로써 비행기를 날아오르게 하는 이론적 이해가 확립되었다.

7. 조수 이론과 예측

(1) 고대의 조수 이론

조수 현상은 인간 생활에 매우 친숙한 현상이다. 바닷물이 하루에 몇 번씩 들어왔다 나가는 현상은 많은 이들에게 호기심의 대상이었을 뿐 아니라 배를 운항하는 이들에게는 사고를 피하기 위해서 꼭 필요한 지식이었다. 사람들은 일찍부터 조수 현상이 달의 위상과 관계가 있다는 것을 알았지만 인과관계를 설정하지는 않았다.

고대 그리스인들에게 조수 현상은 별로 친숙하지 않았다. 그들의 고향 바다에서는 조수에 대한 경험이 거의 없었다. 그들은 '헤라클라스의 신전'(지브롤타 해협) 너머와 아랍의 해안의 인더스 강 하구에서 그 존재를 알게 되었다. 아리스토텔레스도 온갖 주제로 글을 썼지만 조수 현상에 대해서는 직접 경험한 것이 거의 없어 들은 이야기를 전했을 뿐이었다. 말년에 그는 칼키스(Khalkis)에 살다가 그리스 본토와 에우

보에아(Euboea) 섬 사이의 소위 '에우리푸스 조수'(Tide of Euripus)를 직접 목격하고 크게 놀랐다. 그 현상이 오늘날에도 매우 복잡한 양상을 보이는 점에서 아리스토텔레스가 규칙성을 찾아내지 못한 것은 용서가 된다.

제대로 된 최초의 설명은 스토아 철학자인 포시도니우스(Posidonius)가 가디스(Gades)의 조수에 대한 설명을 제시한 것이다. 스트라보(Strabo)의 『지리학』에 전하는 바에 따르면 "바다의 운동은 천체들의 회전과 일치하며 달의 운동과 정확하게 일치하는 일변화, 월변화, 연변화를 보인다."라고 말했다. 그는 황도 십이궁과 달의 상대적 위치와 관련시켜 일변화를 설명했고, 신월과 만월에서 사리가 일어나고 상현과 하현에 조금이 일어난다는 월변화 설명을 제시했으며 하지와 동지에 최대, 춘분과 추분에 최대가 되는 연변화 주기를 반복한다고 했다. 그의 일변화와 월변화의 설명은 정확했으나 연변화에 대한 설명은 완전히 잘못되었다. 특수한 상황에서 이루어진 잘못된 관찰을 토대로 했을 수 있다. 플리니우스(Plinius)도 그의 『자연사』에서 연변화 주기에 대해서 언급했는데 분점들에서 높아지는데 추분점이 춘분점보다 더 높고 지점들에서 낮아지는데 하지점이 동지점보다 더 낮다는 점을 보고했는데 이는 당시에 근일점이 지금의 1월 2일보다 35일 더 빠른 곳에 위치했기 때문이다. 이러한 현상에 대한 설명들이 시대를 앞선 측면을 보고 고대인들이 우리와 매우 유사한 매우 과학적인 사고방식에 입각해 있었다고 생각해서는 안 된다. 그들에게 있어서는 자연현상에 대한 많은 오류들도 동시에 받아들여졌고 미신과 신화가 과학적 지식과 뒤섞여 있었다. 가령 플리니우스는 골의 해안의 동물들은 밀물 때가 아니면 죽지 않는다고 말했다. 달은 우리의 생명의 별로 간주되었고 점성술적 사고방식과 긴밀하게 연결되었다. 바빌로니아의 셀레우코

스는 기원전 150년경에 활동했는데 사모의 아리스타르코스의 지구 중
심설을 옹호한 것으로 유명하다.[54] 그는 조수가 생기는 이유를 달이
지구의 대기를 잡아당기거나 밀기 때문이라고 보았다. 이는 그가 지구
의 대기가 달까지 연장되어 있다고 믿었기 때문에 가능했다. 그는 밀
고 당기는 힘이 바람을 일으켜 바다에 영향을 미친다고 보았다. 그러
나 그의 이론은 달이 수평선 아래로 들어간 후에도 계속해서 조수 현
상이 나타나는 원인은 설명하지 못했다.[55]

(2) 중세의 조수 이론

로마가 이민족에게 침입을 받아 약화되고 분열되자 그리스에서 이
어졌던 과학의 전통은 단절되었다. 500년경에 로마는 이민족들에 의해
대부분이 정복당했다. 로마 시대에 이미 로마인들의 실용적인 태도로
그리스 과학의 왕성한 자연 탐구 의욕은 한풀 꺾인 후였지만 이민족
의 침입 이후에는 그나마 이어지던 주해서와 백과전서 편찬의 전통이
그동안에 수립된 과학 정보를 있는 그대로 전달하기보다는 왜곡시키
는 방향으로 변질되기 시작했다. 조수 현상에 대한 지식도 망실되거나
왜곡되는 변화를 겪었다. 이른바 '암흑시대'를 거치면서 조수 이론은
답보 상태나 퇴보 상태에 빠졌다.

8세기에 베데(Bede, 672-735)는 조수 현상이 달과 관련이 있음을
언급하였다. 그는 달이 다가오면 바닷물이 밀려들고, 달이 후퇴하면
바닷물도 후퇴한다고 적었다. 그는 조수 현상에 따라 하구에서 일어나

---

54) Sir Thomas Heath, *Aristarchus of Samos, the Ancient Copernicus.*
    (Oxford, 1913, reprint New York: Dover, 1981).
55) '공기'를 '에테르'로 바꾸게 되면 셀레우코스의 조수 이론은 17세기에 데카
    르트가 생각해 낸 소용돌이 이론과 상당한 유사성을 갖는 것으로 보인다.

는 해수 염분의 유입 현상에 대해서도 언급했다.[56] 그는 그리스와 로마 시대의 언급을 뛰어넘어 더 자세한 수치를 제시하였다. 가령 12 삭망월에 해당하는 354일 동안 조수 현상은 684회 일어난다고 적은 것이다. 뿐만 아니라 그는 영국 해안에서 일어나는 조석 현상에 대한 관찰 보고에 기초하여 만조가 모든 해안에서 동시에 일어나지 않는다는 것을 주목했다. 이것은 고대의 저자들이 만조와 간조가 모든 곳에서 동시에 일어난다고 생각한 것에 비해 진일보한 생각이었다.

12세기에 웨일즈의 제랄드(Gerald of Wales, Giraud de Barri, Giraldus Cambrensis, 1147-1220?)는 북 브리튼 섬에서는 밀물일 때 더블린 해안에서는 썰물일 때가 있다는 것을 언급했다. 그는 달의 위상에 따라 만조와 간조의 편차가 커지거나 작아지는 현상을 언급했고 그것이 인간과 동물에 미치는 영향에 대해서 적었다. 특히 이 시기에는 아랍어로 씌어진 많은 저술들이 라틴어로 대거 번역되던 '번역의 시기'였으므로 이슬람 세계의 과학 지식이 그리스의 유산과 더불어 유럽으로 유입되면서 암흑시대를 종식시켰다. 그중에서도 유명한 것을 언급하자면 이슬람 점성술사인 아부 마샤르(Abu Ma'shar, Albumasar)가 9세기에 저술한 책이 라틴어로 번역되어 알려지면서 많은 이들에게 조수 현상의 관심을 일으켰다. 그의 논의의 상당 부분은 점성술에 관련된 것이었지만 셀루우코스의 생각을 중심으로 한 의미 있는 정보들도 들어 있었다. 그의 저술에 자극 받아 조수 현상에 대해서 심층적으로 논의한 사람은 옥스퍼드의 학자였던 로버트 그로스테스트(Robert Grosseteste)였다. 그는 태양과 달의 상대적 위치에 따라 조수 현상이 영향을 받는 것을 옳게 기술했다. 그는 신월과 만월에서 조수 간만의

---

56) Bedae, *Opera de Temporibus*, Art. 29, C.W. Jones, ed. (Cambridge, Mass, 1943).

차가 커지고 상현과 하현에서 작아진다고 적었다. 그는 아부 마샤르의 영향을 받아 조수를 일으키는 8가지 원인을 언급했다. 달과 지구 사이의 거리의 변화, 달의 고도, 태양의 영향 등이 있었는데 스트라보의 영향으로 하지와 동지에 최대, 춘분과 추분에 최소가 되는 잘못된 주기를 언급했다.[57] 더불어 이 시기에는 달의 운동과 관련한 조수 주기를 포함한 정보를 뱃사람들은 다양한 해안에서 자신들의 경험을 바탕으로 알고 있었다. 이런 것들은 항해의 안전을 위해서 언제 간조와 만조가 일어나는가를 예측하는 것은 중요한 문제가 되었다.

가장 오래된 조수표는 아벗 존(Abbott John)이 13세기에 작성한 것으로 런던교의 만조 때를 기록한 것이다. 이것은 대영 박물관에 보관되어 있는데 당시에 이 문제에 대한 관심이 매우 높았음을 보여준다. 이것은 단순하게 30일의 달의 위상 변화에 따라 만조와 간조 때를 써 놓은 형태이다. 그 이후에 작성된 많은 역서들은 조수와 달의 관련성을 상세하게 적어놓아서 뱃사람들에게 실제적인 유익을 주었다. 어떤 표들은 달이 어느 위상에 있든지 만조의 때를 계산할 수 있는 정보를 제공했다. 심지어 문맹인 어부들도 알아볼 수 있는 기호로 기록된 표들도 있었다. 17, 18세기에 제작된 많은 기계식 시계 장치들은 특정한 항구에서 만조 때를 보여주도록 제작되었고 심지어 휴대용 시계에도 조수 표시 장치가 삽입되었다.

(3) 갈릴레오의 조수 이론

코페르니쿠스의 태양 중심설이 1543년에 발표되고 우주의 구조에

---

57) David Edgar Cartwright, *Tides: A Scientific History* (Cambridge: Cambridge University Press, 1999), pp. 15-16.

대한 천문학적 이해에 새로운 토대가 서서히 성립되던 시기에 조수 현상에 대한 관심은 실용적인 관심을 벗어나서 현상 자체의 원인에 입각하여 현상을 물리적인 인과론에 따라 기술하려는 시도들이 체계적으로 나타났다. 조르다노 브루노(Giordano Bruno)는 지구가 태양 주위를 돌뿐 아니라 태양 자체도 단지 가까이에 있는 별에 불과하다는 시대를 앞선 주장을 제기하다가 교회에 의해 이단으로 몰렸고 그의 견해를 철회하지 않음으로써 화형 당했다. 이러한 사태 자체가 천문 현상과 관련한 지구상의 조수 현상에 대한 자유로운 탐구를 막는 역할을 했지만 뉴턴에 의해 만유인력에 입각한 조수 이론이 제시됨으로써 수학화된 동역학적 이론으로서 조수 이론이 정립되었다.

조수 현상에 대하여 최초로 그럴듯한 근대적인 이론을 제시한 사람은 윌리엄 길버트(William Gilbert, 1544-1603)였다. 그는 『자석에 관하여』를 저술하여 근대 실험 과학의 기초를 닦고 전자기 현상에 대한 실험적 탐구의 길을 연 것으로 유명하다. 그는 지구 자체가 거대한 자석이라는 것을 구형 자석의 실험을 통하여 입증했다. 이러한 거대 자석인 지구 위에서 조수 현상이 지구와 달의 자기적 힘과 관련되는 것으로 여겨진 것은 당연했다.

사후에 출판된 『달밑 세계의 새로운 철학』(A New Philosophy of Our Sub-Lunar World)(1651)에서 길버트는 행성들이 상호 자기력에 의해 태양에 붙들려 있으며 조수는 지구와 달 사이의 자기적 인력의 표현이라는 주장을 제기했다. 이것은 나중에 나오게 될 뉴턴의 인력 이론과 상당히 유사하다는 점이 주목받을 만하다. 그렇지만 길버트는 동역학적 논의를 구체적으로 제시하지 않았기 때문에 사실상 왜 행성들이 태양에게 끌려가지 않는지, 달이 왜 지구로 떨어지지 않는지 설명하지 못했으며 조수 현상과 관련해서는 왜 그것이 매일 2번씩 반복되는지에 대해서도 설명하지 못했다.

길버트와 동시대 인물인 프랜시스 베이컨(Francis Bacon, 1561-1626)은 실험 과학을 17세기 과학의 중심부로 끌어들이는 데 결정적인 기여를 한 인물이다. 그의 경험주의 철학은 당대인들과 후대인들에게 자연을 어떤 방식으로 탐구해야 하는가에 관하여 폭넓은 지침을 제공하였다. 베이컨은 고대 사상에 대한 얽매임에서 벗어나서 자연현상에 대한 관찰을 바탕으로 귀납적 방법에 의해 자연현상에 대한 믿을 만한 지식을 얻어갈 것을 주창했다. 베이컨에게 있어서 조수 현상은 그러한 귀납적 방법에 의해 지식을 확장시킬 수 있는 대표적인 사례였다. 그러므로 그는 어떤 선입견에 입각해서 이론을 섣불리 구축하기보다는 현상에 대한 자세한 정보를 얻는 일을 먼저 수행해야 했다. 그는 「밀물과 썰물에 관하여」라는 논문을 썼다. 그는 미덥지 못한 과거의 기록에 대해서 비판적 태도를 취하고 새로운 관찰을 통해 보완할 것을 요구했다. 그는 지브롤타에서 북해로 서서히 조수가 밀려드는 현상을 처음으로 주목했고 플로리다의 만조가 유럽 해안의 만조와 거의 같은 시간에 일어난다는 것으로부터 조수는 전체 대서양에서 북쪽으로 진행할지 모른다고 제안했다. 그는 더 확장된 지식을 위하여 중국과 페루 간의 조수 시간의 비교를 제안하기도 했다. 조수의 진행파 개념은 19세기에 휴월(William Whewell)의 연구로 이어지게 되고 조수 현상을 좀 더 넓은 수력학적 고찰로 확장시키는 데 일조를 하게 된다.

베이컨은 조수의 원인에 관하여 지구중심설에 입각한 이해를 내세웠다. 모든 천체들이 동쪽에서 서쪽으로 진행하는 경향이 지구상에서도 이어진다고 보았다. 그러한 증거로 무역풍이 서진하는 현상을 들었다. 비슷한 현상이 태양이나 별로부터 오는 충격에 의해 바다에서도 일어나야 하는데, 아프리카와 남아메리카 사이에서 물이 반사되면서 일어나는 공명 현상 때문에 하루 두 번씩 조수 현상이 일어난다고 보았다. 그러므로 그는 조수 현상과 달의 움직임은 우연의 일치일 뿐이라고 보았다.[58]

갈릴레오(Galileo Galilei, 1564-1642)의 조수 이론의 목적은 조수가 전적으로 지구의 운동에서 비롯된다는 것을 보임으로써 코페르니쿠스의 지동설을 입증하는 것이었다. 지동설이 옳다면 서에서 동으로 자전하는 지구 위에서 수직으로 던져진 물체가 왜 서쪽으로 치우쳐 떨어지지 않는가라는 반대자들의 문제 제기에 대응하기 위해 갈릴레오가 관성의 개념을 제안한 것은 유명하다. 이러한 맥락에서 갈릴레오는 널리 알려진 현상인 조석 현상이 지구의 운동에서 비롯된다는 것을 보이기 위해서 많은 노력을 기울였다. 결국 그의 이론은 몇 십 년 후에 뉴턴의 만유인력 개념에 입각한 조수 이론이 등장하고 확증되면서 오류로 판가름 나게 되지만 갈릴레오가 어떤 방식으로 조수 현상을 설명하고자 했는가라는 문제는 많은 역사학자들의 관심을 끌고 있다.

그의 조수 이론은 1616년에 씌어진 『밀물과 썰물에 관한 논술』(*Discorso sopra il Flusso e Reflusso de Mare*)에 처음으로 제시되었다. 이 원고는 그의 사전에 출판되지 않았다. 그의 생각은 18년 후에 그가 쓴 『두 가지 주된 우주 구조에 관한 대화』(*Dialogo sopra ii due massimi sistemi del mondo, Tolemaico e Copernicano*, 1632)에 새롭게 정리되었다. 이 책에 나와 있는 그림이 갈릴레오의 조수 이론의 핵심을 잘 보여준다. (그림 2.4) E는 태양을 나타내고 BCDL은 지구를 나타낸다. 지구상의 어떤 지점이 D에 있으면 태양이 남중하는 정오가 되고, 어떤 지점이 그 반대쪽인 B에 오면 자정이 된다. 코페르니쿠스에 따르면 지구는 서에서 동으로 자전하면서 태양의 주위를 역시 서에서 동으로 더 빠른 속력으로 공전한다. 지구가 공전 궤도를 움직이는 속력을 V라 하고 지구상의 한 지점이 자전하는 속력을 v라고 했을 때, D점에서는 지구상의 한 지점이 공전 때문에 V의 속력으로 왼쪽으로 움직이지만 자전 때문에 v의 속력으로 오른쪽으로 움직인다.

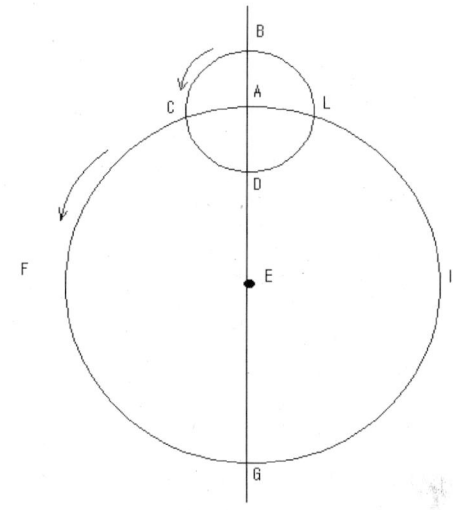

출전: Nylor, "Galileo's Tidal Theory," p. 3.
그림 2.4 갈릴레오의 조수 이론

그래서 실제로 그 점은 $V - v$로 왼쪽으로 움직인다. 반면에 B점에서는 V와 v의 방향이 모두 왼쪽이므로 실제로 그 점은 $V + v$의 속력으로 왼쪽으로 움직인다. 그러므로 지구상의 한 지점이 시간의 경과에 따라 D에서 B로 가는 동안에는 속도가 증가하고 B에서 D로 가는 동안에는 속도가 감소한다.

지구 표면의 속력이 이렇게 차이가 나게 되면 그 위에 있는 유동체인 바닷물은 관성에 따라 쏠리게 된다. 이러한 현상을 확인하기 위해 갈릴레오는 실험을 설계했다. 바지선이 물을 직사각형 모양의 길쭉한 물탱크에 싣고 앞으로 움직인다. 이 바지선의 속력이 커지면 물탱크의 물은 뒤쪽으로 이동하고 바지선의 속력이 줄어들면 물탱크의 물은 앞쪽으로 이동한다. 마찬가지로 지구 위에서는 속도가 증가하는 D에서 B까지의 구간, 곧 정오에서 자정까지 운동 방향의 뒤쪽인 서

쪽으로, 속도가 감소하는 B에서 D까지의 구간, 곧 자정에서 정오까지
는 운동 방향의 앞쪽인 동쪽으로 물이 쏠리게 된다. 갈릴레오는 지중
해를 거대한 물탱크로 간주하고 그 안에서 조수 현상은 이런 방식으
로 설명이 가능하다고 보았다. 즉 오전에 동쪽으로 움직이던 바닷물
이 동쪽에 있던 해안을 만나면 그곳에는 밀물이 일어난다. 한편 그
바닷물의 서쪽에 있던 해안에서는 수위가 내려가서 썰물이 일어난다.
오후에는 서쪽으로 움직이는 바닷물이 반대의 현상을 일으켜 밀물과
썰물이 뒤바뀐다.[59]

이러한 갈릴레오의 설명 방식은 그럴듯해 보이지만 당시 알려진 관
찰 사실과 일치하지 않는 약점이 지적되었다. 우선 조석 현상은 하루
에 두 번씩 일어나는데 갈릴레오의 설명 방식에 따르면 밀물과 썰물
은 하루에 한 번밖에 일어나지 않는다. 그리고 조석 현상은 매일 50분
씩 늦어지므로 매일 일정한 시각에 일어나지 않지만 갈릴레오의 설명
방식에서는 매일 같은 시각에 조석 현상이 일어나게 되어 있다.

또한 당시에 알려져 있었던 조수의 월주기 현상과 연주기 현상도
정확하게 설명되지 않았다. 갈릴레오는 이 현상에 대해서도 나름대로
설명을 시도했다. 그는 달-지구 계의 무게 중심이 태양에 가까우면
달-지구 계의 공전 속도가 빨라지고 그 무게 중심이 태양에서 멀어
지면 공전 속도가 느려진다는 것을 진자의 운동에 대한 유비로부터
이끌어냈다. 진자의 등시성을 발견한 갈릴레오에게 진자는 매우 익숙
한 대상이었다. 그는 진자의 길이가 길어지면 진자의 주기가 늘어난다
는 것을 잘 알고 있었는데 태양 주위를 공전하는 행성들의 경우에도
태양에서 멀어질수록 공전 주기가 길어진다는 것과 이것을 연결시켰
다. 원운동과 진자 운동 사이에 긴밀한 연관성이 있다는 것을 확고하

---

59) Ron Nylor, "Galileo's Tidal Theory," *Isis* 98 (2007), pp. 1-22.

게 믿은 갈릴레오는 어떤 행성이든지 태양에서 멀어지게 되면 회전
속력이 줄어들어야 한다는 생각을 하고 있었다. 그는 달과 지구를 묶
어서 태양 주위를 공전하는 하나의 계로 간주하는 사고방식을 제안했
다. 이렇게 회전하는 달-지구 계는 달이 태양과 지구 사이에 오는 합
삭에서 그 무게 중심이 태양에 가장 가까워지고 지구가 달과 태양 사
이에 오는 만월에서는 그 무게 중심이 태양에서 가장 멀어진다. 그러
므로 다른 요인을 고려하지 않았을 때 달-지구 계의 공전 속도는 합
삭일 때에는 가장 크고, 만월일 때에는 가장 작아진다. 이렇게 달-지
구 계의 공전 속도가 차이를 보이게 되면 조석 현상을 설명한 갈릴레
오의 방식을 따라서 지구의 자전 선속력 v의 값은 변함이 없는데 지
구의 공전 선속력인 V의 값이 커지거나 작아지는 것에 해당한다. 최
고 속력인 $V + v$와 최저 속력 $V - v$의 차는 $2v$로 일정하지만 최고
속력에 대한 이 차이의 비율

$$\frac{2v}{V + v} \qquad (2\text{-}2)$$

는 V가 커지면 작아지고 V가 작아지면 커진다. 그러므로 합삭에서
최고 속력과 최저 속력의 차는 가장 작은 속력 차이를 유발하여 조석
의 차이를 작게 하여 조금을 일으키고, 만월에서는 반대로 사리를 일
으킨다. 이러한 월주기 현상의 설명 방식은 독창적이고 그럴듯해 보이
지만 역시 관찰 사실과 일치하지 않는다. 갈릴레오의 설명 방식에서는
그 주기가 1 삭망월에 해당하지만 관찰 사실은 그 주기가 1/2 삭망월
에 해당하기 때문이다.

　조석의 연주기 현상에 대한 갈릴레오의 설명 방식도 역시 독창적이

다. 춘분과 추분에서는 조석의 차이가 가장 커지고 하지와 동지에서는 조석의 차이가 가장 줄어드는 연주기의 현상도 오래전부터 알려져 있었다. 이 현상은 오늘날의 이론에 따르면 황도와 백도가 5도 차이로 분점들을 교차점으로 하여 기울어져 있기 때문에 태양과 달의 인력이 바닷물에 미치는 태양과 달의 인력의 방향이 같은 평면에 있느냐 그렇지 않느냐에 따라 합력의 크기 차이가 발생하여 생긴다. 이에 대하여 갈릴레오는 자전 속도의 변화에 의해 연주기 현상을 설명하기를 시도했다. 지구의 자전축이 23.5도 기울어져 있어서 공전 동안 내내 공간상에서 같은 방향을 유지한다. 하지와 동지점에 지구가 있을 때에는 태양은 지구의 중심과 태양의 중심을 연결하는 선과 지구의 자전축을 포함하는 평면에 위치해서 지구의 자오선(태양이 남중하는 경선)과 반자오선(자오선의 반대쪽의 경선) 상의 어떤 점의 접선 운동이 지구의 공전 운동과 일치한다. 그러므로 지구의 공전 속도 V에 지구의 자전 속도 v가 더해지거나 빼지는 양이 최댓값을 갖게 되어 최대 속도와 최소 속도의 차이의 최고 속도에 대한 비율은 식 2.2에 의해 최대가 되어 조석의 차이는 최대가 된다. 한편 춘분과 추분에서는 지구의 중심과 태양의 중심을 연결하는 선이 지구의 자전축에 수직을 이루고 있어서 지구의 자오선과 반자오선 상에 있는 어떤 점의 접선 운동이 지구의 공전 운동에 23.5도를 이루게 된다. 그리하여 공전 속도에 지구의 자전 속도가 더해지거나 빼지는 양이 최소값을 갖게 되어 조석의 차이는 최소가 된다. 이것은 고대로부터 알려진 관찰 사실과 일치하지 않는다.[60]

이러한 관련된 문제들을 해결하는 갈릴레오의 방법은 선명하게 제시되지 않았다. 제2의 원인에 의해 이러한 주기 상의 차이가 발생할

---

60) 같은 글, p. 14.

수 있다는 언급만이 있을 뿐 그 제2의 원인에 대해서는 명시적으로 제시되지 않았다. 이는 사실상 갈릴레오가 제대로 된 원인을 제시할 수 없었기 때문으로 보인다. 갈릴레오 자신도 이런 문제점을 인식하고 있었지만 자신의 이론이 지동설을 지지하는 근거가 될 수 있다는 점에서 가치가 있다고 여겼기 때문에 계속 수정해나가면 문제가 해결될 수 있을 것이라고 간주한 것으로 보인다. 갈릴레오의 조수 이론이 비록 이후에 틀린 것으로 밝혀지지만 이후의 이론가들로 하여금 조석 현상에 대한 정교한 논의를 전개하는 개념적 틀과 논증 방식을 제공했다는 점에서 가치를 인정할 수 있을 것이다.

갈릴레오의 조수 이론과 경쟁 관계에 있었던 이론은 케플러(Johannes Kepler, 1571-1630) 같은 이가 주장한 달의 인력 이론이다. 갈릴레오가 지구의 운동에 의해서만 조석 현상을 설명하려고 시도한 반면에 달의 인력 이론에서는 달로부터 지구에 미치는 자기력과 같은 모종의 힘에 의해 바닷물이 달 쪽으로 당겨지고 반대쪽은 바닷물이 빠져서 조석 현상이 일어난다고 보았다. 이에 따르면 달이 높이 떠오르는 곳에서 밀물은 일어나고 달의 고도가 낮아지는 곳에서 썰물이 일어난다. 이 이론에 따르면 역시 조석 현상은 하루에 1회 일어난다. 케플러는 1609년에 이미 이 이론을 제시하였는데 행성들이 태양 주위를 돌기 위한 원동력으로 인력을 상정하면서 지구 위의 물의 운동에 대해서도 언급하였는데 본격적으로 조수 이론을 전개하지는 않았다.

한편 존 월리스(John Wallis)는 갈릴레오의 이론을 받아들이면서도 진지하게 달이 미치는 영향력에 대해서 고민하였다. 그는 신비한 특성(occult power)이든 자기적 영향력(magnetic virtue)이든 물은 달에게 끌어당겨진다고 보았다. 또한 그는 중력 중심의 개념을 사용하여 지구와 달을 하나의 계로 보고 이 계가 태양 주위를 공전하는 것으로 일

주기의 교란을 설명하려고 하였다. 이것은 갈릴레오가 역시 지구와 달을 하나의 계로 보고 월주기 교란을 설명하려고 했던 것과 유사하다. 그는 모든 궤도 운동을 하는 천체들 사이에 중력적 인력을 가정하는 쪽으로 나갔다. 월리스의 견해는 런던 왕립학회에서 발표되어서 회원들 사이에서 중력에 관련한 논란을 불러 일으켰다.

한편 데카르트(René Descartes)는 『철학 원리』 4부에서 달의 존재 때문에 생기는 현상으로 조수를 설명했다. 그는 지구의 중심과 지구 주위에 생기는 소용돌이의 중심이 서로 일치하지 않는 것으로 상정한다. 그런 상태에서 지구 주위에 소용돌이가 생기게 되면 그 소용돌이가 달까지 미쳐서 달이 지구 주위를 돌게 되는데 그 원운동의 중심이 지구가 아니라 소용돌이의 중심이기 때문에 달은 지구에 가까울 때가 있고 멀 때가 있다. 달이 있는 곳은 에테르가 눌리면서 압축이 되는데 이런 이유 때문에 달에 가까운 지구 표면의 물은 압력을 받아 간조를 일으킨다. 달이 있는 쪽의 반대쪽 지구 표면의 물도 에테르가 먼 거리로 회전하면서 눌려서 간조가 된다. 그는 해 때문에 달의 운동이 변화되는 것도 소용돌이로 설명하면서 그것 때문에 조수의 주기의 불규칙성이 발생하는 것으로 설명한다. 이러한 데카르트의 조수 이론은 그의 전 우주 영역과 생물과 인체에 이르는 포괄적 설명 방식의 일부로서 아리스토텔레스의 설명 방식을 대체할 수 있는 이론으로 널리 받아들여지면서 유럽의 대학에서 큰 호응을 얻어내었다.[61]

(4) 뉴턴의 조수 이론

아이작 뉴턴(Isaac Newton, 1642-1727)은 『자연 철학의 수학적 원

---

61) Cartwright, 앞의 책, pp. 32-33.

리』(*Principia*)를 1687년에 출판하여 역학 혁명을 완성시켰다. 그는 조수 이론을 그의 역학 이론을 적용하는 문제로 이 책의 1권과 3권 및 영문판의 부록 『세계의 체계』(*The System of the World*)에서 취급하였다. 그의 이론은 만유인력의 개념을 사용하고 동역학적 체계로서 지구, 태양, 달의 계를 취급함으로써 새로운 조수 이론의 길을 열었다. 그의 개념들은 전반적으로 옳았지만 구체적인 개념상의 오류 때문에 실제 관측치와 일치하지 않는 결점을 갖고 있었지만 달과 태양의 인력을 지구 위의 해수가 함께 받아 일으키는 변형을 제대로 제시하였다는 점에서 중요한 의의를 갖고 있었다. 특히 그는 해양의 표면에 미치는 중력 중 수평 성분이 아니라 수직 성분의 효과를 해수의 움직임을 일으키는 결정적인 요인으로 간주하는 오류를 범하였다. 그의 이론상의 결점은 1738년에 파리 왕립 과학 아카데미가 조수를 주제로 내건 현상 공모에 논문을 제출하여 당선된 세 편의 논문들에서 보완되었다.

뉴턴은 달이 일차적으로 해수에 힘을 미쳐 해수의 쏠림 현상을 일으키지만 조수 운동이 복잡해지는 것은 태양의 힘 때문이라는 것을 정확하게 지적하였다. 그는 일단 태양이 달의 공전 운동을 어떻게 교란하는지를 그의 중력 이론에 따라 설명하였다. 그는 그렇게 지구와 태양의 영향을 받으면서 섭동을 일으키는 공전하는 달이 태양과 함께 어떻게 바다에 영향을 미치는지 따졌다. 그는 태양이 해수의 운동을 교란하는 힘은 태양과 지구 사이의 거리의 세제곱에 반비례한다는 것을 유도했다. 그는 적도와 평행한 유체의 고리를 지구상에 상정하고 그것이 태양으로부터 받는 중력에 의해 어떻게 움직여야 하는지에 의해 조수 운동을 나타냈다.

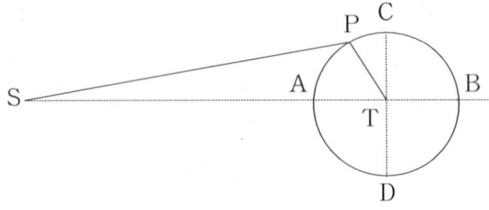

출전: Cartwright, *Tides*, p. 40.

그림 2.5 뉴턴의 조수 이론

그림에서 S는 태양의 중심을 나타내고 T는 지구의 중심을 나타낸다. (그림 2.5) A는 지구의 중심과 태양을 연결하는 선이 지구 표면과 만나는 점이고 B는 A에 대하여 지구 반대쪽 점이다. C와 D는 ST에 대하여 수직인 지구의 지름이 지구 표면과 만나는 점들이다. S로부터 중력은 그림에 표현된 것과 같이 지구 표면상의 한 점 P에 대하여 S 쪽으로 잡아당기는 힘을 일으킨다. 바닷물을 구성하는 한 점이 지구의 자전으로 이동을 하게 되면 C에서 A로 오는 동안에는 수직 방향의 중력의 성분이 점점 강해지기 때문에 가속이 일어난다. A에서 D로 가는 동안에는 감속이 일어나고 D에서 B로 가는 동안에는 다시 가속이 일어나고, B에서 C로 가는 동안에는 감속이 일어난다. 그렇게 되면 A와 B에서는 운동이 가장 빠르고 C와 D에서는 운동이 가장 느리게 된다. 이런 방식으로 운동을 하게 되면 A와 B에서는 물이 모여서 만조가 되고 C와 D에서는 물이 빠져서 간조가 된다. 달에 의해 해수가 당겨질 때에도 마찬가지의 방식으로 바닷물이 운동하게 된다. 이렇게 뉴턴은 TP 방향의 수직 성분의 힘만을 조수 운동을 일으키는 힘으로 보았기 때문에 관찰 결과와는 다른 결과를 얻게 되었다. 그의 설명 방식에서는 변화하는 수직 성분의 힘에 물이 어떻게 반응하는지가 모호하게 되어 있다. 이러한 오류를 오일러와 라플라스는 바로잡아 수평 성분의 힘으로 조수 운동이 통제된다는 올바른 이론을 제시하게 된다.[62]

---

62) 같은 책, pp. 36-40.

뉴턴은 당시까지 알려진 복잡한 조수 운동에 관련된 관찰 정보 때문에 수직 방향 성분에 의해 바다가 어떻게 반응하는지에 대하여 자신의 가설을 정교화하기를 포기하였다. 그의 이론은 기본적인 원리상으로는 옳았으나 정량적인 세부 사항과 실제 측정치와 일치를 위한 정교화가 미흡했다. 게다가 뉴턴은 지구가 자전하기 때문에 생기는 코리올리 효과를 몰랐기 때문에 복잡한 조수 운동에 대한 체계적인 설명을 제시하지 못했다.[63]

(5) 근대적인 조수 이론

라플라스는 조수의 움직임이 어느 누가 생각했던 것보다 훨씬 복잡하다는 것을 보였다. 그는 이 과정에서 그의 확률 이론의 전문 지식을 무작위적 오차와 유효치의 점검에 유용하게 활용했다. 라플라스는 브레스트(Brest)에서 이루어진 관측치와 이론적 유도가 일치하게 만들려는 시도를 했다. 라플라스는 두 개의 새로운 이론적 시도로써 이후의 조수학에 중요한 영향을 미쳤다. 첫째는 주로 지구 크기에 비해 작은 바다에서 나타나는 장파의 수력학 이론을 제시한 것이고 둘째는 일련의 조화 진동에 의해 조수 관찰의 경험적 분석과 예측을 시도한 점이었다. 이러한 라플라스의 수학적 전개에 대하여 토머스 영(Thomas Young)은 실용성이 전혀 없는 작업이라고 비난했다.

토머스 영이 19세기 초에 조수 이론을 제시하기 전까지 영국은 거의 100년에 걸쳐 조수 현상에 대해 거의 무관심했다. 1740년의 매클로린(Colin Mclaurin)의 수상 논문을 제외하고는 이에 대한 측정 노력이나 이론상의 기여가 전무했다. 브리태니커 백과사전의 1판과 2판에는

---

63) 같은 책, p. 44.

조수 항목의 저자가 명시되지 않았고 1797년에 나온 3판의 저자는 에
든버러 왕립학회의 서기였던 존 로비슨(John Robison)이었지만 그의
설명은 주로 시대에 뒤떨어진 뉴턴과 오일러의 이론이 중심을 이루고
있었다. 그렇지만 이 글은 4판(1810년), 5판(1815년), 6판(1822년)에서
재인쇄되었다. 6판의 증보판(1824년)에서 조수에 대한 글을 쓴 사람이
영이었다.

영은 1802년부터 1807년까지 왕립연구소에서 역학에 대하여 강연하
였는데 그중에 조수의 파동 이론을 취급하였다. 영의 강연은 에어리의
연구에 영향을 미쳤다. 그렇지만 영은 라플라스의 이론의 핵심 부분인
질량 보존을 위한 조건들과 자전하는 지구 위의 운동 조건들을 무시하
였고 낡은 오일러의 이론에 더 직접 연결되었다. 그는 조수를 두 주기
적인 힘의 중첩에 영향을 받는 강제 조화 진동자와 동일시했다.[64] 영
의 혁신은 조수에 영향을 미치는 마찰 효과에 속력의 요인을 고려한
것이었다. 라플라스는 조수의 저항을 단순하게 선형적으로 설정하였지
만 영은 속력의 제곱에 비례하는 저항 효과를 진지하게 논의함으로써
더욱 현실적인 조수 이론을 전개하였다. 그는 양성파와 음성파를 구분
했고, 자유 진동과 강제 진동을 구분했으며 강의 조수가 왜 빨리 올라
갔다가 서서히 내려가는지를 언급했다. 강제 진동으로 조수 현상을 볼
때 왜 달의 인력 방향으로 바닷물이 쏠리지 않고 수직의 배열을 보여
야 하는지 설명했다. 강제 진동계에서 고유 진동수가 강제 진동수와
일치하지 않을 때, 고유 진동수가 강제 진동수보다 클 때는 강제 진동
이 진동력과 같은 위상에서 이루어지고, 반대의 경우에는 두 진동이
반대의 위상을 갖게 된다. 바닷물의 경우에 진동의 기본 주기가 1/2일
보다 훨씬 크기 때문에 조수 진동의 위상은 유도하는 달이나 태양의

---

64) Darrigol, 앞의 책, p. 62.

위상에 반대가 된다. 영의 조수에 관한 글은 브리태니커 백과사전의 7
판과 8판에서 재인쇄되었고, 1888년에 나온 9판에서 이 분야의 권위자
로 우뚝 선 조지 다윈(George H. Darwin)의 글로 대치되었다.

7대 왕실 천문학자였던 에어리(G. B. Airy, 1801-1892)는 라플라
스의 업적을 이어 받아 그것의 실용적 이해에 진보를 가져왔다. 그는
1845년에 『메트로폴리타나 백과사전』(Encyclopedia Metropolitana)에
「조수와 파동」(Tides and Waves)이라는 글을 썼다.[65] 그가 이 글을
썼을 때 그는 영의 파동 이론을 알지 못했다. 그는 라플라스의 업적을
매우 높게 평가했지만 그의 전 지구적 해가 실제 해양에서 나타나는
조건들로부터 너무 멀리 떨어져 있어서 실제 해수의 동역학적 행동에
통찰력을 제공하지 못하는 점을 아쉽게 생각했다.[66] 그는 좀 더 소규
모의 조수 운동에 관심을 집중하여 조수성 파에 초점을 맞추었다. 그
런 점에서 에어리가 우선적으로 살펴본 것은 운하에서 나타나는 조수
의 효과였다. 그는 다양한 길이의 좁은 운하에서 조수성의 장파(long
wave)를 연구하였다. 깊이에 비하여 훨씬 긴 파장을 갖는 장파가 파
장과는 무관하게 $\sqrt{gd}$ (g: 중력 가속도, d: 운하의 깊이)의 속력으
로 균일한 깊이의 운하를 자유롭게 움직인다는 사실은 이미 라그랑주
에 의해 밝혀져 있었다. 에어리는 이를 일반화하여 진폭이 평균 깊이
의 상당 부분을 차지하는 경우와 단면이 균일하지 않은 운하의 경우
까지 확장하였다. 그의 유도에서 큰 진폭을 갖는 수면파의 마루는 골
보다 더 빨리 운동한다는 것은 관찰 사실과 잘 일치하였다. 이러한 사
실은 얕은 물에서 조수가 빠질 때보다는 밀려들 때 더 빨리 움직이는

---

65) G.B. Airy, "Tides and Waves" Encyclopedia Metropolitana (London,
1845), vol. 5, pp. 241-396.
66) Darrigol, 앞의 책, p. 65.

것을 이해할 수 있게 해준다.[67] 에어리는 한정된 길이의 운하에서 작용하는 조수력을 취급하면서 진폭과 위상이 운하의 깊이와 그 안에서 일어나는 교란의 주기에 결정적으로 의존함을 보였다. 이는 이웃한 두 운하가 다른 깊이를 가지면 꽤 다른 조수의 구성을 보일 수 있다는 것을 의미했다. 에어리는 해안보다 수심이 깊은 일정한 폭의 운하에서 파의 3차원 분석을 통해 조수의 마루들은 위로 볼록한 흐름(convex stream)임을 보였다. 그는 운하에서 얻은 결과를 대양에서의 조수 운동을 취급하는 데 적용하였다. 대양에서는 깊이에 비해 파고가 무시할 정도이기 때문에 운동 방정식의 비선형성은 사라지지만 달과 해의 직접적인 작용은 더 이상 무시할 만하지 않다. 요컨대 에어리의 조수 연구는 신선한 접근법을 사용하여 라플라스의 전 지구적 분석에서 쉽게 유도되지 않는 조수의 파동적 성격에 교육적인 통찰력을 제공하는 역할을 하였다.

윌리엄 톰슨은 1870년대에 조수의 이해를 위해 중요한 생각들을 제안했다. 그는 조수 현상과 관련된 지구 자체의 물리적 특성을 탐구하는 선상에서 이 문제를 다루었다. 톰슨의 논의도 기본적으로 라플라스의 조수 방정식에 기초해 있었다. 그는 라플라스 이후 간과되었던 2차원의 해를 도입하여 구면 좌표의 복잡성을 피해서 라플라스 조수 방정식을 일정한 각속도로 천천히 회전하는 직교 좌표 x, y를 갖는 평평한 바다에 적용하였다. 균일한 깊이의 원형 물웅덩이(basin)에서 조수성 수면파의 해는 그 마루의 옆모습이 베셀 함수로 표현됨을 보였다.

그는 조화 방법을 고안하였을 뿐 아니라 조수표를 만들 때 계산을 자동적으로 해주는 기계를 생각해냈다. 그는 몇 개의 도르래를 같은

---

67) 같은 책, p. 82.

평면에 배열함으로써 적당한 속력, 진폭, 위상의 수직 단조화 운동을
조합하는 방법을 창안해냈다. 철사의 한쪽 끝은 고정이 되었고 여러
개의 움직도르래와 고정도르래를 거쳐서 철사의 다른 쪽 끝에는 추가
매달려 있어서 철사는 탄탄하게 유지되었다. 이렇게 해서 합쳐진 도르
래의 운동은 펜으로 전이되어 움직이는 차트 위에 줄어든 척도로 시
간에 따른 궤적을 그리게 되어 있었다. 이러한 설계에 따라 최초의 작
동 가능한 조수 예측 기계(TPM, Tide Predicting Machine)가 1872년
부터 1873년까지 영국과학진흥협회의 지원을 받아 톰슨의 설계로 제
작되었다. 이 기계는 10개의 조화 성분을 포함했으며 성분의 속력을
결정하는 기어의 비율은 계산사인 로버츠(Edward Roberts)가 계산하
였다. 유사한 기계가 1879년부터 1903년까지 다수 제작되어 인도와 다
른 대영제국 내의 나라들을 위해 사용되었다. 또한 톰슨이 세운 해양
과학 장비 제조사인 켈빈 앤드 화이트(Kelvin & White) 사에서는
1880년대에 17개의 성분을 갖는 TPM을 제작하여 프랑스에 팔았고
또 하나를 제작하여 1914년에 일본에 팔았다. 독일과 아르헨티나도
1910년대에 각각 TPM을 제작하였다.[68]

　진화론의 창시자인 찰스 다윈의 아들인 조지 다윈(George H. Darwin)
은 1883년에 영국과학진흥협회에서 발표한 보고서에서 조화성분의 체
계적인 설명을 시도하였다. 그는 라플라스가 유도한 조수의 종류 개념
을 버리고 톰슨이 개척한 조화 성분들을 채용하여 조수 현상을 기술
하는 방법을 취하였다. 그는 톰슨의 성분 기호들을 그대로 채용하였고
크게 단순화된 공식으로부터 각 성분들을 유도하였다. 이로써 조화 분
석 방법은 조수 현상을 근사적으로 기술할 수 있는 중요한 도구로서
정립되었다.

68) 같은 책, pp. 105-106.

하버드 대학의 수학 및 천문학 교수였던 파이어스(Benjamin Peierce, 1809-1880)가 배치(A. D. Bache)에 이어서 1867년에 미국 해안조사국의 국장이 되자 그는 태평양에서 믿을 만한 조수 기록을 제공하기 시작했다. 그의 주도에 의해 1867년부터 1874년까지 해안 조사국은 첫 국간 조수표를 출판하였다. 이로써 북아메리카 해안을 따라서 조수에 대한 과학적 접근이 가능해졌다. 이러한 조수 연구 그룹에는 퍼렐(William Ferrel, 1817-1891)이 속해 있었다. 그는 미국 항해용 천문력 사무소에서 10년간 봉사하였는데 톰슨과 다윈과 동시대에 살았지만 그들의 연구는 알지 못한 채 독립적으로 연구를 수행하였다. 그는 라플라스, 영, 에어리의 연구의 연장선상에서 연구했다. 1874년에 큰 부피의 보고서가 그의 주요 공적이었는데 그는 파이어스의 충고를 받아 라플라스의 종 분리(species separation)와 최신의 달 이론을 결합시켜서 조화항의 전개를 도모하였다. 그의 식에는 8개의 장 주기항, 10개의 일주기항, 16개의 반일 주기항이 포함되었다. 퍼렐은 관찰된 간조와 만조의 긴 수열로부터 주요한 조화 상수들을 끌어내는 방법을 고안하였다. 퍼렐은 자신의 이론을 이용해서 작동되는 조수 예측 기계를 설계하였다. 그의 기계는 19개의 성분을 포함하여 예상되는 조수의 미분계수를 계산할 수 있었다. 이 기계는 미국 해안조사국에 의해 1912년까지 사용되다가 37개의 성분을 채용하는 더 큰 기계로 대체되었다.

호레이스 램(Sir Horace Lamb, 1849-1934)은 20세기 초에 이론 수력학의 발전에 크게 기여했다. 그의 첫 수력학 논문은 1879년에 출판되었다. 그의 수력학 분야의 역작 『수력학』(Hydrodynamics)은 조수파 이론에 대한 포괄적인 설명을 포함하였고 판을 거듭하면서 수력학 분야의 발전을 이끌었다. 이 책의 2판이 1895년에 나왔을 때 램은 톰슨의 평평한 원형 바다에서 조수 현상에 논의를 확장하여 포물선 형태의 깊이를 갖는 원형 바다까지 취급하였다.[69] 여기에서 세운 파동 방정식은 세 개의 해가 나오는데 처음 두 개는 규모가 크고 서로 반대의 부호를 갖는 것으로 큰 진동수로 반대 방향으로 돌면서 중력의 통제를 받는다. 이것은 1차(first class) 파동이라고 알려졌다. 마지막 한 개는 작은 규모에 음의 부호를 가지면 진동수가 작고 표면이 약간만 상승하고 소용돌이의 보존에 의해 통제를 받는 것으로 2차 파동(second class)으로 알려졌다. 2차 파동은 각속도가 무한히 작아지면 표면의 상승이나 하강 없이 등속회전 운동을 하게 된다. 이렇게 파동을 성질에 따라 유형으로 나누는 일은 그 뒤에 오스트리아의 기상학자 마굴레스(Max Margules)나 케임브리지 수학자 휴(S. S. Hough)에 의해 라플라스 파동 방정식의 해를 구하면서 답습된다.

휴는 근본적인 원리로부터 라플라스 조수 방정식을 새롭게 유도하였고 지구를 덮은 거의 균일한 깊이의 해양에서 세 종류의 조수에 대한 라플라스의 해를 개선하기를 시도했다. 그는 그러한 모형을 자연 상태의 해양에 연결시키는 한계를 깨달았지만 라플라스가 쓸 수 있었던 것보다 더 강력한 수학적 도구들을 적용함으로써 자연 조수에 신선한 통찰력을 부여할 수 있다고 생각했다. 그는 라플라스의 장주기파에 해당하는 1종 해들에 많은 관심을 가졌다. 그 이유는 마찰이 거의 모든 평형 해를 방해한다는 라플라스의 가정이 휴의 동료이자 스승인 다윈(G. H. Darwin)에 의해 부정되었고, 무한 주기를 위한 제한된 해들은 정상(定常)의 해양의 순환에 적용될 수 있다고 생각했기 때문이었다. 그는 라플라스의 깊이 매개변수 각각에 대하여 홀수차와 짝수차의 첫 여섯 개의 자연 주기를 계산하였고 주소 자체의 중력분을 엄밀하게 허용하면서 13.8일의 주기를 갖는 조수의 상승을 위한 정

69) 같은 책, p. 84.

확한 해를 계산하였다. 그는 무한 주기의 한계에서 정상의 적도 해류를 얻을 수 있었지만 가변적인 해수 밀도와 대륙 해안의 두드러진 효과를 설명할 수 없다는 것을 인정하였다.

휴의 이어진 논문들은 엄밀한 분석을 지구의 해양에서 일어나는 2종(일 주기)과 3종(반일 주기)의 조수까지 확장하였다.[70] 1부의 분석은 축대칭 파동에 국한되었고 2부는 경도에 따라 변화까지 포함하였다. 공명하는 자유파의 주기는 자연스럽게 중력 파동(약 12시간), 소용돌이 파동(몇 시간)으로 나뉘었다. 휴는 이것들을 1종파(wave of 1st class), 2종파(wave of 2nd class)로 불렀다. 비슷한 명명법을 이미 5년 전에 마굴레스가 사용하고 있었지만 휴는 그것을 알지 못했다. 마굴레스와 휴의 2종파는 램의 것과 차이가 있었다. 전자는 코리올리 변수에 변이가 있는 것에 의존하는 반면에 후자는 깊이의 변이에서 비롯된다. 그렇지만 두 가지 변이 유형은 수학적으로 유사하다.

여기에서 우리는 라플라스의 조수 방정식들의 정확한 해를 구하는 것이 하나의 분야를 형성하였지만 그것이 여전히 자연 조수의 실제적 경험과는 꽤 거리가 있었음을 알 수 있다. 라플라스의 조수 연구는 수학적인 목적에서 논의된 것이었지만 실재하는 지구와 물을 다루거나 오래된 조수 관찰의 결과들을 있는 그대로 설명하는 데 치중하지 않았다. 반면에 조수의 관찰과 측정은 안전한 항해를 위해 매우 중요한 문제로서 실용적인 차원에서 많은 노력이 이루어졌고, 관련된 많은 발견들이 있었지만 그에 대한 과학적 설명은 쉽게 제시되지 않았다.

---

70) S.S. Hough, "On the Application of Harmonic Analysis to the Dynamical Theory of the Tides, I - On Laplace's 'Oscillations of the First Species', *Philosophical Transactions* 189 (1897), pp. 201–257; "On the Dynamics of Ocean Currents II - On the General Integration of Laplace's Dynamical Equations," *Philosophical Transactions* 191 (1898) pp. 139–185.

(6) 조수 현상의 측정과 예측

19세기 초에 다시 시작된 영국의 조수 측정과 예측의 노력은 19세기를 거치면서 큰 진보를 이룩하였다. 특정한 지역에서 조수 데이터를 모으고 분석하는 기술에 있어서나 정확한 예측을 가능하게 하는 계산 방식에 있어서 중요한 발전이 이룩되었다. 19세기 초에 영은 천문 분야에서 많은 관측이 오래전부터 누적되었던 것처럼 조수 현상의 기록도 이론의 도움을 받아 체계적으로 이루어질 필요가 있음을 역설하였다. 이러한 제안에 힘입어 자동 조수 기록 장치가 1830년대에 발명되고 1870년대에 조화 분석의 실제적인 응용까지 가능해졌다. 영의 조수 현상에 대한 관심은 러벅(John Lubbock)과 휴얼(William Whewell)에 의해 이어졌다. 러벅은 1830년대에 분석과 예측의 종합적 방법을 완성시켰다. 그는 타원체의 중력이나 달의 궤도와 같은 조수 관련 연구를 수행했다. 그의 종합적 방법은 자크 카시니(Jacque Casini)가 처음으로 도입한 장치를 정교화한 것이다.

독립 전에 북미의 동해안 주들은 월력(lunar ephemerides)을 위해 그리니치를 의지했고 지역의 이론가들이 주요 항구의 만조 때(HWT, high water time)의 예측을 위해 그 월력들을 사용했다. 이러한 조석표들은 역서(almanac)에 포함되어 출판되었다. 미국인들은 자체 계산을 통하여 보스턴 항의 HWT를 얻었다. 또 다른 역서는 필라델피아, 뉴욕, 보스턴의 HWT를 달의 위상에 따라 기록해 놓았다. 1775년부터 1825년에 걸쳐서 이러한 역서들이 다수 출판되었다. 1830년부터 몇 년에 걸쳐서 출판된 보스턴의 『미국 역서와 유익한 지식의 보고』(*American Almanac and Repository of Useful Knowledge*)는 정교한 천문력과 보스턴, 뉴욕, 찰스턴(Charleston)의 HWT를 포함했다. 여기서 흥미로운 것은 라플라스의 브레스트를 위한 공식에 기초하여 미국 항구들에 적용할 수 있는 비례상수를 포함한 사리 때 만조 표가 함께 들어 있는 것이다. 조수표는 그 후 미국 해안 조사국(United States Coastal Survey)이 잘 조직화되기 전까지는 별로 개선되지 않았다.[71]

미국은 거대한 해안선을 가지고 있으므로 미국 정부는 모든 항구와 해안의 물을 조사할 필요가 있었다. 1807년에 토머스 제퍼슨이 그러한 조사를 승인하였으나 1832년까지 제대로 조직되지 않았다. 제대로 조사가 이루어지기 시작하자 조수 관찰은 중요한 관찰 목록에 올라갔다. 배치(A. D. Bache, 1806-1867)는 1843년부터 24년간 해안조사국을 이끌었다. 조수과(Tide Division)는 1854년에 설립되었고 1867년에 그것은 미국 조수표의 출판을 공식적으로 담당하기 시작했다. 이러한 국가 차원의 조수학에 대한 지원은 최초로 이루어진 것이었다. 반면에 1870년 이전에 영국의 조수표들은 상업적 목적으로 생산되었고 중요한 제작 방법은 종종 비밀에 부쳐졌다.

미국은 이렇게 19세기에 국가 차원에서 조수 측정과 예측에 대한 체계적인 지원을 세계에서 가장 빨리 실시하였다. 이는 긴 해안선을 갖는 나라로서 안전한 운항을 추구하기 위한 조치였지만 이후 해양학 분야에서 미국이 주도권을 잡는 상징적인 사건으로 간주할 수 있을 것이다. 19세기의 이론가들은 이러한 실용적 목적에서 이루어지는 조수의 측정과 예측을 수력학 방정식을 이용해서 온전하게 풀어낼 수 없었다. 그들에게 조수 현상은 너무 복잡해서 온전하게 이해할 수 없는 탐구 대상이었다. 그들은 해양의 물결을 특징짓는 무작위적이고 통계학적인 성격이나 그것들이 생기는 메커니즘을 이해하지 못했다. 이것에 대한 현대적인 이해가 1950년대에 이루어지기까지 더 긴 시간이 요구되었다.[72]

71) Cartwright, 앞의 책, p. 90.
72) Darrigol, 앞의 책, p. 31.

⚜ III ⚜
전기학의 약사

1. 고대부터 과학혁명기까지

물체를 문지르면 그것이 다른 물체를 끌어당긴다는 것은 고대부터 알려져 있었다. 나무의 진액이 화석화하여 형성된 호박(琥珀)을 사용하여 우연히 전기 인력을 발견한 인물은 기원전 6세기에 활동했던 밀레토스(Miletos)의 철학자였던 탈레스(Thales)였다. 전기를 뜻하는 영어 단어 'electricity'는 호박의 그리스어 '엘렉트론'(ἤλεκτρον)에서 유래한 것이다. 다른 물체들, 특히 천연자석이나 어떤 과정을 거친 철 조각과 강철 조각도 다른 철 조각을 끌어당긴다는 것이 오래 전부터 알려져 있었다. 자석을 뜻하는 영어 단어 'magnet'는 테살리아(Thessalia)의 마그네시아(Magnesia) 지역에서 나오는 천연자석인 '마그네스'(μάγνες)에서 비롯되었다.

전기와 자기 현상을 분명하게 구분하였던 최초의 연구자는 영국의 의사인 길버트(William Gilbert, 1544 – 1603)였다. 엘리자베스 1세와

제임스 1세의 시의를 지냈던 길버트는 17년간 자기와 전기에 관한 실험 연구를 수행하여 1600년에 『자석에 관하여』(원제, *De magnete, Magneticisque Corporibus, et de Magno Magnete Tellure*, 자석, 자기 물체, 지구라는 큰 자석에 관하여)라는 실험 과학의 선구적 연구 업적을 출판했다. 그는 자기 현상에 대한 광범위한 실험 연구를 수행하면서 자기를 전기와 구분하기 위해 전기에 대한 연구를 수행하였다. 그는 지구가 자석이라는 것을 이 책에서 입증하고 문질렀을 때 전기를 띠는 물질을 의미하는 '기전물질'(electric)이라는 말을 처음으로 썼다. 그는 다양한 기전물질을 확인하여 흔한 물질들이 마찰에 의해 전기를 띨 수 있음을 보였다. 그는 자기와 전기를 띠는 물질의 차이뿐 아니라 그것들이 갖는 중요한 차이점에 주목하였다. 그는 자기 물질은 서로에 대하여 일렬로 배열되려는 성질을 가지면 그것들 사이에 다른 물질이 오더라도 별로 힘을 미치는 데 방해를 받지 않지만 대전된 물체 사이의 힘은 중간에 오는 물체들에 의해 크게 영향을 받는다는 것을 깨달았다. 길버트는 물체가 마찰에 의해 전기를 띠는 이유를 '정기'(humour)라는 유체가 빠져나가는 것으로 이해하였다. 그것은 빠져나가게 되면 '발산'(effluvium)이라는 '대기'(atmosphere)를 물체 주위에 남긴다. 발산은 어떤 물체가 대전되면 털이나 실 같은 물체를 일으켜 세워 마치 무엇인가가 대전체로부터 퍼져나가는 듯한 모양을 띠기 때문에 붙여진 이름이다.

17세기를 지나면서 전기를 발생시킬 수 있는 장치가 개발되어 더 조직적으로 전기의 실험이 가능해졌다. 독일의 행정가이며 공학자였던 게리케(Otto von Guericke)는 1663년에 최초의 전기 스파크 발생 장치를 만들었다. 그의 장치는 황으로 만들어진 구의 중심에 철심을 끼워 축으로 삼아 돌리게 되어 있었다. 이 돌아가는 황을 마찰시키면 상

당히 많은 정전기를 발생시켜 전기 스파크를 일으킬 수 있었다. 이 황
구는 마찰이 되면 종이, 깃털, 티끌이나 그 밖의 가벼운 물체를 바닥
에서 끌어당겼다. 이 공은 따로 떼어서 방에 있는 여러 물체에 가까이
하여 밀거나 당기는 모습을 볼 수 있었다.[1]

전기가 본격적으로 연구되기 시작한 것은 18세기에 이르러서였다.
영국의 아마추어 과학자인 그레이(Stephen Gray, 1666-1736)는 다양
한 물질들의 대전 현상을 실험을 통해 연구하였다. 1729년에 그레이는
유리관 끝에 부착된 코르크가 유리관을 마찰했을 때 대전되는 것을
발견했다. 또 그는 혹스비(Francis Hauksbee)의 전기 발생 장치를 이
용했다. 혹스비는 유리구를 크랭크와 바퀴와 벨트에 의해 돌릴 수 있
게 만들어 마른 손을 그 표면에 대면 정전기가 발생하면서 공기를 뺀
유리구에서 보라색 빛이 일어나는 것을 볼 수 있었다.[2] 그레이는 마
찰로 유도한 전기를 명주실로 지지되는 삼실을 통해 150미터에 달하
는 먼 거리로 전달할 수 있었다. 그는 다른 실험에서는 금속선을 사용
하여 더 먼 거리까지 전기를 보낼 수 있었다. 이로써 그는 전기가 단
순한 발산이 아니라 유체라는 생각을 널리 퍼뜨렸다. 전기 전도의 발
견에 이어 그레이는 이웃의 아마추어 과학자인 휠러(Granville Wheler)
와 함께 작은 소년을 명주실로 천정에 매달고 대전시켜 온갖 물건들
을 그의 몸이 당기는 것을 확인했다.

다음 단계의 발전은 뒤페(C. F. de Cisternai Dufay, 1698 - 1739)에
의해 이루어졌다. 그는 그레이와는 달리 이전 연구를 잘 파악하고 조
직적으로 연구를 수행하여 금속을 제외하고 마찰할 수 있는 모든 물

---

1) Bern Dibner, *Early Electrical Machines* (Norwalk: Burndy Library, 1957), pp. 15-16.
2) 같은 책, p. 17.

질이 대전됨을 발견했고, 도선을 적시면 전기가 더 잘 통한다는 것을
발견했다. 무엇보다도 그는 1733년에 이후에 큰 영향력을 미칠 중요한
발견을 했다. 그것은 두 가지 전기가 존재하여 같은 것끼리는 밀치고
다른 것끼리는 당긴다는 것을 발견한 것이다. 그는 이 두 가지 전기를
가리켜 '유리 전기'(vitreous electricity), '수지 전기'(resinous electricity)
라고 불렀다. 이것은 오늘날 각각 '양전기'와 '음전기'로 불린다. 그는
관찰할 수 있는 현상만을 언급했기에 전기가 유체라는 개념은 명시적
으로 말한 적이 없지만 이유체 개념에 도달했다고 볼 수 있다.[3] 뒤페
가 유리막대를 대전시켰을 때, 그것은 근처의 코르크를 끌어당겼다.
그러나 막대가 코르크에 닿으면 코르크 조각들은 밀려났고, 서로 밀치
기도 했다. 뒤페는 이러한 현상을 나름대로 체계적으로 설명했다. 물
체는 평소에는 양전기와 음전기를 모두 갖기 때문에 중성의 성질을
갖다가 마찰이 그중의 한 전기를 빼앗아 가면 균형이 깨지면서 물체
는 대전된다는 것이다. 이유체 이론을 지지하는 비교적 초기의 실험적
증거로는 시머(Robert Symmer, ca. 1707-63)가 1758년에 수행한 실
험을 들 수 있다. 그는 흰 양말과 검은 양말을 같은 발에 신었다가 벗
으면 양말들이 전기를 띠지 않지만 각기 다른 발에 신었다가 벗으면
부푼 상태를 유지하고 서로 가까이 하면 전기가 사라지는 것을 발견
했다. 이는 두 가지 종류의 상반되는 유체가 존재한다는 것을 보여주
는 것으로 이해되었다.

　이 시기에 전기를 취급하는 데 혁신을 일으킨 장치가 발명되었다.
그것은 전기를 저장할 수 있는 장치인 라이덴 병이었다. 라이덴 병은
축전기의 일종으로 1745년에 네덜란드 라이덴 대학의 뮈셴브뢰크

---

3) Thomas Hankins, *Science and the Enlightenment* (Cambridge: Cambridge
　University Press, 1985), pp. 59-62.

(Pieter van Musschenbroek, 1692-1761)가 고안했는데 비슷한 시기에 독일의 성직자였던 클라이스트(E. Georg von Kleist)도 독자적으로 그것을 고안한 것으로 인정받고 있지만 그는 뮈셴브뢰크처럼 그것을 철저하게 연구하지 않았다. 그것의 구조는 유리병 안에 약간의 물을 넣고 코르크 마개로 막은 후에 도체 선이 코르크 마개를 뚫고 들어가서 물에 담가지게 한 것이다. 병마개 위로 올라와 있는 도체 선의 끝부분에 대전체를 대주면 유도에 의해 병의 안팎에 전위차가 생기면서 전기가 저장된다.4)

　　1년 후에 영국인 왓슨(William Watson)이 더 개량된 라이덴 병을 만들었다. 이렇게 개선된 라이덴 병은, 셸락 등을 칠해서 절연이 잘 되게 만든 유리병의 안과 밖의 옆면과 밑면에 주석박(箔)을 붙이고 병마개로 막고 그것의 중심을 통해 내부로 넣은 금속 막대 끝에 사슬을 달아 밑면에 접속시킨 형태였다. 1747년에 왓슨은 라이덴 병에 저장된 전기를 웨스트민스터 다리에 설치된 선을 통해서 템스 강을 가로질러 보내어 건너편에서 스파크를 일으킬 수 있었다. 라이덴 병은 정전기 연구의 혁명을 일으켰다. 곧 '전기인'(electrician)들은 전 유럽을 돌면서 라이덴 병으로 전기 실험을 해 보이면서 생계를 이어갈 수 있었다. 그들은 정전기로 새나 다른 동물을 죽이기도 하고 호수나 강을 건너서 전기를 보내는 시범을 보였다. 1746년에 놀레(Abbé Jean-Antoin Nollet)는 루이 15세 앞에서 180명의 병사를 연결한 인간 사슬에 전기를 흘려 감전시키는 실험을 선보였다. 놀레는 다른 실험에서 카르투지오 수도회 소속의 수도승들을 1킬로미터까지 일렬로 늘어뜨리고 라이덴 병으로 전기를 흘려 동시에 놀라게 만들었다.5)

---

4) Dibner, 앞의 책, p. 25.

5) 같은 책, p. 29.

출전: Dibner, *Benjamin Franklin*, p.14.

그림 3.1 프랭클린의 연 실험

아메리카 식민지의 프랭클린(Benjamin Franklin, 1706-1790)은 성공한 인쇄업자로서 과학에도 소양이 남달랐다. 그는 새롭게 알려진 전기 현상에 대해 많은 관심을 가졌고 전기 실험 장치들을 구입하여 실험을 재현하곤 했다. 그는 전기 스파크 현상을 자세히 관찰하고 그것이 번개와 매우 비슷한 성질을 가지고 있는 것을 발견했다. 빛과 열 그리고 소리를 낸다는 것과 동물을 죽일 수 있는 파괴력 등은 두 현상이 공통적으로 갖는 성질이었다. 1752년에 그는 번개가 정말로 전기인지 알아보기 위해서 유명한 연 실험을 수행하였다. 뇌우가 있는 날에 뇌운 속으로 연을 날리고 연줄에 라이덴 병을 연결해 연에 떨어진 번개를 라이덴 병에 모을 수 있었고 그것을 방전시켰을 때 일반적인 정전기와 동일한 성질을 나타내는 것을 확인했다. 그는 뾰족한 금속의 끝을 대전된 유리구에 가까이 가져가면 다른 물체보다 먼 거리에서 방전이 일어나는 것을 발견하였고 거기에서 피뢰침에 대한 아이디어를 얻었다. 피뢰침은 그에게 전 세계적인 명성을 가져다주었다. 그는 뾰족한 끝의 피뢰침을 사용할 것을 주장하였지만 윌슨(Benjamin Wilson)은 뭉툭한 끝의 피뢰침이 효과적이라고 주장했다. 1772년에 왕립학회는 공개 실험을 수행하여 프랭클린의 주장이 옳다는 결론을 지었다.[6]

그는 왓슨처럼 이유체 이론을 거부하고 일유체 이론을 주장하였다. 그는 전기 바람의 충격보다는 단일한 정적 전기 "대기"(atmosphere)가 존재하여 압력에 의해 서로 당기고 밀친다고 주장했다. 이는 중력에 대한 뉴턴의 설명 방식 즉 중력 에테르의 작용에 의한 설명과 유사했다. 그는 유체의 과다와 부족으로 두 종류의 전기를 설명할 수 있다고 보았다. 프랭클린의 전기 유체는 만들어지거나 없어지지 않았고 옮겨 갈 수 있을 뿐이었다. 그것은 다른 유체는 밀쳤지만 일반 물질은 잡아당겼다. 그러나 그의 이론은 음의 전하가 밀치는 현상을 잘 설명하지 못했다. 왜냐하면 유체가 없어진 일반 물체는 서로 밀쳐야 할 텐데 뉴턴의 이론은 일반 물질 사이의 인력을 주장하고 있었기 때문이었다. 도체 속에서 실제로 전하를 실어 나르는 것이 전자라는 점에서 프랭클린의 주장은 옳았다. 그렇지만 실제로는 양의 전하와 음의 전하가 따로 존재한다는 점에서는 뒤페의 이유체 이론이 옳았다.

18세기 말에 영국의 화학자 프리스틀리(Joseph Priestley)는 1767년에 『전기의 역사와 현상태』(*History and Present State of Electricity*)라는 책을 썼다. 그는 대전된 속이 빈 금속 용기 안쪽에 코르크 마개를 떨어뜨릴 때 어느 쪽으로도 끌리지 않는 현상을 발견했다. 그는 뉴턴의 중력 이론에서 속이 빈 구 안쪽에서는 중력이 작용하지 않는다는 것으로부터 전기력이 중력처럼 전하 사이의 거리의 제곱에 반비례하는 세기를 갖는 것을 추론하였다. 그의 이론 전개가 비록 정량적이고 기술적으로 이루어졌지만 이후 100년에 걸쳐 이루어진 수학적 도구와 실험상의 진보로 그의 이론이 정확하다는 것이 확증되었다.

실제 전기력의 측정은 비틀림 천칭의 진보에 의해 이루어졌다. 비틀

---

6) Bern Dibner, *Benjamin Franklin: Electrician* (Norwalk: Burndy Library, 1976), pp. 13-18.

림 천칭은, 수평의 천칭의 팔을 가는 철사나 섬유에 매달아 수직의 철사를 축으로 삼아 진동할 수 있도록 하고, 물체를 한쪽 팔에 부착시키고 수평 방향으로 힘을 받게 하면 철사가 어떤 각도로 비틀려지게 한 장치이다. 그 철사의 비틀림 상수는 천칭 팔의 진동수를 관찰하여 알 수 있고 천칭 팔의 관성 모멘트는 다른 방식으로 알 수 있으며 비틀림 각과 비틀림 상수로부터 인력이나 척력은 추론할 수 있다. 비틀림 천칭은 작은 물체들 사이의 중력의 측정을 위해 미첼(John Michell, 1724 –1793)에 의해 고안되었다. 그는 비틀림 천칭을 1780년대에 고안하여 지구의 비중을 측정하는 데 사용하고자 했다. 그의 장치는 그가 죽기 직전에 완성되었고 그가 죽은 후 캐번디시에서 넘겨져 개조되고 수정되어 지구의 비중 측정에 사용되었다. 캐번디시(Henry Cavendish, 1731–1810)는 1749년에 케임브리지 대학에 입학하였으나 종교에 관련한 시험의 거부로 학위 없이 학교를 마치고 평생을 다양한 과학 분야의 실험적 연구에 바쳤다. 그는 1770년대에 전기 실험에 집중하여 일유체설에 입각한 수학적 이론을 세웠고 전기력이 거리의 세제곱보다 작은 제곱수에 역비례한다는 것을 발견했다. 그는 1771년에 전기력을 측정하였을 뿐 아니라 실험 오차의 첫 주의 깊은 수학적 분석을 덧붙였다. 또한 그는 여러 가지 물질의 전기전도도를 자신의 몸을 사용해 비교하여 정량적으로 제시했다.[7] 쿨롱(Charles A. de Coulomb, 1736 –1806)은 공병학교에 들어가 역학 이론, 공학 기술을 공부한 것을 기초로 하여 마찰에 관한 폭넓은 연구를 수행하였으며 놋쇠나 철 등의 가는 금속선의 비틀림 탄성을 연구하여 1785년에 비틀림 천칭을 고안

---

7) 그의 전기에 관련한 연구들은 맥스웰이 모아서 1879년에 출판하였다. Henry Cavendish, *The Electrical Researches of the Honourable Henry Cavendish edited by James Clerk Maxwell* (Cambridge: Cambridge University Press, 1879).

하여 전하 사이의 척력이 거리의 제곱에 반비례한다는 '쿨롱의 법칙'을 발견하였다. 쿨롱은 이 법칙을 전기 유체의 도체 표면상의 분포에 적용하여 19세기에 푸아송과 켈빈 경의 작업의 기초를 놓았다.

프랑스의 수학자 푸아송과 독일의 수학자 겸 물리학자 가우스는 18세기 말과 19세기 초에 쿨롱의 작업을 확장하였다. 이들의 작업은 전기 정역학과 자기 정역학을 해석학적 기초 위에 든든하게 세우는 작업이었다. 패러데이는 프리스틀리의 개념을 이어받아 정역학의 실험적 기초를 든든하게 다졌다. 패러데이는 금박 검전기(gold leaf electroscope)와 금속 얼음통을 사용하여 전하 보존의 법칙을 엄밀한 실험적 기초 위에 세우는 작업을 하였다. 패러데이 시대의 금박 검전기는 금속 상자 속에 절연된 상태로 매달린 금속 막대 끝에 매달린 얇은 금박 두 쪽으로 이루어져 있었다. 이 금속 막대가 대전되면 금박은 서로 밀치게 되고 그 밀친 정도는 대전량을 나타냈다. 패러데이는 금속 공을 절연시켜주는 명주실에 매달고 대전시켰다. 그리고 나서 절연된 바닥 위에 놓인 금속 얼음통의 겉면에 금박 검전기의 금속 막대에 연결하였다. 그다음에 대전된 금속 공을 금속 얼음통 속에 벽이나 바닥에 닿지 않게 서서히 내렸다. 그러자 금박 검전기의 금박이 서서히 벌어졌다. 일단 금속 공이 얼음통 안에 들어오자 금박은 일정하게 벌어진 각도를 유지했다. 금속 공을 꺼내자 금박 검전기는 다시 0의 대전 상태를 가리켰다. 그렇지만 대전된 금속 공이 얼음통 안에 내려진 상태에서 벽에 닿으면 금속 공을 꺼낸 뒤에도 금박 검전기는 벌어진 채 일정한 각도를 유지하였다. 꺼낸 공의 대전 상태를 금박 검전기로 조사해보니 완전히 방전된 상태였다. 패러데이는 금속 공이 금속통 안에 있는 동안에 금속통 바깥에 대전된 전기의 양은 정확하게 처음에 공에 있던 전기의 양과 같았다고 결론지었다. 그다음에 그는 금속통 안에 다양한 물체들을 넣었는데 그중에는 황 같은 다양한 절연 재료로 서로 분리되어 있는 동심의 금속 그릇 세트가 있었다. 모든 경우에 검전기의 벌어진 각도는 금속 공이 완전히 금속통 안에 있었을 때의 값과 같았다. 패러데이는 그 계의 전체 전하량은 처음의 전하량과 항상 같다는 결론에 이르렀다. 이렇게 전하량 보존의 법칙은 확립되었다.

2. 전지의 발명과 전류의 성질

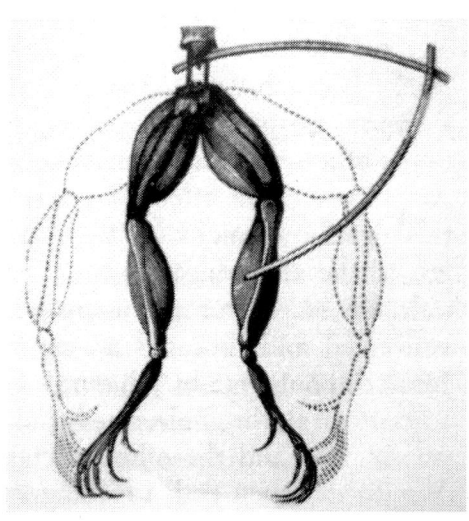

출전: Dibner, *Alessandro Volta and the Electric Battery*, p. 45.

그림 3.2 갈바니의 개구리 다리 수축 실험

19세기에 들어와서 전기 연구에서 일어난 가장 큰 변화는 1800년에 최초의 전지가 발명된 것이었다. 사람이 통제할 수 있는 최초의 일정한 전기의 흐름을 얻어냄으로써 전기에 대한 훨씬 다양한 실험이 가능해졌다. 전지의 발명 과정에서는 이탈리아의 볼로냐 대학의 해부학 교수였던 갈바니(Luigi Galvani)에게 일어난 우연적인 사건이 핵심적인 역할을 감당했다. 갈바니는 어느 날 정전 발생 장치로부터 전기 스파크가 발생했을 때 해부 중인 개구리에 근육 수축이 일어나는 것을 목격했다. 처음에 갈바니는 그 현상이 대기의 전기 때문에 일어난다고 생각했다. 왜냐하면 얼마 전에 뇌우가 치던 날에 비슷한 현상이 관찰되었기 때문이었다. 나중에 그는 서로 연결된 두 종류의 금속 막대가 개구리의 근육에 닿을 때마다 근육의 수축이 일어나는 것을 보았다. 갈바니는 어떤 금속들이 다른 금속에 비해 이런 현상을 잘 일으킨다는 것을 깨달았지만 금속이 그가 동물 전기라고 부른 일종의 유체를 신경에서 근육으로 전달하여 일어나는 현상으로 결론지었다. 갈바니의 관찰은 1791년에 발표되면서 상당한 논란을 불러 일으켰다.[8]

근처의 파비아 대학의 교수였던 볼타(Alessandro Volta)는 어떻게 전기가 감각, 미각, 시각을 자극하는지를 연구하고 있었다. 그가 각기 다른 종류의 금속으로 된 주화 2개를 전선으로 연결하여 하나는 혀 위에 하나는 혀 아래에 넣었을 때 금속들이 짜게 느껴졌다. 그는 혀 대신 소금을 적신 판지를 두 금속 사이에 넣었을 때에도 전류가 생기는 것을 보고도 갈바니처럼 자신이 동물 전기를 다루고 있다고 생각했다. 볼타는 금속과 축축한 몸이 접촉했을 때 그러한 효과가 생긴다고 생각했다. 1800년경에 그는 은, 소금물에 적신 판지, 아연을 순서대로 겹겹으로 쌓은 '볼타 전퇴'를 만들었다. 그가 양끝에 있는 은과 아연을 전선으로 연결하였을 때 전류가 연속적으로 전선으로 흘렀다. 그는 자신의 전퇴의 효과가 정전기의 효과와 모든 면에서 동등하다고 생각했다. 하지만 볼타의 전지는 다시 충전할 필요 없이 지속적인 전류를 만들어냄으로써 새로운 실험적 성과들을 내놓기 시작했다.[9] 볼타가 왕립학회에 전지의 발명을 보고한 지 6주 이내에 두 명의 영국 과학자인 니콜슨(William Nicholson)과 칼리슬(Anthony Carlisle)은

---

8) Bern Dibner, *Alessandro Volta and the Electric Battery* (New York: Franklin Watts, 1964), pp. 40-50.

9) 같은 책, pp. 64-77.

출전: Dibner, *Alessandro Volta and the Electric Battery*, p. 65.

그림 3.3 볼타의 전퇴

전지를 사용하여 전기분해 현상을 발견하여 전기화학이라는 새로운 분야를 열었다. 전지는 화학자들에게 전혀 새로운 분석 도구를 제공했다. 나중에 데이비가 언급했듯이 그것은 전 유럽의 실험가들에게 마치 자명종과 같았다. 니콜슨과 칼리슬은 바로 전지가 물을 그것의 구성 원소인 산소와 수소로 분해한다는 것을 발견했다. 이러한 발견이 라부아지에 화학이 주장한 대로 물이 산소와 수소로 이루어져 있다는 것을 지지한 것에는 특별할 것이 별로 없었지만 놀라운 사실은 산소와 수소가 각기 다른 전극에서 얻어진다는 것이었다. 수소는 볼타가 음극이라고 지명한 곳에서, 산소는 양극이라고 부른 곳에서 발생했다. 왜 이러한 현상이 일어나는지는 많은 연구자들의 관심을 불러 일으켰다. 이러한 전기분해 현상을 집중적으로 연구한 대표적 인물은 영국의 화학자 험프리 데이비(Humphrey Davy)였다.

데이비는 1807년에 더 크고 더 강력한 볼타 전지를 만들고 용액 상태의 전해액 대신에 용융된 전해액을 쓰면서 화학사에 길이 남을 중요한 발견을 했다. 10월 9일에 그는 용융 상태의 가성칼리에 강력한 전지의 전극들을 담가서 전기분해를 시도했다. 잠시 후 음극에서 강한 빛이 발생하면서 액체 면과 전극의 접촉점에서 생성된 물질은 금속의 광택을 가진 작은 구슬처럼 보였다. 이 중의 약간은 폭발하여 불꽃을 내고 타면서 최후에 그 표면에 흰 막이 형성되었다. 이때 음극에 석출된 금속은 칼륨이었다. 며칠 뒤 데이비는 소다를 가지고 똑같은 실험을 수행하여 나트륨을 발견하였다. 이로써 데이비는 그때까지 분해할수 없었던 가성칼리와 소다가 라부아지에의 직감대로 원소가 아님을 보였다. 이후 몇 년간 그는 라부아지에가 원소로 분류한 알칼리 토류가 역시 화합물임을 입증하고 칼슘, 스트론튬, 바륨을 전기분해로 분리해냈다. 데이비의 성공에 힘입어 다른 연구자들에 의해 붕소, 알루미늄, 베릴륨, 이트륨의 원소가 전기분해로 분리되었다. 화학적 기법으로는 분리할 수 없었던 물질들이 전기분해의 방법으로 분리됨으로써 전기분해는 화학사의 신기원을 이루었다.

데이비는 또한 염산이 산소를 포함한다는 라부아지에의 견해를 부인함으로써 화학의 진로에 중요한 영향을 미쳤다. 라부아지에는 산의 원리라고 생각한 산소가 모든 산 속에 포함되어 있다고 보았다. 그러므로 라부아지에는 당시에 대표적인 산이었지만 실제로는 산소를 포함하고 있지 않은 염산을 미지의 원소 뮤리움(murium)이 산소와 결합한 것이라고 보았다. 그러므로 라부아지에는 염산을 뮤리움산이라고 불렀다. 또한 염산이 산화되어 생기는 염소를 산화뮤리움산(oxymuriatic acid)이라고 불렀다. 이러한 오류를 바로잡고 염소에게 제대로 된 지위를 부여한 사람이 데이비였다. 그는 뮤리움은 존재하지 않으며 화합물로 여겨졌던 염소가 더 이상 분해되지 않는 원소임을 주장하였다. 그는 1813년에 염소와 유사한 특성을 가진 요오드를 분리해 냄으로써 이러한 견해를 더 확고히 뒷받침했다. 이로써 데이비는 산의 원리라는 것이 산을 만들어낸다는 라부아지에의 견해를 배격했고 화합물의 성질이 그것이 포함하는 원리에 의해 유발된다는 견해도 배격했다.

이렇게 연속적으로 라부아지에 화학에 수정을 가한 것을 근거로 어

떤 역사가들은 데이비가 체계적으로 프랑스 화학을 무너뜨리는 일을
시작했다고 평가한다. 실제로 1815년까지 데이비는 효과적으로 라부아
지에의 화학의 가정들 대부분에 의문을 제기했다. "산성은 산소에 기
인한다", "특성들은 배열보다는 원리에 기인한다", "열은 입자의 운동
이기보다는 무게 없는 유체이다", "라부아지에가 원소로 분류한 물질
들이 실제로 원소들이다"라는 주장이 의문시되었다. 이러한 의문들은,
차차 화학자들에 의해 데이비의 주장이 옳다는 것이 입증됨으로써 근
대화학의 흐름을 지도했다.

데이비는 종종 과감한 주장을 서슴지 않았지만 라부아지에의 체계
를 자신의 새로운 체계로 대체하기를 추구하지는 않았다. 다만 화학
반응을 지배하는 힘인 화학적 친화력이란 전기 현상이라는 것을 제안
했을 뿐이었다. 이러한 관점은 전지의 원리에 대한 데이비의 생각과
긴밀히 연관되어 있었다. 1800년대 초에는 전지의 원리에 대한 두 가
지 다른 견해가 존재했다. 볼타가 주장한 '접촉 이론'에 따르면 전기는
다른 금속의 단순한 접촉에서 발생하는 것이었다. 전해액은 단지 도체
역할을 할 뿐이었다. 이 이론은 전지에서 전도성 액체가 항상 분해된
다는 사실을 쉽게 설명하지 못했다. 다른 이론인 '화학 이론'은 전류를
일으키는 것은 전해질에서 일어나는 화학적 분해라고 주장했다. 데이
비는 두 이론에서 결점을 발견했고 과학사에서 종종 그렇듯이 타협안
을 제시했다. 접촉 이론은 아연이 구리와 접촉할 때 양으로 대전되는
'작용 능력'을 설명해준다는 것이다. 이 능력이 물에 용해된 물질의 화
학적 평형을 교란하여 볼타 전퇴의 '안정된 작용'을 유발한다는 것이
다. 그는 최초의 '작용 능력'의 원인을 당연히 화학적 친화력이라고 간
주했다. 그는 화학적 친화력이란 자연적으로 반대 상태에 있는 입자들
의 결합을 유도하는 힘으로 덩어리 물체들 사이에 작용하는 전기적

인력과 눈에 보이지 않는 미세한 물질 입자들 사이에 작용하는 화학적 인력은 동일한 특성을 가지며 하나의 단순한 법칙에 의해 지배된다고 생각했다. 이러한 데이비의 생각은 스웨덴의 화학자 베르첼리우스(Berzelius)에 의해 더욱 발전하게 된다.[10)]

일단 과학자들이 전지로 전류를 만들 수 있게 되자 그들은 전기의 흐름을 정량적으로 연구할 수 있게 되었다. 전지 덕택에 독일의 물리학자 옴(Georg Simon Ohm)은 1827년에 캐번디시가 50년 전에 기술상의 문제로 정량적으로 연구할 수 없었던 문제들을 정확하게 정량화할 수 있었다. 대표적인 문제는 도체들이 전류를 통과하는 능력의 차이에 관한 것이었다. 옴의 법칙이라고 불리는 이 연구의 결과는 전기의 저항이 금속들이 전류를 통과시키는 능력의 차이와 저항선의 길이와 직경에 의존한다는 것을 밝혔다. 옴(Georg Simon Ohm, 1789－1854)은 에를랑겐 대학을 졸업하고 1817년에 쾰른의 김나지움 물리학 교사가 되어 프랑스의 수리 물리학을 독학하고 실험 장치를 갖추어 1820년 이후에 전자기 실험을 시작했다. 1825년에 전류의 세기가 도선의 길이에 따라 감소함을 발표하였고 1826년에 옴의 법칙을 도출하였다. 1927년에 본문에서 언급된 저서를 집필하여 그때까지의 실험을 푸리에의 열전도론에 대한 유비로서 연역적 수학이론으로 제시했다. 1833년에 뉘른베르크 공과대학 물리학 교수가 되었고 음향학 연구를 시작했으며 1843년에 소리가 배음과 기음으로 분석될 수 있음을 발표하였다.

전기에 의한 화학 당량의 측정에 가장 먼저 뛰어든 사람은 다름 아닌 패러데이(Michael Faraday)였다. 패러데이는 화학 당량을 다음과 같이 정의했다. "화학 당량이라는 용어는 화학적 친화력이 반응의 발

---

10) William H. Brock, *The Fontana History of Chemistry* (London: Fontana, 1992), pp. 147－150.

생을 허용하는 범위에서 다른 물체와의 반응에 필요한 물질의 비율을
의미하는 것으로 사용할 수 있다."[11] 패러데이는 화학 당량을 구할
수 있는 실제적이고 정확한 방법으로 볼타 전량계(volta electrometer)
를 고안하여 사용하였다. 패러데이는 이렇게 구한 전기 화학 당량이
보통 화학 당량에 비해서 보다 절대적이고 근본적인 기준인 전기력에
의한 당량값이라고 주장했다.[12]

3. 전기와 자기의 연결

1820년 외르스테드(Hans Christian Oersted)의 발견은 전기와 자기
연구의 신기원을 이루었다. 외르스테드는 학생들을 가르치다가 전류가
흐르는 도선 근처에 놓인 나침반이 편향되는 것을 발견하고 깜짝 놀
랐다. 외르스테드의 우연한 발견은 전기와 자기가 서로 연결되어 있음
을 나타냈다. 그의 발견은 뒤이어 이루어진 패러데이의 발견, 곧 변화
하는 자기장이 전류 근처에서 전류를 만든다는 것으로부터 맥스웰의
전자기의 통합 이론으로 나아가는 길을 마련했다.

외르스테드는 흐르는 전류 사이에 자기력이 작용한다는 것을 세상
에 알렸고 이에 대한 과학자들의 연구가 이어졌다. 프랑스의 물리학자
아라고(François Arago)는 1820년에 전류가 자기화되지 않은 철가루

---

11) Michael Faraday, *Chemical Manipulation: being Instructions to Students in Chemistry, on the Methods of Performing Experiments of Demonstration or of Research, with Accuracy and Success* (London: Murray, 1827), §1202−1203.

12) 서소영, 「'전기화학법칙'(1832-1834) 성립 과정에 나타난 화학자 패러데이의 면모」(서울대학교 이학석사논문, 1996), p. 45.

를 도선 주위에 원형으로 배열
하는 것을 발견했다. 같은 해
에 또 다른 프랑스의 물리학자
앙페르(André-Marie Ampère)
는 외르스테드의 발견을 수학
적인 형태로 표현했다. 앙페르
는 전류가 흐르는 두 가닥의
평행한 도선은 자석처럼 서로
당기거나 밀친다는 것을 보여
주었다. 전류가 같은 방향으로
흐를 때에는 두 도선은 서로
당기고 전류가 반대 방향으로
흐를 때에는 서로 밀친다. 이

출전: Dibner, *Oersted and the Discovery of Electromagnetism*, p. 25.

그림 3.4 외르스테드의 전자기현상 발견

실험으로부터 앙페르는 내부 전류가 영구 자석에 자기를 띠게 하고 철처
럼 자기화가 잘 되는 물질이 자석이 되게 한다고 제안했다. 아라고와
함께 그는 강철 바늘이 전류가 흐르는 코일 안에서 훨씬 강하게 자기
화될 수 있다는 것을 보였다. 작은 크기의 코일을 가지고 실험을 하면
먼 거리에서 두 코일 사이의 힘은 두 작은 막대자석이 미치는 힘과 유
사하며 하나의 코일은 힘을 바꾸지 않고도 작당한 크기의 막대자석으
로 대체할 수 있다는 것을 보였다. 이렇게 동등한 자석의 자기 모멘트
는 코일의 크기, 감은 수, 그 안에 흐르는 전류에 의해 결정되었다.13)

　1820년대에 영국인 기술자 스터전(William Sturgeon)과 미국인 과
학자 헨리(Joseph Henry)는 외르스테드의 발견을 토대로 전자석을 만

---

13) Bern Dibner, *Oersted and the Discovery of Electromagnetism* (New York: Blaisdell, 1962), pp. 24-35.

들었다. 스터전이 U자형의 철 막대에 구리 나선을 18번 감고 전류를 흘렸을 때 그 쇠막대는 자기 무게의 20배를 끌어올릴 수 있는 전자석이 되었다. 전류를 끊자 쇠막대는 더 이상 자석이 아니었다. 헨리는 1829년에 스터전의 실험을 재현했고 단락을 막기 위해 절연된 도선을 사용했다. 코일을 수백 번 감아서 헨리는 1톤 이상의 철을 끌어 올릴 수 있는 전자석을 만들었다.

전류에 의해 자기력을 만드는 것이 가능하다는 것으로부터 반대의 가능성, 즉 자석을 이용해서 전류를 만들 수 있지 않을까 하는 생각이 많은 과학자들에게 흥미를 끌었다. 프레넬(Augustin-Jean Fresnel) 금속 나선 안에 강철 막대가 나선에 전류를 흘림으로써 자기화될 수 있으므로 반대로 막대자석은 둘러싸고 있는 나선에 전류를 만들 수 있을 것이라고 주장했다. 많은 사람들이 자석 곁에 도선을 놓고 도선에 흐르는 전류를 재고자 하였으나 실패하였다.

전 시대를 통틀어 가장 위대한 실험 물리학자 중 하나인 패러데이는 10년 동안 자석이 전기를 유도할 수 있다는 것을 입증하려고 간간히 시도하였다. 1831년에 그는 마침내 두 개의 도선 코일을 연철 고리의 양쪽 편에 감아서 쇠고리를 자화시키는 데 성공했다. 2차 코일의 도선을 연장해서 고리에서 멀리 떨어뜨려 1차 코일의 영향을 받지 않을 곳에 둔 나침반 근처에 두니 1차 코일에 전류를 흘리는 것으로 나침반의 바늘을 움직이게 할 수 있었다. 1차 코일에 전류를 계속 흘려주었지만 나침반의 바늘은 바로 제자리로 돌아갔다. 1차 전류의 스위치를 껐을 때, 나침반의 바늘이 마찬가지로 움직였는데 이번에는 반대 방향으로 움직였다. 첫 번째 코일 근처의 자기장의 변화가 두 번째 코일의 전류를 유도했다는 것을 알았다. 그는 또한 전류가 움직이는 자석에 의해 유도될 수 있고, 전자석을 켰다가 끄는 것으로 유도될 수 있고, 심지어 지구의 자기장 안에서 움직임으로써 유도될 수 있다는 것을 보였다. 몇 달 후에 패러데이는 최초의 발전기를 만들 수 있었다.[14]

헨리도 독자적으로 1830년에 전기 유도를 발견했지만 그의 결과는 패러데이의 1831년 실험의 소식이 그에게 전해지기까지 출판되지 않았다. 1832년에 헨리는 그의 논문을 통해 자체 유도를 보고하면서 올바로 해석했다. 그는 긴 나선형 도체가 전지에서 끊어질 때 아크 불꽃을 일으키는 것을 보았다. 그가 회로를 열자 전류가 빠르게 줄어들면서 전지 양단과 회로 사이에 큰 전압이 생겼다. 도선이 전지에서 단절되었을 때 전류는 짧은 시간 동안 계속 흘러 전지 양단과 도선 사이에 밝은 아크 불꽃을 형성하였다.

패러데이는 자석, 전하, 전류를 설명하는 데 역선 개념을 사용하였다. 그는 자석 위에 철가루를 얹은 얇은 종이를 얹었을 때 그 위에 막대자석의 양쪽 극을 연결하는 철가루의 선이 형성되는 것을 볼 수 있었다. 그는 이 선들이 힘의 방향을 나타내며 전류도 같은 역선을 갖는다고 믿었다. 그는 역선의 장력이 자석과 전하의 인력과 척력을 설명해준다고 해석했다. 패러데이는 유도 실험을 하면서 1831년에 이미 자기 곡선을 가시화했다. 자기 곡선이란 철가루로 묘사될 자기력선을 의미한다. 패러데이는 떨어진 거리에서 유도가 일어난다는 널리 퍼진 생각을 반대했다. 대신에 그는 유도가 연속적인 입자의 작용 때문에 역선을 따라 일어난다고 주장했다. 그는 나중에 전기와 자기가 전기장과 자기장을 포함하는 하나의 매질을 통해 전달된다고 설명했다.

전기와 자기의 연결을 추구한 연구자는 패러데이만 있었던 것이 아니었다. 유럽 대륙에서는 노이만(Ernst Neumann), 베버(Wilhelm Eduard

14) Colin A. Russell, *Michael Faraday: Physics and Faith* (Oxford: Oxford University Press, 2000), pp. 58–68.

Weber), 렌츠(H.F.E. Lenz)가 이러한 작업을 했다. 동시에 헬름홀츠
와 윌리엄 톰슨, 줄(James Prescott Joule)은 전기와 다른 형태의 에
너지 사이의 관계를 밝혔다. 줄은 전류가 도체로 흐를 때 동반되는 열
효과에 대한 이론을 구축했다. 헬름홀츠, 톰슨, 헨리, 키르히호프와 스
톡스는 도체에서 열 효과의 전도와 전파에 관한 이론을 확장했다.
1856년에 베버와 콜라우시(Rudolf Kohlrausch)는 전기와 자기 단위의
비율을 결정했고 그것이 속도와 같은 차원을 가지며 그 값이 거의 빛
의 속도와 같다는 것을 발견했다. 1857년에 키르히호프는 전기 교란이
아주 전도성이 좋은 도선에서 광속으로 전파된다는 것을 보이기 위해
이 발견을 사용했다.

4. 맥스웰의 전자기 이론 연구

이 절에서는 19세기 영국 전기학의 전기를 마련한 혁명적인 전기학
자인 맥스웰의 전기 이론을 소개하고자 한다. 맥스웰의 전자기 이론은
패러데이의 전기 실험을 통해서 얻어진 새로운 전기에 관련된 다양한
현상들과 그에 대한 독창적인 패러데이의 설명 방식을 수학적인 형태
로 표현함으로써 새로운 현상들을 예측하고 전자기파의 발견과 빛의
전자기 이론까지 이르는 중요한 이론상의 기여를 포함한다.[15]

맥스웰의 전자기 연구는 1854년에 시작되었다. 맥스웰은 톰슨의 인도
로 패러데이의 전자기 실험 연구를 살펴보기 시작했다. 맥스웰은 베버의

---

15) 맥스웰의 전기는 고전적인 저작인 Lewis Campbell and William Garnett,
   The Life of James Clerk Maxwell (London: Macmillan, 1884)과 R.T.
   Glazebrook, *James Clerk Maxwell and Modern Physics* (London: Cassell,
   1896)가 있다.

이론에 대한 대안으로 패러데이의 개념을 표현해주는 통일된 수학이론을 구축하고자 했다. 전자기학에 관련된 그의 첫 논문은 1856년에 나온 「패러데이의 역선에 관해서」이다. 이어서 맥스웰은 「물리적 역선에 관하여」(1861 - 1862)와 「전자기장의 동역학 이론」(1865)을 발표했다. 맥스웰은 패러데

그림 3.5 제임스 클럭 맥스웰(1831-1879)

이의 실험 결과 해석을 수학적으로 번역했다기보다는 톰슨의 이론적 틀에서 고전 수학 이론을 개혁한 것으로 볼 수 있다. 맥스웰은 기존 지식의 일관된 이해를 통해 의미 있는 진보를 도모했다. 이 과정에서 맥스웰은 물리적 유비의 방법을 사용하였다. 맥스웰이 사용한 역학적 모형은 수학화를 위한 개념적 도구일 뿐이었지 실제 세계를 반영하는 것으로 간주되지는 않았다. 그러므로 맥스웰은 가설을 사용하기보다는 관찰된 행동을 반영하는 모형을 도입하고 통일성을 추구하는 방향을 취했다. 이러한 자연의 통일성 중 하나가 극성(polarity) 개념이었다. 그는 휴얼의 영향을 받아 자연에 극성이 널리 보편적으로 존재한다고 믿었고 그것을 전기, 자기 현상에서도 찾아내고자 했다. 그는 톰슨이 시도했던 패러데이 실험 결과의 수학화 작업을 보다 체계적으로 수행하였고 그것을 전기동역학으로 확장하였다. 맥스웰은 정전기에 대한 열의 유비를 톰슨에게서 빌려 왔다. 전류와 분극 사이의 관계를 설명하기 위해 맥스웰은 톰슨보다 적극적으로 패러데이가 쓴 개념을 수학

112 * 레일리의 수력학·전기학 연구

적 이론에 도입하였다. 가령 양과 세기의 대조적 개념, 전기긴장상태 (electrotonic state) 개념이 그것이다. 맥스웰은 패러데이의 전자기 유도의 발견을 전기력선과 자기력선이 얽혀있는 관계로 수학적으로 표현하였다. 그는 이러한 사고방식의 연장선상에서 정전기 현상을 긴장과 저항이 큰 극단적인 경우로 취급하였다. 이로써 맥스웰은 전기와 자기를 통일된 틀에서 취급할 수 있었다. 맥스웰은 패러데이의 발견들을 해석하는 데 있어서 발생하는 베버 이론의 한계를 직시하고 사물을 바라보는 자연스런 수학적 서술법을 추구하고자 했다. 이러한 의도를 따른 첫 출발점이 된 것은 열전달의 유비로 전기 현상을 해석하는 톰슨의 관점이었다.16)

1856년에 맥스웰은 「패러데이 역선에 대하여」에서 역제곱 법칙을 따르는 인력계와 비압축성 유체의 운동 사이의 유비를 사용하는 새로운 수학적 구조를 도입하였다. 유선(流線)과 유관(流管)의 개념이 전자기 현상을 서술하는 데 등장했다. 그는 전하 입자가 소멸원(sink)이나 생성원(source) 역할을 하는 것으로 간주하고 전기 퍼텐셜을 압력으로 생각하고 전기력이 이러한 압력의 경사로 유발되는 것으로 해석했다. 그러므로 전기력은 유체 속도와 저항계수의 곱으로 얻어지는 것이었다. 그러므로 맥스웰은 유전체마다 달라지는 비유도계수를 다른 저항계수의 매질과의 유비로 이해했다. 그는 자기에 대해서도 마찬가지의 유비를 사용할 수 있었다. 상자성 물질은 낮은 저항의 물질이고 반자성의 물질은 고저항의 물질로 보는 것이 한 가지 방법이었다. 이 논문에서 맥스웰은 명시적으로 새로운 물리 이론을 제시하지는 않았다. 후반부에서 맥스웰은 패러데이의 전기긴장상태 개념의 수학화를

---

16) John Hendry, *James Clerk Maxwell and the Theory of the Electro-magnetic Field* (Bristol and Boston: Adam Hilgar, 1986), pp. 123-133.

시도하였다. 이 논문에는 약간의 해결해야 할 문제가 있었다. 정전기 이론과 동전기 이론 사이의 연결이 전혀 설명되지 않았던 것이다. 그의 이론에 따르면 빛 에테르와 전자기 매질은 공존해야 하지만 이에 대해 그가 어떠한 관점을 갖는지 명시되지 않았다.[17]

맥스웰은 1859년에서 1865년 사이에 두 편의 논문을 통해 이러한 문제에 대한 극적인 해결책을 제시하였다. 이 두 편의 논문은 대조적이면서도 서로 연결되어 있어 고전 전자기 이론을 성립시켰고 빛의 전자기 이론을 명시적으로 제시하였다. 그 사이에 맥스웰은 애버딘 (Aberdeen)의 교수직을 얻었고 토성의 고리의 안정성에 대한 동역학적 분석을 통해 애덤스 상(Adam's Prize)을 수상하였다. 맥스웰은 1858년부터 관여한 기체 동역학 이론에 대한 연구를 시작했다. 맥스웰은 충돌하는 기체를 통계적으로 취급하는 데 중요한 진보를 이룩했으며 이것은 그의 전자기 유도에 관한 역학적 유비를 이끌어내는 데 기여하게 된다. 톰슨은 이미 1856년부터 자기를 고체 안의 회전 변형에서 유발되는 것으로 보는 소용돌이 이론을 제시하고 있었다. 그는 패러데이 효과를 매질에 유도된 회전 운동의 존재를 함축하는 것으로 해석한 것이다. 그러기에 톰슨은 자기력선을 따라 형성되고 배열되는 분자 소용돌이의 존재를 요구하였다. 소용돌이에 대한 관심은 기술자 출신의 과학자인 랭카인(William Rankine)이 기체의 동역학적 이론을 구축하면서 기체의 열을 기체 분자의 핵 주위를 둘러싼 탄성 대기의 회전이나 진동 운동의 활력(vis viva)으로 생각한 것과 맥을 같이한다.[18]

1860년에 킹스 칼리지(King's College)로 자리를 옮긴 맥스웰은 톰슨의 탄성 고체의 유비와 분자 소용돌이 이론을 발전시켰다. 그는 분

---

17) 같은 책, pp. 134-140.
18) 같은 책, pp. 157-162.

자 소용돌이로 이루어진 매질을 포함하는 가설을 사용하여 가설연역
적 논증을 시도하였다. 그의 연구는 1862년에 「물리적 역선에 관하여」
로 출판되었다. 이 논문에서 맥스웰은 역학적 관점에서 자기 현상의
이해를 도모하였다. 그는 매질의 다양한 역학적 상태를 상정하였고 변
형력을 받는 매질의 상태에 대한 수학적 기술을 도모하였다. 그는 변
위 전류 개념을 도입하였고 이로써 닫힌회로와 열린회로에 모두 적용
되는 자기 효과 법칙을 연역할 수 있었다.[19] 그는 전기력선 주위에
역선을 축으로 삼아 회전하는 분자 소용돌이를 상정했고 적도 방향의
압력의 과도함이 소용돌이의 원심력에서 기인하는 것으로 간주했다.
그러므로 역선은 최소의 압력을 나타내는 선이었다. 이 과정에서 맥스
웰에게는 자기장이 1차 개념이었고 거기에서 전기는 유도되는 것으로
간주되었다. 그러므로 전기는 본성을 알지 못하더라도 존재하는 것으
로 여겨질 수 있었다. 그리고 그는 전자기 매질이 빛의 파동이론에 등
장하는 에테르와 일치하는 것을 논증했다. 즉 광속과 베버 식에 등장
하는 상수의 관련성을 지적한 것이다. 맥스웰은 역학적 유비 속에서
기전력은 구동 바퀴의 속도가 변경될 때 기계의 바퀴축에 미치는 압
력에 해당했고 전기긴장상태는 구동 바퀴의 속도가 순간적으로 일정
한 양이 변할 때 바퀴의 축에 작용하는 충격에 해당하는 것으로 간주
됐다. 그러나 맥스웰은 자신의 모형이 자연을 진정으로 표현하는 것이
아니라는 점을 분명히 했다.

　1865년 논문에서 맥스웰은 이러한 문제의 해결책을 새로운 형식으
로 제시하였다. 우선 그는 실험적 사실과 동역학적 사례들로부터 연역

---

19) 변위 전류 개념의 성립에 대해서는 Daniel M. Siegel, *Innovation in
　　Maxwell's Electromagnetic Theory: Molecular Vortices, Displacement
　　Current, and Light* (Cambridge: Cambridge University Press, 1991),
　　pp. 85–119.

한 8개의 일반 장 방정식을 제시하였다. 이 중 두 방정식을 결합하면
닫힌회로의 자기 효과의 표현을 함축하여 전도 전류가 닫힌 전체 전
류의 형성을 위해 유전 물체의 변위 전류로 확장된다는 것이다. 다음
에 그는 장 방정식으로부터 파동 방정식을 얻었고 이 식으로부터 파
동의 전파 속도 v 를 얻었고 그것이 광속과 같다는 것을 확인했다. 이
로부터 맥스웰은 빛과 전자기는 같은 물질의 효과이며 빛은 전자기
법칙을 따라 장(field)을 통해 전파되는 전자기 교란이라고 결론지었
다. 이로써 빛의 전자기 이론이 탄생한 것이다. 1868년의 맥스웰의 짧
은 논문 「빛의 전자기 이론에 대한 소고」는 리만(Riemann)과 루트비
히 로렌츠(Ludwig Lorentz)의 논문에 자극을 받아 빛이 매질을 통해
전파되는 전자기 교란의 일종이라는 입장을 분명히 밝혔다. 이 논문에
서 변위 전류와 전하에 대한 맥스웰의 독특한 견해가 피력되었다.[20]

　1860년경 영국의 전신 산업은 빠르게 발전하고 있었고 이에 따라
많은 새로운 지식의 창출과 기존 지식에 대한 이해를 갖춘 인력의 배
출이 요구되고 있었다. 1861년 영국과학진흥협회는 위원회를 발족하여
전기 저항을 정확하게 정의하는 사업을 추진하였다. 1862년에 맥스웰
은 이 위원회에 소속되어 중요한 역할을 담당하기 시작했다. 정확한
측정의 추구과정에서 맥스웰은 정전기 단위와 전자기 단위 사이의 비
가 광속과 같다는 점에서 빛의 전자기 이론에 더 큰 확신을 얻었다.
1860년대 중반부터 영국의 대학들은 전자기와 관련하여 실용적인 새
지식을 가르칠 필요성에 고무되어 관련 강좌를 대거 개설하였다. 이에
따라 케임브리지 대학에서도 수학 트라이포스에 전기, 자기, 열을 포
함시켰고 캐번디시 연구소와 실험 물리학 교수좌가 만들어졌으며

---

20) Basil Mahon, *The Man Who Changed Everything: The Life of James Clerk Maxwell* (Chichester: John Wiley, 2004), pp. 11‑27.

1871년에 맥스웰이 이 두 자리에 임명되면서 이 분야의 전문가로서 입지를 굳혔다. 1873년 3월에 『전기자기론』의 출판은 이러한 개혁의 성과 중 하나였다.[21] 이 책은 윌리엄 톰슨과 테이트의 『자연철학론』(*Treatise on Natural Philosophy*)과 긴밀하게 연관되어 있었다. 『자연철학론』을 출판한 클래런던 출판사는 『자연철학론』에 빠진 주제를 맥스웰이 다룰 것을 요청했고 맥스웰은 톰슨과 테이트와 긴밀한 서신교환을 주고받으며 책을 집필했다. 그는 킹스 칼리지를 그만둔 후, 5년간의 기간을 고향인 글렌레어에서 보내며 집필에만 전념하였고 마침내 1872년에 원고가 완성되어 1873년에 출판되었다.[22]

『전기자기론』은 내용상 이전에 발표된 맥스웰의 논문과 비교해서 별로 새로운 것은 없었다. 그것은 관련 주제에 대한 선구자적 연구서라기보다는 전자기 이론의 상태에 대한 포괄적인 개괄을 담고 있었다. 이 책은 세 가지 주된 목적을 가지고 집필되었다. 우선은 실험가와 엔지니어에게 필요한 실험과 실험 도구에 대한 기술을 제공하는 것이었다. 두 번째는 전기와 자기에 관한 수학적 취급 기술을 자세하게 제시하는 것이었다. 이것은 연결된 체계를 이루지 못하는 이 분야의 지식을 체계적으로 정리할 뿐 아니라 케임브리지 대학에서 수학 트라이포스를 치를 학생들에게 전자기에 관련한 수학을 가르치려는 것이었다. 이 책은 학생들이 장이론에 대한 이해 없이도 수학적 장들을 공부할 수 있게 씌어졌다. 세 번째는 당시 영국에서도 별로 알려져 있지 않았던 맥스웰의 장이론의 개념을 널리 전달하기 위한 것이었다. 맥스웰은 책 전체에서 대륙의 원격작용론과 자신의 장이론이 동일한 결과를 내

---

21) 가장 널리 읽히는 판본은 J.C. Maxwell, *A Treatise on Electricity and Magnetism*, 3rd ed. (New York: Dover, 1954)이다.

22) Hendry, 앞의 책, pp. 221−226.

놓는다는 것을 강조하였지만 마지막에 이르러서 베버의 이론에 대한 비판을 간략하게 언급하였다. 맥스웰은 이러한 집필 목적을 달성하기 위해 독자들이 책을 사용할 수 있도록 수학적 부분과 실험 부분을 중점으로 다루는 장들을 각 부의 마지막에 배치하였다. 서론은 물리량의 차원 이론과 양의 측정을 취급하였고 나머지 4부는 기초 개념을 전달하고 현상에 대한 서술과 간단한 이론을 전달하는 장들과 발전된 수학적 이론에 관한 논의를 담은 장들로 이루어졌다.

『전기자기론』의 수학적 방법은 특히 에너지 물리학의 독특한 방법과 벡터 분석법의 사용이 두드러진다. 에너지 물리학의 전도사였던 윌리엄 톰슨은 테이트와 함께 쓴 『자연철학론』에서 순수하게 기하학적인 운동학으로 시작해서 동역학으로 나아갔고 정역학은 동역학의 특수한 경우로 취급하면서 에너지를 물리적 계를 다루는 데 중심적인 개념으로 사용했다. 이 책의 역학 서술은 기본적으로 보존계를 상정하고 가상 속도 정리(virtual velocity theorem)와 라그랑주 원리를 사용하여 동역학을 전개하였다. 이러한 경향은 레일리의 『음향이론』(*The Theory of Sound*, 1877-78)과 램(Horace Lamb)의 『수력학』(*Hydrodynamics*)에서도 그대로 반영되었다. 이러한 성격이 맥스웰의 『전기자기론』에서도 그대로 반영되어 나타난다. 이 책에서 맥스웰은 당시 새로운 동역학이었던 해밀토니안 동역학을 최초로 적용하였고 또 다른 현대 물리학의 근본적 방법인 벡터 분석법을 새롭게 도입하였다. 알려진 대로 본격적인 벡터 분석법은 헤비사이드(Oliver Heaviside)와 깁스(J.W. Gibbs)의 저술에서 사용되었고 이들은 모두 맥스웰의 책에서 이 방법을 접했다. 맥스웰은 해밀턴이 고안한 사원수를 쉽게 소개한 테이트의 책에서 벡터와 사원수 사용법을 배워서 사용하였다. 맥스웰은 그의 책에서 벡터의 성분을 모두 표시하는 데카르트의 방법을 주로 사용했지만 사원수

표시법을 병행하여 적곤 했다. 맥스웰은 벡터를 취급하는 쉬운 방법으로 사원수에 의한 연산자 표현법을 널리 사용하였다. 이후에 벡터 분석법이 물리학에서 널리 사용되게 된 점을 감안할 때 맥스웰은 벡터 분석법의 선구적 사용으로 물리학의 문제들을 수학적으로 다루는 데 중요한 기여를 했다고 평가할 수 있다. 맥스웰은 특별히 사원수 계산법이 연산에 물리적 의미를 부여하는 것에 큰 관심을 가졌다.[23]

정전기를 다루는 1부의 첫 장은 기본적인 법칙과 그 법칙에 대한 경험적 사실들을 담고 있다. 여기에서 맥스웰은 전기를 전기 유체 개념과 무관하게 측정 가능한 개념으로 제시했고 전기 분극 개념을 유체 이론에 대한 대안으로 제시했다. 2장에서 4장까지는 정전기의 수학적 이론으로 구성되어 있다. 2장에서 맥스웰은 전기 변위 개념을 "단위 면적을 가로질러 기전력 방향으로 강제되는 전기의 양"으로 정의했고 푸아송의 방정식을 매질의 용량계수 K를 포함하는 일반적인 형태로 제시했다. 4장에서 맥스웰은 그린과 톰슨의 정리를 주로 다루면서 장이론으로 그것들을 해석했다.

5장에서 맥스웰은 전기장을 주변 매질의 변형력의 분포로 설명했고 이런 설명이 패러데이의 실험 결과와 잘 들어맞음을 보였다. 이 속에서 맥스웰은 패러데이의 개념과 마찬가지로 전하(electric charge)는 유전체의 분극 상태와 도체의 비분극 상태 간의 불연속을 나타내는 것이라고 주장하였다. 또한 맥스웰은 전체 전류는, 도체에서 지배적인 보통 전류와 유전체에서 지배적인 전기 변위의 변화로 이루어짐을 강조했다. 맥스웰은 전류가 매질을 통과하면서 매질의 특성에 따라 다른 진동수로 긴장의 심화와 완화를 반복한다고 진술했다.

6장에서 8장까지는 정전기장에 대한 다양한 기하학적 형태를 다루

---

23) 같은 책, pp. 229-230.

었고 9장에서 12장까지는 구면 조화, 공초점 평면, 전기 영상 및 반전 이론, 켤레 함수 이론 등 해석학적 분석을 주로 다루었으며 13장은 정전기 실험 장치를 다룬 실험적 장으로 구성되었다.

전기운동학을 다루는 2부에서 맥스웰은 고전적인 전류의 수학적 이론을 제시했다. 그는 전류의 본성은 모르지만 경험적으로 관찰되는 실체, 즉 갈바노미터로 측정되는 현상으로 간주하였다. 맥스웰은 옴의 법칙과 줄의 효과를 언급하였고 유전체의 전체 전류가 일부는 전도 전류이고 일부는 변위의 변화로 구성되는 것으로 전기 흡수 현상을 설명할 수 있음을 보였다.

1장에서 3장까지는 전류의 기본적인 현상과 법칙들을 제시하였고 4장과 5장은 전기 분해에 대한 내용을 담고 있으며 6장에서 8장까지는 전도의 수학적 이론을 제시하였다. 9장과 10장은 상이한 매질 간이의 전도를 취급했고 11장과 12장은 전기 저항을 측정하는 실제적 문제를 취급하였다.

3부는 고전 자기 이론의 서술로 구성되어 있는데 자기 유도를 '자기력'의 고전 개념에 대한 보완으로 간주하고 장이론에 속하는 개념과 결과를 소개하였다. 1장은 자기의 기초 이론을 다루었고 2장에서 3장까지에서 맥스웰은 주요 자기 개념을 소개하였다. 톰슨처럼 맥스웰은 자기 유도를 무한히 작은 원형 공동(cavity) 속에 놓여 있는 단위 자극에 작용하는 자기력으로 정의했다. 또한 맥스웰은 자기 유도의 퍼텐셜 벡터인 U를 정의하였다. 4장에서 6장까지에서 자기 유도의 개념과 관련된 논의를 전개하면서 맥스웰은 패러데이의 방법을 따라 자기 유도가 자기력의 작용하에서 매질의 분극을 나타낸다고 제안하였다. 맥스웰은 그와 관련된 구체적인 현상들을 7장과 8장에서 다루었다.

가장 중요한 4부에서 1장부터 4장까지는 전류의 자기 효과와 유도 현상을 차례로 다루었다. 그는 특히 앙페르의 이론에 대한 2장의 서술과 패러데이의 방법이 두드러지는 1, 3장 사이의 대비를 강조했다. 1장에서 맥스웰은 전기 회로의 자기 효과와 자기 시트(magnetic sheet)의 동등성으로부터 임의의 자기장에 놓인 전기 회로에 대한 작용을 표현하였다. 1장 끝에서 그는 전류 분포의 함수로 자기력의 분포를 나타내는 법칙을 제시했다. 3장에서 맥스웰은 전자기 유도의 법칙 진술을 위해 패러데이와 펠리치(R. Felici)의 실험들을 소개하였고 회로를 통과하는 자기력선의 감소율로 회로에 작용하는 기전력을 나타냈다. 맥스웰은 패러데이의 실험을 통해 회로를 통한 자기 유도 개념을 제시했고 이것이 노이만, 헬름홀츠, 톰슨, 베버가 전개한 수학적 유도 이론과 합치됨을 지적했다. 4장에서 맥스웰은 전류의 자기 유도를 설명하기 위해 관 속을 운동하는 유체의 관성을 유비로 사용했다.

5장에서 8장까지에서 맥스웰은 전자기의 동역학 이론을 취급했다. 5장에서 맥스웰은 해밀턴과 톰슨 및 테이트가 채택한 라그랑주의 이론의 기본적인 관계를 기술했다. 6장에서 맥스웰은 전기 회로계의 상태를 보통의 역학적 변수와 전기적 변수로 나타낼 수 있다고 보고 계의 운동 에너지를 세 2차 함수의 합으로 나타냈다.

다음 장들에서 맥스웰은 전기 운동에너지에 의존하는 현상만을 다루었다. 7장에서 맥스웰은 계에 적용된 외력을 전기 운동에너지를 미분하여 표현하고 이 결과를 두 회로로 구성된 복합계에 적용했다. 8장에서 맥스웰은 자기유도 B와 자기유도의 퍼텐셜 벡터 U를 정의하기 위해 회로의 전기운동 모멘트 p라는 개념을 사용했다. 9장에서 11장은 이미 앞에서 소개된 적이 있었던 전자기장의 일반 방정식을 다루었다. 11장에서 맥스웰은 세 종류의 에너지인 정전기 에너지, 자기 에너지, 전기 운동에너지 표현식을 각각 얻었다. 12장에서 14장까지는 몇 가지 특수한 경우들의 전자기 현상을 취급하였다. 15장은 전자기 실험을 위한 기구와 실험 절차에 대한 소개를 담았고 16장은 구체적인 전자기 현상에 대한 관찰 사실들을 소개하였다. 17장은 코일의 유도 계수의 결정에 관한 실험적 논의를 담았으며 18장과 19장은 전자기적 방식에 의한 저항의 정의에 대한 내용을 담았다.

20장과 21장은 빛의 전자기 이론과 빛에 대한 자기 효과를 다루었다. 20장에서 맥스웰은 벡터 퍼텐셜 U 의 방정식

$$K\mu \frac{d^2 U}{dt^2} - \nabla^2 U = 0 \qquad (3-1)$$

에서 '전자기 교란'의 존재를 연역했다. 그 속력은 $v = \dfrac{1}{\sqrt{K\mu}}$ 로 표현되었다. 맥스웰은 공기 중에서 그 값이 전자기 단위 당 정전 단위의 수와 일치한다는 것을 보였고 이 값에 대한 다양한 실험 측정을 광속과 비교했을 때 그것들이 광속에 매우 근접함을 지적하였다. 이로써 맥스웰은 빛은 특별한 종류의 전자기 교란이라고 주장하였다. 그러나 맥스웰은 전자기 교란을 만들어내는 장치를 언급하지 않았고 이것을 만드는 방법에 대해서도 알지 못했다.

21장에서 맥스웰은 빛에 대한 자기 효과, 즉 패러데이 효과를 취급했다. 그는 매질이 자기의 영향을 받는 이유를 매질의 분자 소용돌이 구조로 해석했다. 맥스웰은 빛과 자기가 빛의 전자기론을 직접 불러내기보다는 역학적 법칙에 따라 상호 작용하는 에테르 운동을 구성하는 것으로 평가했다. 22장은 분자 전류에 의해 강자성과 반자성을 설명하는 이론을 다루었고 23장은 대륙의 원격작용에 의한 전자기 이론에 대한 설명을 다루었다.

5. 맥스웰 이후의 전자기학

1873년 이후에 맥스웰은 전자기 논문을 발표하지 않았다. 1872년에 클래런던 출판사의 요청으로 맥스웰은 수학이 덜 들어간 책을 쓰기로 하고 1879년에 그 책을 『전기기초론』(Elementary Treatise on Electricity)이라는 제목으로 출판하려는 계획으로 집필에 들어갔으나 미완으로 끝났다. 1877년에 같은 출판사는 『전기자기론』의 재판을 쓰라고 권고했고 맥스웰은 그 작업에 들어갔으나 마저 끝내지 못하고 숨을 거두고 말았다. 그의 책의 재판은 그의 동료 둘에 의해 정리되어 출판되었다. 『전기기초론』도 『전기자기론』에서 필요한 부분이 발췌되어 1881년에 출판되었다.

맥스웰은 케임브리지에 있었으나 학파를 형성하지 않았다. 그의 강의는 그의 장 이론에 집중되어 있지도 않았다. 맥스웰의 장 이론이 케임브리지에서 본격적으로 가르쳐진 것은 맥스웰 사후인 1876년에 시작된 니번(W. D. Niven)의 칼리지 간 강의를 통해서였다. 『전기자기론』의 상업적 성공은 이론적 혁신보다는 수학 교육과 실험 교육상의 가치 때문이었다.[24] 톰슨조차도 1884년에 이루어진 볼티모어 강의에서 맥스웰의 독특한 전자기적 관점을 반대했다. 테이트도 전하와 변위 전류의 개념과 같은 본질적인 맥스웰 이론에 반대 입장을 표명했고 크리스털(George Chrystal)도 마찬가지였다.

이 책의 성공이 장 이론의 확산에 기여한 것은 사실이었다. 1870년대 말부터 맥스웰주의자들의 전자기 연구가 발표되기 시작했다. 그중

---

24) Andrew Warwick, *Masters of Theory: Cambridge and the Rise of mathematical Physics* (Chicago: University of Chicago Press, 2003), pp. 317-333.

에서 케임브리지에서는 니번의 제자인 J. J. 톰슨(J. J. Thomson)과 포인팅(J. H. Poynting)이 두드러졌다. 케임브리지 밖에서는 더블린의 트리니티 칼리지의 학생이었고 이제는 교수가 된 피츠제럴드(G. F. Fitzgerald), 런던 유니버시티 칼리지의 학생이었고 이제는 리버풀의 물리학 교수가 된 올리버 로지(Oliver Lodge), 독학으로 맥스웰의 이론을 깨우친 헤비사이드가 있었다.[25]

맥스웰의 저작의 확장 방향의 하나는 로지가 한 것처럼 전자기 현상을 에테르의 역학적 상태로 설명하는 것이었다. 또 다른 방향은 케임브리지 대학의 물리학자들이 주로 한 것처럼 라그랑주의 이론에 최소 작용의 원리를 적용해 메커니즘에 대한 정확한 가정 없이 현상의 역학적 기초를 확립하는 것이었다. 이에 반해 피츠제럴드는 로지처럼 전자기 현상에 대한 역학적 모형을 제시했으나 역시 라그랑주의 방법을 사용해 1879년에 유명한 논문을 썼다. 또한 맥스웰의 전자기 이론과 매큘러(James MacCullagh)의 광학 이론의 일치는 빛의 전자기 이론을 더욱 진전시켜 빛의 반사와 굴절 현상, 패러데이의 자기광학 현상, 1876년에 발견된 케어(Kerr) 효과를 전자기 이론으로 설명하도록 이끌었다. 1879년에 로지는 전기로 광파를 생산하려는 노력을 전개하였다. 피츠제럴드는 그러한 노력에 대해 찬성하는 쪽이었으나 1882년에 회의적이 되었다. 로지는 1888년에 도체 안에서 전자기파를 만들어내는 데 성공했지만 같은 무렵 헤르츠의 공기 중의 전자기파의 전송 실험 성공으로 그 의미가 퇴색되어 버렸다. 이러한 초기 맥스웰주의자들의 성과 중에서 1884년에 포인팅이 맥스웰의 이론으로부터 유추를

---

25) 맥스웰 이후의 전자기학에 대해서 자세히 다룬 책은 Bruce J. Hunt, *The Maxwellians* (Ithaca and London: Cornell University Press, 1991) 가 있다.

통해 발견한 식에 따라 전류의 흐름에 동반되는 에너지의 흐름이 도체 밖에서 안쪽을 향함을 주장한 것은 두드러진 성과였다. 이러한 설명은 전기를 유체로 보는 이론보다는 맥스웰의 독특한 전류 이론을 옹호하는 결과였다.

1883년과 1885년에 맥스웰의 『전기자기론』은 각각 독일어와 프랑스어로 번역되었다. 맥스웰의 이론이 맥스웰 생전에도 대륙에 널리 알려졌으나 1880년대 중반까지 대륙의 연구를 이끌어내지는 못했다. 예외적인 것이 있다면 1870년에 출판된 헬름홀츠의 논문이 있었다. 헬름홀츠는 열린회로를 포괄하는 전자기 작용 이론을 제시하였다. 그는 벡터 퍼텐셜이 k라는 매개 변수를 포함하도록 하였는데 이 값이 어떤 값을 갖느냐에 따라 노이만, 베버, 맥스웰의 이론에 각각 해당되었다. 1879년에 헬름홀츠는 열린회로에서 맥스웰의 이론의 유효성을 검사하는 작업을 수행하였다. 그는 이 연구를 그의 학생이었던 헤르츠에게 부과하였다. 헤르츠는 한 때 이 주제를 포기했지만 1884년에 맥스웰의 이론의 우월성을 인정하는 견해를 발표하였다. 헤르츠는 1886년에 실험 연구를 추가하여 1887년과 1889년 사이에 인상적인 일련의 실험을 수행하였다. 그는 극히 빠른 전기 진동을 만들어내고 그것이 만드는 기전력을 측정하는 장치를 고안하였다. 그 후에 그는 유전체의 가변 분극에 의해 유발되는 전기의 동역학적 효과를 강조했다. 그다음에 그는 이러한 효과가 전기 도선이나 공기 중에서 진행파나 정상파를 만들어내는 것을 보였다. 그는 반사와 굴절에 대한 강조로 이러한 파동의 공간상의 분포를 기술하면서 이 연구를 결론지었다. 이러한 실험은 맥스웰 이론의 승리로 여겨졌다. 헤르츠는 1890년에 맥스웰의 이론을 새롭게 재구성하여 장이론을 물리학의 다른 분야로 확장하려는 시도를 하였다. 그 후 독일에서 맥스웰의 이론은 크게 흥했다. 전하와 전류의 전통적 견해를 포기한 전자기 장이론들이 독일 저자들에 의해 씌어졌다.

1894년에 라머(Joseph Larmor)는 전자에 대한 현대적 개념의 출현을 알리는 논문을 발표하였다. 라머의 이론은 맥스웰의 이론의 확장을 모색한 것이었지만 어떤 점에서는 맥스웰의 접근법에서 벗어나 있었다. 라머는 물질이 격리된 에테르의 특이점으로 이루어져 있으며 양이나 음의 기본 전하량을 운반하는 소위 '전자'로 이루어져 있다고 보았다. 그는 전류가 전자의 대류로 형성되며 물질의 성질은 전자의 배치에 의해 유발되는 것으로 보았다. 그러므로 라머는 맥스웰의 전하와 전류의 표현을 버렸을 뿐 아니라 맥스웰의 거시적 접근법도 버렸다. 그러나 라머의 이론은 전기와 자기 작용이 에테르를 통해 전달된다는 개념은 보존했다.[26] 그와는 별도로 덴마크의 물리학자 로렌츠(H. A. Lorentz)는 자신의 전자 이론으로 패러데이 효과나 케어 효과, 제만 효과 등의 자기광학 현상을 설명하는 이론을 전개하였다. 이런 이론에 영향을 받아 라머는 종합적인 설명으로 『에테르와 물질』(*Ether and Matter*)을 1900년에 출판하였다. 이 책은 이후 영국에서 전자기 연구에 큰 영향을 미쳤다. 라머와 로렌츠의 관점은 물질의 역학적 작용에 의해 물리적 현상들을 설명하기보다는 전자기적 메커니즘이 물질의 성질까지 결정짓는 보다 근본적인 자연의 원리임을 주장함으로써 전자기적 세계관의 융성의 기초가 되었다.

로렌츠는 맥스웰 동역학의 라그랑지안 정식화를 써서 전자기 이론을 수립하려고 노력하였고 전기를 띤 입자인 전자로 구성되는 물질은 전자기적 법칙에 따라 움직이게 되어 있다고 보았다. 그러므로 그의 유명한 로렌츠 수축 공식은 이러한 전자기적 법칙에 지배를 받는 에

---

26) Warwick, 앞의 책, pp. 367-376.

테르와 물질이 동일한 수축을 일으킨다고 봄으로써 마이컬슨-몰리의 실험이 예상했던 지구의 공전에 의한 간섭계의 수축 효과가 검출되지 않는 것을 설명할 수 있었다. 뉴턴 이후 자연을 입자들의 작용에 의해 역학적으로 해석하려는 노력은 맥스웰에게 있어서도 초기 전자기장이론의 역학적 설명 방식으로 이어졌지만 맥스웰의 장 방정식은 이러한 관계를 역전시켜 입자들보다 전자기장이 보다 근본적으로 물리 세계를 설명할 수 있는 개념으로 정립되었던 것이다. 그리하여 1900년경에 전자기적 세계관은 전성기를 맞이하여 많은 물리학자들이 전기역학이 물리학의 통합적인 개념적 기초로 역학을 대치할 것이라고 주장하게 되었다.

맥스웰의 이론은 후속하는 상대성 이론의 형성과도 긴밀하게 관련되었다. 상대성 이론을 연 1905년의 아인슈타인의 유명한 논문의 제목은 '움직이는 물체의 전기역학에 관하여'였다. 이 논문에서 아인슈타인은 맥스웰의 방정식이 갈릴레오의 상대론과 일치하지 않는 점에 착안하고 맥스웰의 방정식이 지시하는 그대로 진공 속에서의 광속이 좌표계의 운동과 무관하게 불변이라는 개념에 입각하여 특수 상대성 이론의 기초를 놓았다. 그러면서도 아인슈타인의 특수 상대성 이론은 에테르 매질이 빛의 전파를 위해 무용함을 제시함으로써 맥스웰의 가설을 거부했다. 나중에 아인슈타인이 발전시킨 일반상대성 이론은 중력장 이론을 제시함으로써 패러데이와 맥스웰이 지향하였던 물질의 장 이론을 확장시켰다.

맥스웰의 전자기학은 양자역학의 출현 이후에도 계속 중요한 역할을 하고 있으며 맥스웰이 『전기자기론』에서 선구적으로 사용한 에너지 보존 개념, 해밀턴 동역학, 벡터분석법은 이후의 물리학의 진로를 지시했고 지금도 물리학에서 중요하게 다루어지고 있다.

6. 대서양 해저 전신 가설

19세기 통신상의 혁명은 대서양 해저 전신선의 가설에 의해 이루어졌다. 이러한 전신 가설은 18세기부터 본격화된 전기에 대한 심화된 이해와 19세기로 접어들면서 가능해진 일정한 전기의 흐름인 전류의 이용과 외르스테드에 의해 발견된 전기와 자기의 상호 작용에 대한 이해를 바탕으로 전선을 통한 새로운 통신 수단의 가능성이 알려짐으로써 시작되었다. 최초의 전신은 1837년에 모스에 의해 전자기 현상을 이용한 전신이 발명됨으로 시작되었다. 최초의 전신선은 1844년에 워싱턴과 볼티모어 사이에 가설되었다. 이어서 미국과 유럽의 고속도로에는 전신주가 세워져 소리 없는 전기 신호를 거의 순간적으로 보낼수 있게 되었다. 근거리 간의 전신 가설은 쉽게 이루어졌고 근거리의 해저 전신도 가설되고 있었지만 수천 킬로미터에 달하는 해저 전신의 가설 가능성은 미지수였다.

거리가 멀어짐에 따라서 보낼 수 있는 전신 신호의 세기는 빠르게 줄어들게 되는데 과연 얼마나 먼 거리까지 수신 가능한 전신 신호를 보낼수 있는가가 이 기술의 실현 가능성의 관건이었다. 윌리엄 톰슨은 순수한 구리를 써서 저항을 줄일 것을 강조했고 패러데이와 모스는 도선을 굵게 하지 않아야 긴 도선이 갖는 전기 용량을 줄여 이 때문에 생기는 뒤쳐짐 현상을 막을 수 있다고 보았다. 에어리와 같은 전문 과학자들 중에서는 해저 전신의 가설 가능성을 아예 부정하는 경우도 많았기 때문에 이 사업을 섣불리 시작하는 것은 어려움이 많았다.

미국의 성공한 사업가로 은퇴한 필드(Cyrus Field)는 무엇인가 의미 있는 일을 하고자 하는 생각 가운데 대서양 해저 전신의 가능성에 대해서 알게 되고 이 거대한 프로젝트를 이루고자 하는 욕망을 품게 되었다. 필드는 그의 꿈에 동조하는 사람들과 함께 대서양 전신 회사를 조직하고 해저 케이블 가설 작업을 시작했다. 이러한 작업에는 당시 글래스고 대학의 자연 철학 교수였던 톰슨의 역할이 중요했다. 그는 다방면의 물리학에 능했는데 전기 진동과 변이 전류에 대한 수학적 분석을 통해 전신의 분야에 뛰어들었다. 당시 톰슨은 31세였는데 1854년 말에 이미 대서양 해저 전신 케이블의 아이디어를 지지하는 편지를 런던 왕립학회 서기에게 보낸 적이 있었다. 그는 긴 해저 전신선의 이론적 문제들과 그것의 실제적 가설과 작동 사이의 간극을 매우는 역할을 수행했다. 찰스 브라이트(Charles Bright)는 1853년에 이미 잉글랜드와 아일랜드 사이에 해저 전신을 성공적으로 놓았던 경험이 있었기 때문에 1856년에 이 회사의 수석 엔지니어로 임명받았다.[27]

전신선의 도체 코어는 쿠타페르카 회사에서 제조되었는데 최고급의 꼰 구리선 22번 7가닥으로 이루어졌고 세 겹의 구타페르카로 절연되었다. 이 주위를 둘러싼 피복은 타르를 바른 모시를 피치, 타르, 린시드 오일, 밀랍으로 이루어진 보존제에 적셔 만들어졌다. 이 위를 22번 철선 18가닥으로 이루어진 피복 장갑으로 감쌌다. 전신선의 굵기는 생각보다 가늘었는데 5/8 인치 정도였고 공기 중에서 무게는 1 해리 당 2000파운드, 바닷물 속에서는 1340파운드였다. 전신선이 완성되자 전체 케이블이 500셀의 볼타 전지로 테스트되었다. 케이블은 2마일 길이의 1200가닥으로 제조되었고 300마일 길이의 여덟 조각으로 연결되었다.

처음에 전신선 가설을 위해 범선을 사용할 계획이었지만 추진력이 없기 때문에 스스로 추진될 수 있는 증기선이 사용되게 되었다. 또한 대서양 해저가 전신선을 놓을 정도로 평평한지 조사할 필요가 있

---

27) Bern Dibner, The Atlantic Cable (New York: Blaisdell, 1964), pp. 9-10, 19.

었다. 깊은 계곡에 걸쳐서 전신선이 걸쳐졌을 때 전신선에 걸리는 장력 때문에 전신선이 끊어질 수도 있기 때문이었다. 1853년에 뉴펀들랜드에서 아일랜드에 이르는 구간에서 이루어진 몇 차례의 음향 측정은 이 지역의 해저가 놀랄 정도로 완만하고 단단한 지형으로 이루어져 있음을 밝혀냈다. 그곳은 1450에서 2400 길(fathom)[28]의 깊이로 뉴펀들랜드에서 아일랜드까지 서서히 올라가는 경사를 가진 평평한 해대(海臺)로 이루어져 있었다. 그래서 이 지형은 '전신 해대'(Telegraphic Plateau)라고 불리게 되었다.[29]

전신선이 이렇게 먼 거리에 가설되었을 때 신호의 전달 속도가 문제가 될 수 있었다. 모스는 이 대서양 해저 전신선으로 24시간에 14,400단어를 보낼 수 있을 것이라고 결론 내렸다. 그는 암호를 사용할 경우에 2배의 전송 속도를 낼 수 있으리라고 낙관적으로 예측했다.

1856년 영국 정부에서 배와 기금의 지원을 얻어낸 필드는 미국으로 돌아가 미국 정부에 이에 상응하는 지원을 해줄 것을 요청했다. 그럴 경우에 정부 상용 메시지의 전송으로 이 전신선을 사용하게 해주겠다는 조건이었다. 이 문제가 의회에 상정되었으나 거센 반대에 부딪쳤다. 우여곡절 끝에 대서양 해저 전신 지지 법안은 상원과 하원에서 가결되어 1857년 3월에 피어스 대통령의 사인을 받아 회사의 수익이 투자금의 6퍼센트에 달하게 되기까지 매년 7만 달러의 지원을 받고, 그 이후에는 25년이 될 때까지 5만 달러의 지원금을 약속 받았다. 유사한 법안이 1857년 7월에 영국 상원을 통과했다.[30]

1857년 8월에 개조된 전함 나이아가라(The Niagara) 호는 아가멤

---

28) 1 길(fathom)은 6피트에 달하고 1.83m 정도이다.
29) 같은 책, p. 16.
30) 같은 책, pp. 27 – 28.

논(*The Agamemnon*) 호와 함께 전신 가설 기어를 싣고 전신 가설 작업에 나섰다. 두 배는 각각 절반의 구간에 전신선을 가설하게 예정 되었다. 배에는 전지가 케이블에 연결되었고 민감한 갈바노미터가 회 로에 연결되었다. 이로써 전류가 전신선에 잘 전달되는지를 가설 동안 에도 지속적으로 확인할 수 있었다. 윌리엄 톰슨은 급여 없이 자원자 로 그 원정에 참가했다. 그러나 어려운 시작에도 불구하고 결국 전신 선이 기계 작동 미숙으로 절단되는 사고가 발생하면서 이 원정은 실 패로 돌아갔다. 실패의 원인을 조사해보니 전신선을 놓는 기계에서 전 신선이 너무 빨리 빠져나가지 않게 하는 브레이크가 너무 강하게 전 신선을 잡음으로써 장력이 증가하여 전신선이 절단된 것이었다. 떨어 진 사기를 추스르고 장비의 결함들을 보완하고 관리 인력을 교체하여 이듬해인 1858년에 다시 원정이 이루어졌다.

이번에 개선된 장비 중 두드러진 것은 톰슨의 거울 갈바노미터였다. 이 민감한 장비는 케이블 가설이 궁극적으로 성공을 거두는 데 결정 적인 역할을 하였다.[31] 당시에 '해상용 갈바노미터'라고 불렸던 이 도 구는 작지만 극히 가벼운 강철 자석과 거기에 부착된 작은 반사 거울 로 이루어져 있었다. 이 부품은 극히 가벼웠는데 매우 가는 절연된 구 리선 코일이 그 주위에 감겨져 있었다. 전류가 그 코일에 흐르게 되면 매달린 자석은 코일에 흐르는 전류에 의해 만들어지는 자기장에 비례 하여 움직였다. 램프에서 나온 빛이 스크린에 있는 작은 구멍을 빠져 나가 매달린 자석에 부착된 거울에 반사되어 눈금에 상을 남겼다. 이 렇게 매달린 자석과 거울의 작은 움직임이 눈금에 반사된 빛의 영상

---

31) 톰슨의 해저 전신 가설에 대한 기여점은 David Lindley, *Degrees Kelvin: A Tale of Genius, Invention, and Tragedy* (Washington: Joseph Henry Press, 2004), pp. 156–163에서 찾을 수 있다.

으로 확대된 운동을 만들어내 관찰자가 쉽게 확인하고 측정할 수 있었다. 작은 전류의 흐름도 잡아낼 수 있다는 점에서 이 기기는 먼 거리에서 전신선을 타고 들어오는 미세한 전기 신호도 감지해 낼 수 있었다. 이 기기는 1분에 20단어를 받을 수 있었기에 이전 장비가 1분에 2단어의 비율을 받던 것에 비하면 대단히 효율적이었다. 한 사람이 눈금을 읽으면서 동시에 기록을 할 수 없었으므로 판독자와 기록자가 팀을 이루어 메시지를 받아야 했다. 톰슨은 또한 주어진 도체의 지름에 대하여 전신 신호 전달 속도는 케이블의 길이의 제곱에 비례하여 감소한다는 법칙을 얻어냈다.[32]

전신 가설선인 나이아가라 호와 아가멤논 호는 2대의 호위선과 함께 1858년 6월에 다시 잉글랜드 플리머스에서 항해를 시작했다. 대서양 중앙에서 두 배는 전신선을 연결한 후 서로 반대 방향으로 항해를 시작했다. 몇 차례의 신호 두절과 연결, 반복된 재가설 후에 다시 처치불능의 신호 두절로 300마일의 케이블만 잃고 이번 원정도 실패하고 말았다. 그러나 지도자들은 실패를 애통해하는 데 시간을 허비하지 않았다. 정확한 원인이 규명되지 않았지만 재도전을 결정하고 1858년 7월에 다시 항해는 시작되었다. 이번에도 일시적인 신호 두절이 있었으나 1시간 반 만에 회복되었고 전신선 가설은 계속되어 마침내 아가멤논 호는 뉴펀들랜드의 트리니티 베이(Trinity Bay)에, 나이아가라 호는 발렌시아(Valentia)에 안착했다. 마침내 최초의 대서양 전신선이 가설된 것이다. 대서양 양안에서는 대대적인 축하 행사들이 몇 주에 걸쳐 열렸다. 영국 여왕이 미국 대통령에게 보내는 인사말 98 단어가 전달되는 데 16.5시간이 걸렸다. 미국 대통령 부하난이 149 단어의 답신을 보내는 데는 10시간 이상이 걸렸다. 이것은 대단한 통신의 혁명

---

32) 같은 책, pp. 30-31, 45-47.

이었다. 대서양을 사이에 두고 떨어져 있던 두 세계가 하나로 합쳐지
는 순간이었다. 일찍이 과학과 기술이 성취한 일로 이러한 대단한 축
하행사가 벌어진 적은 이전에도 이후에도 없었다. 영국인 기여자들은
기사 작위를 받고, 필드는 영웅 대접을 받았다.[33]

그러나 축하의 분위기는 오래가지 못했다. 732개의 메시지가 전송
된 후에 10월 20일에 알 수 없는 이유가 대서양 케이블을 쓸모없게
만들었다. 정밀한 분석은 결선이 발렌시아에서 270마일 떨어진 지점에
있다고 했다. 알 수 없는 이유로 수년 간의 노력과 엄청난 자본이 바
다 속에 잠겨버렸다. 전신 가설 자체가 속임수였다는 소문이 돌았다.

필드는 다시 자금과 인력과 장비를 끌어 모으고 문제를 분석하여
더 좋은 성능의 케이블을 제작하였다. 전압은 예상보다 낮아도 2000마
일까지 전신 신호를 보낼 수 있다는 것이 알려졌다. 구리, 철, 마, 구
타페르카가 연구되었고 최적의 케이블 크기, 모양과 조성이 결정되
었다. 새로운 회사인 전신 건설 유지사(Telegraph Construction &
Maintenance Company)가 설립되었다. 이번에 놓일 케이블은 이전에
놓인 케이블과는 매우 달랐다. 도체 심의 구리 단면이 이전의 3배였
고, 7가닥인 것은 같지만 단위 마일 당 무게가 107파운드에서 300파운
드로 늘었다. 부피가 커지면서 그것은 더 천천히 가라앉았고 더 좋은
잠수각을 얻을 수 있었기 때문에 전신선에 걸리는 장력을 줄일 수 있
었다. 스코트 러셀이 선미를 특별히 설계한 그레이트 이스턴 호가 전
신 가설선으로 발탁되었다.[34]

이 거대한 배는 5000톤의 케이블을 포함해서 장비와 짐을 모두 합
치면 21000톤에 달하는 짐을 실었다. 1865년 7월 15일에 500명인 승선

---

33) 같은 책, pp. 67-70.
34) 같은 책, pp. 87-90.

하였는데 그중에서 필드만이 유일한 미국인이었다. 배는 아일랜드의
발렌시아 항에서부터 전신선을 가설하기 시작했다. 84마일의 전신선이
가설되었을 때 작은 철사가 절연 피복을 뚫고 심까지 닿아 있었다. 누
군가가 방해하기 위해 찌른 것으로 판단되었다. 결함을 해결하고 전신
가설은 재개되었고 보초를 세워서 있을지 모르는 방해하는 일에 대비
하였다. 그러나 8월 2일에 1261마일을 가설하였을 때 다시 전신선이
끊어지고 말았다. 끊어진 끝을 갈고리로 끌어올리려는 시도는 결국 실
패하고 말았다.[35]

　필드는 실망하지 않았다. 그는 성공이 아주 가깝다고 생각했다. 그
는 다시 다음 원정을 준비했다. 다시 자금을 끌어 모았고 앵글로어메
리칸 전신 회사가 60만 파운드의 자본으로 새롭게 설립되었다. 새로운
전신선은 해수에 강하도록 아연도금을 하여 겉면이 반짝거렸다. 새로
운 케이블은 마일 당 무게가 400파운드가 가벼웠다. 결과적으로 인장
강력은 1000파운드까지 증가하였다. 스미스(Willoughby Smith)가 개
발한 새로운 장비는 방해 없이 전신선을 연속적으로 테스트하는 것을
가능하게 하였다. 가설선의 겉면은 깨끗하게 청소되었고 외륜도 개선
되었다. 전신선이 끊어졌을 때 그것을 건져 올리기 위한 강한 로프와
끊어진 위치를 표시할 부표도 마련되었다. 윌리엄 톰슨은 수석 전기학
자로 동승하였고, 발리(Varley)와 윌러비 스미스가 그를 도왔다. 그레
이트 이스턴 호는 1866년 6월 30일에 출항하였고 1852마일의 가설선을
성공적으로 트리니티 베이(Trinity Bay)의 하츠 콘텐트(Heart's
Content)까지 가설하였다. 그날이 7월 27일이었다. 선단은 다시 지난
해에 케이블이 끊어졌던 지점으로 돌아가 전신선의 끝 부분을 끌어 올
렸다. 톰슨은 2.5마일의 깊이의 물에서 케이블을 끌어 올리려면 10마일

---

35) 같은 책, pp. 114-116.

의 케이블이 필요하다는 계산을 했다. 그 정도를 견디기 위해서는 특별히 강한 로프가 필요했고 세 대의 배가 로프의 무게를 나누어 무사히 끊어진 전신선을 끌어 올릴 수 있었다. 끊어진 선이 새로운 선과 연결되었고 나머지 680마일이 가설되어 9월 7일에 선단은 무사히 트리니티 베이에 도착하였다.[36]

이로써 회사는 2개의 전신선을 가설하여 사용할 수 있게 되었고 이러한 놀라운 치적은 크게 경축되었다. 일을 계획하고 성공적으로 성취하기까지 십여 년이 걸렸고 250만 파운드가 투입되었다. 회사의 주역을 맡았던 영국인인 램프슨(Curtis Lampson)과 구치(Daniel Gooch)는 빅토리아 여왕에게 남작 작위를 받았고 윌리엄 톰슨을 포함하여 여러 명이 기사 작위를 받았다. 미국에서는 4년간의 전쟁 때문에 이전과 같은 경축은 없었다. 이탈리아와 프랑스 정부가 필드에게 영예를 수여했다. 미국 양원은 감사의 뜻으로 필드에게 금메달을 수여했다.[37]

실제로 전신선의 가치는 그 후 기대 이상임이 확인되었다. 몇 분만에 2글자를 보낼 수 있었고 대서양 전신선을 통해 샌프란시스코에서 동쪽으로 실론 섬까지 3대륙을 가로질러 전신을 보내는 것이 가능해졌다. 1892년에 필드가 사망했을 때에는 10개 이상의 전신선이 대서양을 가로질러 가설되어 엄청나게 많은 소식을 전달하는 역할을 수행하고 있었다.

---

36) 같은 책, pp. 135-142.
37) 같은 책, pp. 149-153.

레일리의 수력학과 전기학

1. 레일리의 생애와 과학

(1) 레일리의 생애

레일리의 작위는 그의 조부인 조셉 홀덴 스트럿(Joseph Holden Strutt)에서 유래했다. 그는 잉글랜드 에식스(Essex) 탈링(Terling)에서 아버지의 영지를 이어받았다. 그 영지의 저택은 원래 그의 아버지가 노리치의 주교의 관저를 사들인 것이었다.[1] 조셉은 1821년에 웨스트 에식스 연대(West Essex Regiment)의 연대장(Colonel)이 되었고 아버지의 뒤를 이어 몰든(Maldon)에서 하원의원(MP, Member of Parliament)이 되어 1790년부터 1830년까지 의회에서 활동하였다. 조지 3세는 그의 공을 인정하여 그에게 귀족의 작위를 제수하였다. 그러나 조셉은 작위를 고사하였고 그의 부인이 작위를 받음으로써 레일리

---

1) R.J. Strutt, *Life of John William Strutt, Third Baron Rayleigh, O.M., F.R.S.* (London: Edward Arnold, 1924) p. 3.

남작부인(Baroness Rayleigh)이 되었다.[2]

  조셉의 외아들인 존 제임스 스트럿(John James Strutt, 1796-1873)
도 군대에 들어가 활동하였으며 1832년에 대위로 제대하였다. 그는
1836년에 어머니의 죽음으로 레일리 남작 2세가 되었다. 레일리 남
작 2세는 46세의 나이로 1842년에 17세의 클라라 비스카스(Clara
Elizabeth La Touche Viscars)와 결혼하였고 이 둘 사이에서 1842년
11월 12일에 존 윌리엄 스트럿(John William Strutt, 1842-1919)이 태
어났다. 어려서부터 과학적 문제에 관심이 많았던 존은 1852년에 예비
학교(preparatory school)에 보내졌고 이듬해에 기숙학교 이튼(Eton)
에 들어갔지만 건강상의 문제로 학교를 그만두었다. 가정교사에게서
배우던 그는 몇 달 후에 윔블던(Wimbledon)에 있는 조지 머레이 학
교(Mr. George Murray's School)에 입학했다. 그는 14세에 기숙학교
해로우(Harrow)에 들어갔지만 역시 건강상의 이유로 그곳을 얼마 다
니지 못했다. 그는 1857년에 토키(Torquay)의 하이스테드(Highstead)
에 있는 워너(G. T. Warner) 목사의 기숙학교에 들어갔다.[3]

  스트럿은 1861년에 케임브리지(Cambridge) 대학의 트리니티 칼리
지(Trinity College)에 입학했다. 스트럿은 케임브리지 대학에서 과학
자에게 필요한 자질을 배양할 수 있었다. 그는 유명한 응용수학 코치
였던 라우스(Edward John Routh)에게 수학을 배웠고 루카스 수학
교수였던 스톡스로부터 물리학을 배웠다. 스톡스는 실험 물리학에도
관심이 많았기 때문에 수업 시간에 많은 시범 실험을 학생들에게 보
여주었다. 당시 실험 물리학에 대한 체계적인 교육이 전무했던 케임브

---

2) 레일리 가문의 역사에 대한 흥미로운 조망을 Sir William Gavin, *Ninety
   Years of Family Farming: The Story of Lord Rayleigh's and Strutt &
   Parker Farms* (London: Hutchinson, 1967)에서 발견할 수 있다.

3) R.J. Strutt, 앞의 책, pp. 15-17.

리지 대학에서 스톡스의 시범 실험들은 실험에 대한 스트럿의 관심을 증진시키기 충분했다. 스트럿은 1865년에 치러진 수학 트라이포스에서 1위인 시니어 랭글러(Senior Wrangler)의 영예를 차지했고 곧 이어 스미스 상(Smith's Prize)을 놓고 겨루는 논문 경시대회에서도 1위를 차지했다. 졸업 후 스트럿은 집안의 반대에도 불구하고 1866년에 트리니티 칼리지에서 펠로우(fellow)가 되었다.

 1868년 미국 여행을 마치고 영국으로 돌아온 스트럿은 실험 장비를 구입해서 탈링에 있는 그의 저택에 실험실을 꾸미고 실험 연구를 시작하였다. 이후 이곳은 줄곧 스트럿의 과학 연구의 중심 장소가 되었다. 스트럿의 첫 실험은 전기에 관련된 것이었다. 그는 교류에 의한 갈바노미터의 편향(deflection)에 관하여 실험하였고 이 결과를 1868년 노리치에서 열린 영국과학진흥협회 회의에서 발표하였다.[4]

 스트럿은 1871년에 당대의 명문가 출신인 이블린 밸푸어(Evelyn Balfour)와 결혼하였다. 그녀는 1885년에서 1902년 사이에 여러 차례 수상을 지내게 될 솔즈베리 후작(Marquis Salsbury)의 질녀였고 스트럿의 케임브리지 동기생으로 1902년부터 1905년까지 영국 수상을 지낼 아서 밸푸어(Arthur James Balfour)의 누이이기도 했다.[5] 결혼 직후 스트럿은 규정에 따라 트리니티 칼리지의 펠로우 자리를 포기하였다.[6] 신혼여행을 마친 후 스트럿은 에든버러에서 열리는 영국과학진흥협회 회의에 참석하였고 당시 회장이었던 윌리엄 톰슨을 처음 만났다. 이때부터 이들의 학문적 교류와 우정이 시작되었다. 또한 그는 수학 및 물리학부인 섹션 A(Section A)를 담당하고 있었던 테이트(P.

---

4) R.J. Strutt, 앞의 책, pp. 45-46.
5) 같은 책, p. 55.
6) 같은 책, p. 57.

G. Tait)도 처음 만났고 그 후 그와 서신 교환을 시작했다.[7]

스트럿의 신혼 생활은 질병으로 얼룩졌다. 결혼한 지 6개월 만에 스트럿은 류마티즘 열(rheumatic fever)에 걸려 거의 죽을 뻔했고 회복된 후에도 후유증으로 고생했다. 스트럿은 의사의 진단에 따라 요양을 위해 1872년 11월 아내와 아내의 자매인 일리노어 밸푸어(Eleanor Balfour)를 동반하고 나일 강으로 여행을 떠났다. 이곳에서 6개월가량 여행을 하면서 스트럿은 『음향 이론』(The Theory of Sound)의 집필을 시작했다.

1873년 5월에 스트럿이 영국에 돌아왔을 때 그의 아버지의 건강은 위태로웠다. 결국 레일리 남작 2세는 1873년 6월에 세상을 떠났고 스트럿은 장남이었기 때문에 그의 아버지의 작위를 이어받아 레일리 남작 3세가 되었다. 같은 해에 레일리 남작 3세는 런던 왕립학회(Royal Society of London)의 회원이 되었고 왕립 연구소(Royal Institution of Great Britain)의 금요일 강의에 정기적으로 참석하였다.[8]

1871년에 케임브리지 대학에는 캐번디시 실험 물리학 교수(Cavendish Professor of Experimental Physics) 자리가 생겼을 때 레일리는 이미 맥스웰과 함께 그 자리의 후보자로 고려되었다.[9] 그때 이 자리는 맥스웰에게 돌아갔고 1873년에 케임브리지 대학의 명예 총장이었던 데번셔 공작(The Eighth Duke of Devonshire)의 기부금으로 캐번디시 연구소가 설립되어 처음으로 케임브리지 대학에서 공식적인 실험 물리학의 교육이 시작되었다.[10] 1879년에 맥스웰이 갑자기 사망하

---

7) 같은 책, p.58.

8) 같은 책, pp. 66-67.

9) 같은 책, p.50.

10) J. C. Crowther, The Cavendish Laboratory 1874-1974 (London and Basingstoke: Macmillan Press, 1974), pp. 1-60.

자 캐번디시 연구소의 실험 물리학 교수좌는 먼저 글래스고 대학의
윌리엄 톰슨에게 제안되었다. 톰슨이 거절하자 다음으로 레일리에게
캐번디시 연구소의 실험 물리학 교수좌가 제시되었다. 레일리는 이러
한 요청을 별로 수락하고 싶지 않았으나 때마침 밀어닥친 농업 경기
의 침체로 그의 소작농들이 소작료의 지불에 어려움을 호소하였고 레
일리가 이들의 요구를 들어주다 보니 경제적 압박을 받게 되었다. 그
리하여 레일리는 1879년 12월에 한시적으로 캐번디시 실험 물리학 교
수좌를 맡게 되었다.[11]

케임브리지 대학에서는 레일리에게 일 년 중 18주를 캐번디시 연구
소에서 머물고 40회의 강의를 수행하기를 요구하였다. 그것은 레일리
에게 큰 부담은 아니었다. 레일리는 설립된 지 얼마 되지 않은 연구소
에서 실험 교육을 위한 프로그램을 열정적으로 개발했다. 레일리의 지도
하에서 글레이즈브룩(Richard T. Glazebrook)과 쇼(W. Napier Shaw)
는 대규모 학급을 위한 열, 전기, 자기, 물성, 광학, 음향학에 관한 실
험 코스를 개발했다. 이들의 선구적 작업은 영국뿐 아니라 다른 나라
에서도 물리 교육에서 중요한 영향을 끼쳤다.[12] 뿐만 아니라 레일리
는 캐번디시 연구소에서 맥스웰이 남겨 놓은 실험 장치를 활용하여
전기 저항을 측정하는 실험을 정밀하게 수행함으로써 물리학계에서
더욱 유명해졌다. 이 시기에 수행된 레일리의 여러 가지 실험 연구에
서 레일리는 일리노어 밸푸어의 도움을 받았다. 그녀는 1877년에 레일

---

11) R.J. Strutt, 앞의 책, p. 99.
12) 레일리에 의해 캐번디시 연구소의 교육 시스템이 변경에 대해서는
    Dong-Won, Kim, "The Emergence of the Cavendish School: An Early
    History of the Cavendish Laboratory, 1871-1900" (Ph. D. Dissertation,
    Harvard University, 1991), pp. 67-73; J.G. Crowther, 앞의 책, pp. 88
    -102를 볼 것.

리의 케임브리지 동기생인 헨리 시지윅(Henry Sidgwick)과 결혼하였
고 한동안 레일리의 실험 조수 역할을 하면서 그녀의 명석한 머리와
정교한 실험 솜씨로 연구에 큰 도움을 주었다.[13] 캐번디시 연구소에
머무는 기간을 통하여 레일리는 당대 영국의 지도급 물리학자로서 확
고한 입지를 확보했다. 그는 영국과학진흥협회에 더욱 깊이 관여하게
되었으며 1882년에 사우샘프튼(Southampton)에서 열린 회의에서는
수학 및 물리학부를 관장하기도 했고 1884년에는 영국 밖에서 처음으
로 열리는 몬트리올 회의에서 회장이 되었다.

　5년 후인 1884년에 경제적 상황이 개선되자 레일리는 캐번디시 교
수좌를 내어놓았고 다시 탈링을 그의 연구의 근거지로 삼았다. 그 이
후의 그의 광범위한 과학 연구는 전적으로 그곳의 연구실에서 수행되
었다. 그렇다고 해서 그가 모든 공적인 삶을 포기한 것은 아니었다.
탈링은 런던에서 그리 멀지 않아 여러 공적인 일에 관여할 수 있었다.
그는 런던 왕립학회에서 스톡스의 뒤를 이어 서기(secretary)로서
1885년부터 1896년까지 봉사했고 1905년부터 1908년까지는 회장을 지
냈다.

　또한 레일리는 과학을 사회의 이익을 위해 쓰는 데에도 열성을 보
였다. 1887년부터 1905년까지 레일리는 과학의 대중적 이해를 위해
1800년에 설립된 런던의 왕립 연구소의 자연철학 교수직을 맡았다. 이
일을 통해서 레일리는 대중에게 강의를 통해서 자신의 연구 결과를
자주 공개하였다. 1896년에 레일리는 등대나 부표 같은 해안 설치물을
설치하고 관리하고 있었던 민간 해사 기구인 트리니티 하우스(Trinity

---

13) Bruce Lindsay, "Strutt, John William, Third Baron Rayleigh," in Charles
　　Coulston Gillispie, ed. *Dictionary of Scientific Biography*. New York:
　　Scribner, 1972. vol. 13, pp. 100-107.

House)의 과학 고문이 되었다. 레일리는 이 임무를 달성하기 위해 많은 시간을 조사 여행에 할애했으며 또한 등대나 안개 신호와 연관하여 광학 및 음향학의 연구를 수행했다.[14] 이 외에도 레일리는 정부의 과학 위원회나 다양한 학회의 일을 맡아 공적인 역할을 감당했다. 그는 테딩턴(Teddington)의 국립 물리 연구소(National Physical Laboratory)의 설립을 위한 주도적 운동가 중 한 사람이었으며 이 연구소의 '실행 위원회'(Executive Committee)를 죽기 얼마 전까지 주도했다. 또한 그는 1909년에는 수상 애스퀴스(Henry Asquith)의 요청으로 항공술 자문 위원회(The Advisory Committee on Aeronautics)의 초대 위원장을 맡아 이 위원회가 중요한 역할을 했던 제1차 세계 대전 기간을 포함해 죽을 때까지 이 직책을 담당했다. 그리고 1908년에서 1919년에 죽을 때까지 그는 케임브리지 대학의 명예 총장직(Chancellor)을 맡기 했다.[15]

레일리는 노벨상을 비롯해서 평생 수많은 상과 영예를 차지했다. 1902년에 메리트 훈장(Order of Merit)의 첫 수여자 중의 한 사람이 되었으며 13개의 명예 학위를 수여했으며 50개 이상의 학회로부터 상을 받거나 명예 회원의 자격을 얻었다. 그는 1919년 6월 10일 출판되지 않은 3편의 음향학 논문을 남기고 사망했다.

(2) 레일리의 과학적 성과

레일리는 평생 400여 편의 논문과 저서인 『음향 이론』을 남겼다.[16]

---

14) 같은 글, p. 105.
15) 같은 글, p. 105.
16) 레일리의 논문들은 레일리 자신이 편집을 주도했던 *Scientific Papers by Lord Rayleigh*에 잘 정리되어 있다. 1964년에 새롭게 인쇄된 판본이 널

이 중에 첫 논문은 1869년에 ≪철학 잡지≫에 게재된 「동역학 이론과 연관하여 고려된 몇몇 전자기적 현상들에 관하여」(On Some Electro-magnetic Phenomena Considered in Connection with the Dynamical Theory)이었다. 레일리의 첫 번째 과학적 관심사가 전자기학이었음을 알 수 있다. 이 논문은 전자기적 진동에서 출발하여 공기, 물, 고체에서의 모든 종류의 파동을 다루었다.

레일리의 첫째가는 연구 주제는 음향학이었다. 1860년대에 헬름홀츠의 공명기를 사용하는 실험으로 음향학 연구를 시작한 레일리는 실험적 연구뿐 아니라 시니어 랭글러의 수학적 능력을 발휘하여 수학적 진동 연구도 병행하였고 1877년과 1878년에 『음향 이론』을 출판하였다. 이 책은 수학적 논의와 실험적 논의를 긴밀히 연결시킨 통합된 음향학 저술의 효시가 되었고 수리 음향학의 출현을 낳았다. 이전의 음향학적 진동에 관계된 실험적 연구와 이론적 연구를 정리할 뿐 아니라 레일리 자신의 독창적인 연구를 망라한 『음향 이론』은 이후의 음향학 연구자들에 의해 수학적 및 실험적 논의에서 권위적인 저술로 사용됨으로써 음향학이 단일한 분야라는 인식을 확장시켰다. 뿐만 아니라 이 책은 진동 및 파동에 관한 일반론을 중요시하고 물리적 계를 수학적으로 취급하는 새로운 방법을 제시하여 비음향학적 물리학에서도 영향력을 행사했다.

레일리는 수리 음향학뿐 아니라 실험에 있어서도 탁월했다. 레일리는 중요한 실험 도구의 개선을 통해서 이후의 음향학 실험 연구에 기여했을 뿐 아니라 자신의 실험실에서 직접 제작한 실험 장치를 사용하여 중요한 실험적 발견을 이루어내었다. 레일리는 실험실에서 음향

리 퍼져있다. Rayleigh, *Scientific Papers by Lord Rayleigh* (New York: Dover Publication, 1964).

학적 연구를 용이하게 만들어 줄 수 있는 도구로서 조절 가능한 음원을 제작하였다. 특히 인공 새소리 발생장치는 짧은 파장의 소리를 발생시켜 실험실 규모의 음향학 실험을 용이하게 만들어 주었다. 또한 레일리는 음파를 감지하기 위한 시각적인 도구에 대한 요구에 부응하여 민감 불꽃의 민감성을 향상시켰으며 민감 분사물에 대한 치밀한 연구를 수행하여 의미 있는 성과를 내어놓았다. 또한 레일리는 음향학 실험을 정밀하게 수행하기 위한 회전속도 제어기인 소리 바퀴(phonic wheel)와 소리의 절대적 세기를 측정할 수 있는 공기진동 측정기인 레일리 디스크(Rayleigh disk)를 고안하여 음향학 실험에 엄밀성을 증진시켰다. 또한 레일리는 침묵점의 위치와 잔물결통의 진동에 대한 치밀한 실험 설계와 실험 수행을 통해 관련된 논쟁을 종식시켰다. 그리고 소리의 방향 지각에 대한 레일리의 선구적인 실험 연구는 사람은 높은 진동음의 경우에는 양쪽 귀에서 들리는 소리의 세기차를, 낮은 진동음의 경우에는 양쪽 귀에서의 위상차를 감지하여 음원의 방향을 파악한다는 사실을 밝혀내었다.[17]

　레일리의 광학 연구 중 가장 두드러진 것은 대기 중 빛의 산란에 관한 연구이다. 레일리는 하늘이 왜 파란지를 이론적으로 해명함으로써 과학계의 주목을 받았다. 1871년에 그는 에테르의 탄성체 모형에 토대를 두고 빛의 산란율이 빛의 파장의 4제곱에 반비례한다는 법칙을 발견하였다. 이 법칙에 따라 태양으로부터 오는 가시광선 중에서 파장이 짧은 파란색 계통이 대기 중에서 가장 산란이 많이 되어 하늘의 색이 파랗게 된다.[18]

---

17) 레일리의 음향학에 대한 자세한 연구는 구자현, 「레일리(1842-1919)의 음향학 연구의 성격과 성과」(서울대학교 대학원 이학박사학위논문, 2002)에서 볼 수 있다.

18) 당초 그의 이론은 에테르의 탄성 고체 입자 이론에 입각하여 유도된 것

　레일리는 또한 1860년대부터 스펙트로미터의 분해능에 대한 선구적
연구를 하였다.[19] 그는 복사 현상에 대한 이론적 관심을 발전시켰고
광학에 관한 논문들을 1860년대 말과 1870년대 초에 출판하였다. 그는
1870년대부터 그의 실험실에서 저렴한 비용으로 회절격자를 만드는
법을 찾아내려고 노력하였다. 이를 통해 그는 평면 투명 격자의 분해
능(resolving power)은 회절 차수(order of diffraction)와 격자의 홈선
(groove)의 수의 곱과 동일하다는 것을 입증함으로써 광학 장치의 분
해능에 대한 명쾌한 정의를 끌어내었다. 계속해서 그는 1870년대에 화
학 원소의 스펙트럼과 태양 광선의 스펙트럼을 연구하는 데 있어서
점점 중요해지고 있었던 분광기의 광학적 특성에 대한 연구를 수행하
였다. 그는 빛을 초점에 모으는 특성을 가진 동심원 회절판(zone
plate)을 설계하여 프랑스 물리학자 샤를 소레(Charles Soret)의 발명
을 예고했다.[20]

　1885년부터 탈링 플레이스에서 평생 지속된 연구에서 레일리는 이
론과 실험 물리학에 모두 탁월한 능력을 발휘하였다. 그는 물질의 복
사에 대하여 관심을 가지고 연구하여 복사선의 스펙트럼 상의 에너지
분포에 대한 빌헬름 빈(Wilhelm Wien)과 막스 플랑크(Max Planck)
의 주장에 반대함으로써 자신의 주장을 제시하였다. 그는 1900년에 빈

　　이었지만 레일리는 1881년에 역4제곱의 법칙을 맥스웰의 전자기론에 근
　　거하여 다시 유도하였다. R.B. Lindsay, 앞의 글, p. 101. 이에 대한 실험
　　적 연구는 그의 아들인 레일리 경 4세가 진척시켰다. 이에 관해서는 임
　　경순, 『현대 물리학의 선구자들』(서울: 다산출판사, 2000) pp. 47-58을
　　볼 것.

19) 오늘날 스펙트럼선들의 분해능(resolution)에 대한 기준에 Rayleigh
　　criterion이 있다. Grant R. Fowles, *Introduction to Modern Optics*, 2nd
　　ed. (New York: Holt, Rinehart and Wiston, Inc., 1975), p. 120.

20) R.J. Strutt, 앞의 책, pp. 87-88.

과 플랑크의 식이 장파장의 빛의 복사로부터 실험적으로 얻어진 식과 일치하지 않음을 비판하고 새로운 식을 이론적으로 제시하였다.[21] 레일리는 보다 완전한 형태의 식을 1905년에 유도하여 발표하였는데 그는 닫힌 공간 내에서의 탄성 유체의 진동 모드에 에너지 등분배의 원리를 적용함으로써 이 식을 얻어내었다.[22] 이 식의 오류를 제임스 진스(James Jeans)가 즉시 지적하였고 레일리도 그것을 받아들여 식을 수정하였다. 한편 플랑크는 레일리의 비판 후에 모든 진동수 대역에서 실험 결과와 잘 들어맞는 스펙트럼 분포식을 추정해 내어 1900년이 저물기 전에 이를 발표하였고 이 식이 나중에 양자 시대를 연 식으로 인정받게 된다. 그 이후 양자 역학은 급속도로 진전되었고 물리학에 근본적 변혁을 초래하였다. 레일리는 자신의 고전적 취급의 한계를 잘 인식하고 있었지만 양자 이론은 그 급진성 때문에 흔쾌히 받아들이려 하지 않았다.

그에게 노벨 물리학상을 안겨준 대기 중의 희귀 가스 아르곤의 발견은 그의 치밀한 실험 정신의 소산이었다. 그는 대기 중에서 산소를 제거하여 얻은 질소의 분자량이, 실험실에서 화학적으로 얻어낸 질소의 분자량과 비교했을 때 미세하게 큰 것을 감지했고 주의력을 총동원하여 이러한 실험 오차를 줄이려고 노력하였다. 그러나 이러한 실험의 반복은 오차를 줄여주지 못했고 결국 레일리는 대기 중에서 얻은 질소에 불순물이 있다는 것을 인식하였다.[23] 그는 이러한 사실을 학

---

21) Rayleigh, "Remarks upon the Law of Complete Radiation," *Philosophical Magazine.* 49 (1900), pp. 539-540; *Scientific Papers by Lord Rayleigh,* vol. 4, art. 260, pp. 483-485.

22) Rayleigh, "Dynamical Theory of Gases and Radiation," *Nature* 72 (1905), pp. 54-55, pp. 243-244; *Scientific Papers by Lord Rayleigh,* vol. 5, art. 305, pp. 248-252.

계에 알렸고 화학자 램지(William Ramsay)도 이 문제에 대한 연구에 뛰어들었다. 얼마 후 레일리와 램지는 각자 아르곤을 검출하고 분리하는 데 성공하였고 이 공적을 인정받아 이 두 사람은 1904년에 각각 노벨 물리학상과 화학상을 수상했다.[24]

레일리는 이론과 실험을 아우르면서 다방면에서 탁월한 연구자로서 두각을 드러내었다. 그는 순수 수학자는 아니었지만 수학을 여러 가지의 이론 물리학의 문제들에 적용하여 능숙하게 문제를 풀어냈으며 가장 간단한 실험 장치의 배열에서 훌륭한 결과들을 얻어내는 기량이 탁월한 실험 물리학자이기도 했다. 그의 연구 성과들은 물리학의 여러 분야에서 현대 이론이 도출되는 데 중요한 실마리를 제공하였다.

2. 빅토리아 시대의 물리학

19세기 초 영국의 물리학은 당시 과학 선진국인 프랑스에 비해서 매우 뒤쳐진 상태였다. 프랑스에서는 18세기 후반부터 이루어진 수학화와 정밀 관측의 추진으로 물리학은 정량화되고 수학화된 체계적인 지식 체계로서 면모를 갖추고 있었다. 광학, 역학, 동역학, 수력학, 음향학 등의 분야는 수학화를 선도하여 해석학적 정교화가 이루어졌다. 19세기로 들어오면서는 푸리에의 열 이론과 앙페르의 전자기 이론을 통하여 실험적 분야로 여겨져 왔던 열, 전기, 자기의 분야에서 수학화

---

23) 레일리의 아르곤 발견 과정을 데이터 분석의 측면에서 분석한 논문으로 Russell D. Larsen, "Lessons Learned from Lord Rayleigh on the Importance of Data Analysis," *Journal of Chemical Education* 67 (1990), pp. 925 – 928이 있다.

24) R. B. Lindsay, 앞의 글, pp. 102 – 103.

가 진척되었다.

케임브리지는 빅토리아 시대의 영국에서 수학과 수리 물리학 연구의 중심지였다. 이러한 전통의 형성에 수학 트라이포스가 중요한 역할을 했다. 해마다 치러졌던 수학 트라이포스는 교양을 갖춘 엘리트를 키워내려는 목적에서 시행되었다. 당시 케임브리지에서 수학은 모든 교양의 기초였으며 정량화는 빅토리아 시대의 가치였기 때문이다. 이 시험에서 수위(首位)를 차지하는 것은 상당한 지적 성취의 표시였다. 가장 우수한 점수를 받은 응시자들은 랭글러(wrangler)라고 불렸다.[25] 랭글러가 되려고 하는 이들의 준비 과정은 상당한 부담감을 주는 것이었는데 그들의 지도는 대학의 교수나 강사에 의해 이루어지지 않고 소수의 개인 지도 강사 즉 코치(coach)들에 의해 이루어졌다. 이러한 교육 방식은 케임브리지만의 독특한 것이었는데 이를 통해 19세기 내내 케임브리지는 윌리엄 톰슨, 맥스웰, 스톡스, 테이트, J. J. 톰슨과 같은 걸출한 일류 물리학자들을 꾸준히 배출할 수 있었다.[26] 이들은 수학 트라이포스를 통해서 뛰어난 수학적 능력을 인정받았고, 졸업 이후 이들은 물리학의 여러 분야에서 탁월한 수학적 능력을 바탕으로 중요한 성과들을 이룩했다. 수학 트라이포스는 케임브리지의 수학적 전통에 있어 핵심적인 위치를 점유하고 있었으며 영국 수리 물리학의 발전에 실질적으로 중요한 공헌을 했다.[27] 한편 자연과학 트라이포스

---

25) 1725년경부터 시작된 수학 트라이포스의 역사에 대해서는 W. W. Rouse Ball, *A History of the Study of Mathematics at Cambridge* (Cambridge: Cambridge University Press, 1889), 10장에서 자세히 다루고 있다.

26) Andrew Warwick, *Masters of Theory: Cambridge and The Rise of Mathematical Physics* (Chicago: University of Chicago, 2003), pp. 512 –523.

27) 케임브리지 수학적 전통에 있어서 수학 트라이포스의 역할에 대한 깊이 있는 탐구로는 Andrew Warwick의 연구들이 있다. A. Warwick, "Cam-

(Natural Sciences Tripos, NST)는 1851년부터 실시되었지만 이 시험은 레일리가 케임브리지를 졸업하던 1860년대 중반까지는 수학 트라이포스만큼 물리학자의 배출 코스로서 정립되지 않았다. 자연과학 트라이포스는 1873년에 물리학 선택이 생겨나면서부터 물리학자들을 키워내기 시작했지만 1870년대까지는 수학 트라이포스가 거의 배타적으로 물리학자들을 이론 중심으로 훈련시키는 코스가 되었다.[28]

레일리의 대부분의 이론적 연구는 케임브리지 수학 트라이포스를 대비해 받은 훈련을 통해 습득한 방법론을 따랐다. 레일리는 가장 뛰어난 개인 지도 강사였던 라우스에게서 훈련받았다.[29] 라우스는 전형적인 케임브리지 수학 코치의 방법을 따라 학생들을 가르쳤다. 이러한 작은 그룹의 개인 지도 강사들에 의해 유사한 수학적 풀이법이 연속적으로 여러 세대의 랭글러들에게 전수되었고 19세기 후반에 케임브

bridge Mathematics and Cavendish Physics: Cunningham, Campbell and Einstein's Relativity 1905-1911, Part I: The Uses of Theory," *Studies of History and Philosophy of Science* 23 (1992), pp. 625-656; "Cambridge Mathematics and Cavendish Physics: Cunningham, Campbell and Einstein's Relativity 1905-1911, Part II: Comparing Traditions in Cambridge Physics," *Studies of History and Philosophy of Science* 24 (1993), pp. 1-25.

28) 1876년에 Maxwell은 캐번디시 연구소에서 실험 물리학 강의를 시작했지만 시범 실험이 행해졌고 본격적으로 학생들이 실험을 하기 시작한 것은 1879년 여름부터였다. David B. Wilson, "Experimentalists among the Mathematicians: Physics in the Cambridge Natural Sciences Tripos, 1851-1900," *Historical Studies of Physical Sciences* 12 (1982), p. 343.

29) 라우스는 1888년에 은퇴하기까지 600 내지 700명의 학생을 훈련시켰고 그들 중 대부분이 랭글러가 되었다. W. W. Rouse Ball, "The Cambridge School of Mathematics," *The Mathematical Gazette* 6 (1912), pp. 311-323.; Andrew Warwick, *Masters of Theory: Cambridge and the Rise of Mathematical Physics* (Chicago: University of Chicago Press, 2003), pp. 227-285.

리지의 랭글러들로 이루어진 독특한 수리 물리학의 연구 전통을 형성 시켰다.[30]

레일리가 라우스에게서 전수받은 수학적 방법이 어떤 것이었는가를 알기 위해서는 19세기 초에 일어난 케임브리지의 커리큘럼의 개혁을 살펴보아야 한다. 19세기 초까지 케임브리지에서 가르친 수학은 에우클레이데스의 기하학, 기하광학, 뉴턴의 유율(fluxion), 역학과 천문학이 중심이었다. 이것은 유럽 대륙에서 한참 전개되고 있었던 해석학적 추구와는 거리가 먼 것이었다. 이러한 점을 인식하고 케임브리지 대학에서 선구적으로 새로운 수학을 도입을 추진한 이들은 1811년에 결성된 해석학회(Analytical Society)의 창립 멤버들이었다. 이들은 당시 학생이었던 배비지(Charles Babbage), 허셜(John Herschel), 피콕(George Peacock)이었다. 이들이 대륙의 수학을 수입하려는 노력은 대학 당국에게는 혁명 사상을 도입하려는 불순 정치 세력의 활동으로 비쳐졌다.[31] 이들은 졸업 후에 주도적으로 케임브리지의 커리큘럼의 개선에 개입하였다. 특히 1817년에 정규 커리큘럼에 대륙의 새로운 수학이 도입되는 데는 피콕의 기여가 결정적이었다. 피콕은 라그랑주의 방법을 적극적으로 도입하고자 했지만 반대에 부딪혀 그것을 제한적으로만 도입할 수밖에 없었다.[32] 그래도 1820년대에 새롭게 형성된 케임브리지의 수학 교육에서 라그랑주의 새로운 방법들이 중요한 자리를 차지

---

30) Wilson, 앞의 글, p. 636.

31) 해석학회에 대한 논의는 Harvey W. Becher, "Radicals, Whigs and Conservatives: the Middle and Lower Classes in the Analytical Revolution at Cambridge in the Age of Aristocracy," *British Journal of History of Science* 28 (1993), pp. 405–426을 보라.

32) 라그랑주의 역할에 대해서 René Dugas, *A History of Mechanics* (New York: Dover, 1988), Part III, pp. 332–349를 보라.

하게 되었다는 점은 19세기 케임브리지의 수학 전통의 형성에서 매우 중요했다.[33)]

레일리가 훈련받았던 1860년대의 케임브리지에서 해석적 방법의 교육은 수학 교육의 중심에 있었다. 이 시기에 수학 트라이포스를 대비해 훈련받은 물리학자들은 해석 동역학을 이론의 전개에서 가장 중요한 도구로 생각했다.[34)] 그것은 문제를 해결하기 위해서 문제를 세분화하고 세분화된 각 부분에 대하여 미분 방정식을 세우고 그 미분 방정식을 풀어서 현상을 정확하게 기술, 설명해 나가는 방식이었다. 이 과정에서 또 하나의 중요한 요소는 에너지 보존의 원리의 고려가 미분 방정식을 찾아내는 데 있어서 핵심적인 역할을 한다는 점이었다. 이러한 방법의 형성 과정에는 특히 라그랑주에게서 받은 영향이 컸다고 할 수 있는데 라그랑주의 방정식을 특수한 계에 대해서 적용하기 위해서는 일반화 좌표를 먼저 도입하고 여기에 외계와 격리된 상황에서 운동 에너지와 퍼텐셜 에너지의 합이 보존된다는 것을 출발점으로 삼아야 했다. 이러한 방법론상 특징은 레일리의 수력학과 전기 연구에서 수학적인 논의를 전개하면서 전형적으로 나타난다.

이 시기 수학 트라이포스는 스톡스가 가르쳤던 과목과 일치하는 주제들을 다루었다. 광학, 수력학, 동역학, 음향학 등이 대표적이다. 반면에 프랑스에서 급속하게 수학화가 진행되고 있었던 종전의 실험 중심 과목인 열, 전기, 자기는 주요 과목으로 취급되지 않았다. 전기, 자기 분야에서 마이클 패러데이와 같은 걸출한 연구자가 19세기 전반기 동안에 두드러진 성과를 내어 놓고 있었지만 앙페르나 베버와 같은 대륙의 연구자들에 의해 이루어진 수학적 이론들은 좀처럼 가르쳐지지

33) Becher, 앞의 글, p. 418.
34) A. Warwick, 앞의 글(1993), p. 7.

않았다.

이러한 맥락이 오히려 빅토리아 물리학의 독특한 성과들이 나오는 배경이 되었다. 걸출하고 혁명적인 물리 이론으로서 줄의 열과 일의 동등성, 톰슨의 열역학 제2 법칙, 맥스웰의 전자기학을 들 수 있다. 줄의 열과 일의 동등성은 실험적 탐구를 바탕으로 이루어진 것이었고, 톰슨의 열역학도 수학적 정교화를 사용하지 않고 열 현상에 대한 깊은 통찰을 바탕으로 이루어졌다. 톰슨은 여기에서 그치지 않고 전기와 자기를 수학화하여 해저전신 가설에 필요한 이론적 성취를 이루어내었다. 맥스웰의 전자기학은 가장 위대한 빅토리아 물리학의 성취였는데 패러데이의 실험적 성과와 현상에 대한 통찰력을 수학화하고 그로부터 장과 역선 개념을 바탕으로 한 연속체 물리학의 길을 열었다. 이러한 새로운 물리학의 성과는 빛의 전자기파 이론을 수립하였을 뿐아니라 전자기파의 존재를 예견하여 전파 통신의 길을 열었다.

영국의 물리학 교육의 위상과 목적은 스토크스와 윌리엄 톰슨이 각각 몸담았던 케임브리지 대학과 스코틀랜드의 글래스고 대학을 통해서 대조적인 스펙트럼의 극단을 볼 수 있다. 케임브리지 대학에서 물리학 교육은 1870년에 캐번디시 연구소와 실험 물리학 교수좌가 설립되고 실험 과학을 중심으로 한 자연과학 트라이포스가 실시되기 전까지 수학 트라이포스가 중요한 과학 교육의 통로가 되었다. 수학 트라이포스의 당초의 의의는 졸업생들에게 이후에 사회 엘리트로서 자질을 구비하도록 돕기 위한 것이다. 그러므로 수학 트라이포스에서 최우수 성적을 받는 랭글러들이 가장 많이 진출하는 직종은 국교회 성직자였다. 그 밖에 선호된 직종은 법률직, 중등학교와 대학의 교육직이 있었다. 이러한 직종의 사람들에게 공통적으로 수학과 응용 수학의 이해 능력이 꼭 필요하다고 본 것은 시대적 믿음을 반영한 것으로 수학이 합리적인 판단 능력을 키워주기 때문에 수학과 아무런 관계없는 직종을 가질 학생들에게도 수학 교육은 매우 중요한 것으로 인식되었다. 그러므로 과학 교육은 전문적인 과학자를 육성하기 위해서 이루어진 것이 아니었다.

스톡스는 평생 강의를 통해서 8만 명 정도의 학생들을 가르쳤는데 그중에서 최고 수준의 과학자들이 다수 배출되었다. 졸업생 중에서 기술직으로 진출하는 경우는 거의 없었던 것이 스코틀랜드의 대학과는 차이가 났다. 스톡스는 강의 중에 실험도 병행했는데 그것은 간단한 시범 실험의 형태였지만 핵심적인 물리적 개념을 전달한 점에서 많은 학생들에게 매우 강한 인상을 남겼다. 그는 꼼꼼하게 강의 노트를 준비하는 성격이었으므로 많은 학생들이 그의 강의를 최고 수준의 강의로 호평했다.

한편 톰슨이 교수직을 담당했던 글래스고 대학은 케임브리지 대학에 비하여 규모도 작고 역사도 짧았다. 스코틀랜드에서 장로교도들을 위한 대학으로 설립되었기 때문에 대학 졸업생의 첫 번째 진출 직종은 장로교 목사가 되는 것이었다. 그러므로 이 대학에서 강조했던 교육은 균형 잡힌 교양을 갖춘 인력을 양성하는 것이었다. 이를 위해 글래스고 대학은 수학 외에도 라틴어, 그리스어와 같은 고전 교육을 중요한 교양 과목에 첨가시켰다. 성직 다음으로 이 대학의 졸업생들이 진출한 대표 직종은 케임브리지 대학과는 대조적으로 공학 분야였다. 톰슨은 자신의 학생들을 대상으로 상을 내걸고 문제를 내어 수상했다. 톰슨은 긴 교수 경력 기간 동안 연인원 7000명에게 물리 관련 과목을 가르쳤다. 톰슨의 물리 교육은 수학적 과목과 실험적 과목을 모두 가르친 것이 특징이었다. 그는 영국에서 최초로 교육을 목적으로 한 물리 실험실을 운영하였다. 1858년에 최초로 가설된 대서양 전신 케이블의 가설을 위한 구체적인 실험이 톰슨의 실험에서 이루어졌다. 톰슨 자신처럼 글래스고 대학을 졸업하고 케임브리지 대학에 들어가서 다시 수학하고 수학 트라이포스에서 최우수 성적을 받은 사람은 매우 드물었다.

스톡스와 톰슨의 물리 교육은 그들이 가르쳤던 두 대학의 성격을 반영해주며 두 대학의 성격은 빅토리아 시대의 물리 교육의 위상을 보여준다. 빅토리아 시대 영국의 산업은 급속도로 팽창했으며 식민지의 경영을 원활하게 하기 위한 항해술과 통신 기술에 대한 수요가 많았다. 산업을 일으키기 위해 중요한 것은 에너지원이었고 이러한 에너지원으로서 가장 중요한 것은 석탄이었다. 석탄은 공장의 기계를 돌리기 위해서, 광산에서 광물을 운반하고 물을 퍼 올리기 위해서, 기차와 기선을 움직이기 위해서 매우 중요했다. 이러한 목적에서 석탄으로부터 효율적으로 동력을 얻어내는 것은 매우 중요한 기술적 요구였으며 이러한 문제와 관련하여 열역학은 매우 중요한 연구 분야였다. 열효율이 높고 가벼우며 내구성을 가진 기관의 개발과 유지는 매우 중요한 문제였다. 더불어 원거리 항해의 안전성과 효율을 위하여 지구 자기장에 대한 연구와 수력학의 연구는 매우 중요한 문제였다. 1830년대에 전신이 발명되자 철도와 도로, 항로를 따라 전신선이 가설되었고 해저 전신선의 가설은 많은 기술상의 문제를 야기했고 전자기학의 전문적인 지식이 점점 유용해졌다. 이러한 산업적 요구가 극히 중요해지던 시대에 물리학은 자연에 대한 지적 호기심을 충족시키거나 지적 훈련을 위한 수단을 뛰어넘어 공학자들과 기술자들을 교육하기 위한 차원에서 매우 중요한 지식으로서 그 중요성이 날로 커졌다. 이런 점에서 기술 인력의 양성을 대학이 담당해야 한다는 요구와 기술 문명을 이해하고 통제할 수 있는 엘리트를 양성해야 한다는 생각이 널리 공유되었다.

당시 빅토리아 시대의 물리학자들에게 자연을 바라보는 독특한 관점이 널리 공유되고 있었던 것이 당시 물리학의 성격에 중요한 영향을 미쳤다. 18세기에 출현한 보스코비치(Boscovich)의 물질관은 스코틀랜드와 잉글랜드의 과학자들에게 근본적인 영향을 미쳤다. 보스코비치는 물질은 기하학적 점으로 구성되어 있고 그 사이를 매개하는 힘의 곡선에 따라 척력과 인력이 교차한다고 보았다. 19세기를 거치면서 보스코비치 이론은 영국인들에게 두 가지 다른 형태로 나타났다. 프리스틀리는 물질을 단지 힘(force)이나 능력(power)으로 환원함으로써 점을 제거하였다. 1830년대와 1840년대에 패러데이가 역선 개념에 입각해서 전자기학을 기술하려고 했던 것은 이러한 영향력을 반영하는 것이었다. 한편 스코틀랜드의 자연철학자들은 보스코비치의 질점을 매우 작은 입자로 확장시켜서 그것에 입각해서 자연현상을 기술하고자 하였다. 이러한 관점은 특히 화학 현상을 기술하는 데 유용한 도구였고 질점 사이의 원격력을 받아들임으로써 물리적 현상을 기술하는 데도 사용되었다.[35] 뛰어난 수학 트라이포스 랭글러를 다수 배출한 홉킨스(William Hopkins)는 "완전하게 탄성적인 매질이 모든 공간을 채우고 있다"라고 보았는데 이러한 에테르 개념은 다수의 빅토리아 시대의 물리학자들이 광학과 전자기학에서 모두 에테르에 입각한 설명을 추구하는 태도에서 공유되었다. 그렇지만 프랑스에서 도입된 라플라스 물리학의 영향으로 물질을 구성하는 작은 입자(molecule)를 상정하고 질점에 의해 자연현상을 기술하려는 방법은 실재를 그대로 반영하기보다는 모형으로서 가치를 인정할 수 있다는 조심스러운 자세

---

35) David D. Wilson, *Kelvin and Stokes: A Comparative Study in Victorian Physics* (Bristol: Adam Hilgar, 1987), pp. 26-27.

를 취함으로써 여러 현상의 설명에 유용하게 채용되었다. 이들은 기계적인 모형이 자연계의 중요한 측면들을 반영해준다고 믿었기 때문에 그러한 탐구적 사고가 가능하다고 믿었고 자연이 실제로 그런 구조를 가지고 있는지는 알지 못하지만 그러한 탐구 자체는 의미 있는 활동이라고 믿었다. 그런 맥락에서 유선이나 유관 개념을 통해 전자기적 역선을 취급하려고 했던 맥스웰이나 소용돌이에 의해 원자의 구조를 설명하려고 했던 톰슨의 시도를 이해할 수 있다.

1830년대와 40년대에 스톡스가 케임브리지 대학에서 교육 받을 때만 해도 역학, 음향학, 수력학, 광학 등의 수학적인 분야들이 주로 가르쳐졌고 열, 전기, 자기는 여전히 실험적인 분야로서 별로 강조되지 않았다. 물론 대륙에서는 열, 전기, 자기에 대한 수학화가 한참 진행되고 있었지만 그것들이 영국으로 바로 수입되지는 않고 있었기 때문에 이러한 분야는 여전히 실험적인 분야로 남아 있었다. 그런 점에서 다음 세대 과학자인 톰슨, 맥스웰이 이 분야의 수학화에 두드러진 공을 세운 것은 대륙적 전통과 어느 정도의 절연 가운데 독창적인 사고 과정에서 이루어질 수 있었다. 반면 스톡스는 전기나 자기에 대한 연구를 수행하지 않고 계속해서 전통적인 수학적 분야에 계속 머물렀다. 그는 에테르에 입각해서 광학 현상을 설명했고 에테르와 물질 사이의 상호 작용에 관심이 많았다.

빅토리아 시대의 물리학의 특징을 한 마디로 요약하는 것은 쉽지 않다. 그렇지만 그중에서 두드러진 특징을 정리해 보면, 수학화의 강한 요구, 통합적 세계관의 지향, 모형의 적극적인 채용 등을 들 수 있다. 이미 수학화가 진행된 분야는 더욱 적용 영역을 확대하고 수학화가 덜 진행된 분야는 수학화를 진척시키려고 하는 강한 경향이 존재했다. 이러한 요구는 케임브리지 대학에서 강조되었던 수학 교육의 이상에서 드러나듯이 세계를 정확하게 이해하기 위해 요구되는 가치와 닿아 있었다. 이를 통해 영국 물리학은 물리학의 발전에서 중요한 기여를 하였다. 또한 빅토리아 시대에는 에테르와 에너지 개념에 입각해서 자연을 통합적으로 이해하려는 강한 지향이 있었다. 광학과 전자기학에서 자연계에 퍼져 있는 에테르는 빛과 전기장과 자기장의 전달 매질로서 연속체적 속성을 가지면서 힘을 매개하는 중요한 역할을 하였다. 그러므로 에테르의 움직임을 역학적으로 이해하려는 강한 요구가 있었으며 수력학적 이해가 에테르의 운동을 이해하는 핵심적인 개념으로 중요했다. 또한 1840년대에 확립된 에너지 보존 법칙에 의거해서 변환 과정을 통해 다양한 현상들이 서로 전환되더라도 에너지는 변하지 않는다는 원리에 따라 여러 자연현상들을 포괄적으로 취급할 수 있게 되었다는 것은 자연을 탐구하는 중요한 가이드라인을 제시한 점에서 중요했다. 마지막으로 눈에 보이지 않는 물질의 미세 구조나, 하부 원리를 파악할 수 없는 현상에 관하여 역학적인 모형을 상정하여 유비적 사고에 의해 현상을 기술할 수 있다는 믿음이 널리 공유되었다. 그러한 역학적 구조가 실재하지는 않을지라도 자연현상을 기술하는 유익을 얻을 수 있다는 점에서 적극적인 수학적 이론의 구축이 이루어졌고 그러한 노력이 전자기학이나 열, 광학, 수력학 등의 관련 분야에서 중요한 성과로 이어질 수 있었다.

3. 레일리의 수력학 연구

전통적으로 유체의 운동을 취급하는 과학적 탐구로서 수력학은 기술과 긴밀하게 연관되어 있었다. 선박의 운항에 있어서 노가 어떤 작용을 하는지, 효과적인 노 젖기 방법은 무엇인지, 배의 저항을 줄이기 위한 배의 형태, 파도가 배의 운항에 미치는 영향 등이 집중적으로 모색되었다. 이러한 연구를 수행한 사람들은 실질적인 일에 종사하는 계층이 주류를 이루었다. 한편으로 과학적 또는 수학적으로 이러한 문제를 해결하려는 노력도 하나의 큰 흐름을 형성하고 있었다. 뉴턴에 의해서 본격적으로 논의되기 시작한 수학적 분야로서 수력학은 이후 대학에서 수학이나 과학으로 훈련을 받고 구체적인 문제를 풀고자 하는 연구자들에게 사고할 수 있는 거리와 문제를 제공해 주는 출처가 되었다.

레일리는 1884년 몬트리올에서 열린 영국과학진흥협회의 회장 연설을 하면서 최근에 이루어진 유체역학의 주제에 관한 연구 동향을 설명하였다.[36] 힉스(Hicks)가 협회의 지원을 받아 수행한 수학적 연구가 탁월했고 프루드도 배의 추진 문제에서 실용적인 성과를 내었음을 언급했고 1864년에 배스(Bath) 회의에서는 랭카인이 이미 표면 마찰이 잘 설계된 배의 진행을 방해하는 유일한 저항임을 밝혔고 널리 알려진 오류가 수정된 것을 지적했다. 레일리는 비슷한 결과를 이미 스톡스 같은 수학자들이 얻었음을 밝혔다. 하지만 레일리의 지적대로 유체의 점성에 관계된 유체 마찰의 작용 원리에 대해서는 잘 밝혀지지 않았다. 또한 레일리는 유체역학에서 중요한 성과가 레이놀즈에 의해 이루어졌음을 언급했다. 레이놀즈는 관속에서 물의 흐름이 운동 속도와 관의 구경에 어떻게 관계되는지 밝혔고 물의 저항은 속도에 따라 변하고 직접적으로 점성 계수에 의존한다는 것을 발견했다. 또한 그는 큰 파이프 안에서 흔히 생기고, 엔지니어들이 일반적으로 다루는 고속

---

36) Rayleigh, "Presidential Address," *British Association Report*, 1884; pp. 1 −23; *Scientific Papers by Lord Rayleigh*, vol. 2, art. 113, pp. 333−354,

의 흐름에서는 규칙적인 층화된 운동이 적용되지 않고 근본적으로 배의 추진에서 표면 마찰의 문제와 동일해진다는 것을 알아냈다. 그리고 레이놀즈는 이러한 전이 단계가 스톡스가 설명한 점성과 관계된다는 것을 밝혔다. 그런 점에서 레일리는 레이놀즈의 업적이 이 분야의 발전에 있어서 중요한 전기를 마련한 것을 강조했다. 또한 레일리는 윤활유의 효과에 대한 중요한 진보가 기계공학자 연구소(Institution of Mechanical Engineers)의 타워(Tower)의 실험에 의해 이루어졌음을 언급했다. 타워는 윤활이 적절할 때, 마찰은 부하(load)에 거의 무관하며 보통 가정된 것보다 훨씬 작아서 1000분의 1 정도임을 밝혀내었고 기름의 층이 잘 형성되어 있을 때 고체 표면 사이의 압력은 실제로 그 유체에 의해 지탱되며 상실되는 일은 하나의 기름층이 다른 기름층 위에서 미끄러지게 하는 데 사용된다는 것을 밝혔다.

레일리는 가스 상의 점성에 대해서는 이론적으로나 실험적으로 맥스웰에 의해 많이 연구된 것을 언급했다. 평행한 고체 평면 사이에서 자신의 평면에서 움직이는 평평한 디스크의 운동은 두 디스크 사이의 가스의 상태에 영향을 받는다. 이때 운동을 방해하는 효과는 운동의 속도와 가스의 점성에 비례한다. 기체의 점성에 대해서도 맥스웰은 가스의 점성이 그 밀도에 독립적이라는 새로운 사실을 찾아냈다. 그는 수학적 고찰을 통해서 움직이는 디스크의 저항은 가스를 뽑아내 부분적으로 진공을 만들어도 거의 감소하지 않는다는 것을 밝혔다. 이러한 맥스웰의 이론적 예측은 실험으로 증명되었다. 물론 기압이 어느 정도 이상 줄어들면 다시 저항력이 감소하기 시작한다. 맥스웰은 그 수준으로 진공을 만들지 못했고 쿤트와 바르부르크가 실험으로 수은주 1mm 이하의 압력에서 이런 현상이 일어나는 것을 알아냈다. 뒤이어 그 문제는 크룩스에 의해 철저하게 연구되었다. 그는 매클라우드의 게이지를 사용하여 측정한 고도의 진공에서 관찰을 수행하여 수은 760mm에서 0.5mm의 압력까지 점성은 일정하지만 이 지점을 넘어서면 원래의 기체의 백만분의 1보다 적은 양이 남아 있는 고도 진공까지 점성 계수가 서서히 떨어진다는 것을 밝혔다. 레일리는 이러한 연구 성과가 가스의 동역학적 이론 자체에 관한 관심을 확대시켰지만 가스의 전기적 광학적 성질과 이러한 연구가 연결될 가능성을 찾기는 매우 힘들어 보인다고 전망했다.

레일리가 회장 연설에서 당시 수력학의 상황에 대해서 제법 긴 소개를 한 것은 자신이 이 분야에 대해서 상당한 관심을 가지고 있었음을 드러내준다. 이 시기에 레일리는 수력학에 관련하여 독창적인 연구를 수행하고 있었는데 기술상의 실제적인 문제의 해결과 과학적 및 수학적 측면에서의 관심사에 모두 연관된 주제에 관심이 있었다. 더구나 그는 많은 사람들이 불가능하다고 생각하였던 동력 비행에 많은 관심을 갖고 있었다. 더불어 분사의 문제가 레일리의 관심을 사로잡았는데 이는 수력학의 실험 연구자들에게 전통적인 문제이면서 동시에 음향학의 연구와도 긴밀하게 연결되어 있었다. 분사된 물이 어떤 방식으로 운동하는가에 대해서는 이미 키르히호프나 헬름홀츠, 틴들이 연구한 적이 있었다.

레일리는 수력학적 문제에 접근함에 있어서 에너지 원리를 중심으로 고려했다. 그는 유체 분사의 속도를 구하는 문제에서도 에너지 원리에 입각하여 풀어내려는 시도를 했다. 이것은 레일리가 톰슨의 영향을 많이 받았음을 보여준다.[37] 동일한 문제는 1869년에 맥스웰도 손을 댈 정도로 과학자들의 관심을 많이 끈 문제였다. 레일리가 이러한

---

37) Rayleigh, "Notes on Hydrodynamics," *Philosophical Magazine* 2 (1876), pp. 441－447; *Scientific Papers by Lord Rayleigh*, vol. 1, art. 43, pp. 297－304.

수력학적 문제를 푸는 데에는 유선(stream line)에 따라 고유하게 정해지는 함수인 흐름 함수(stream function)가 중요한 역할을 했다. 유체가 흐름을 이룰 때 유체의 구성 입자들은 유선을 따라 흐르게 되는데 이러한 흐름을 기술하는 함수로 도입된 것이 흐름 함수이다. 흔히 레일리는 흐름 함수의 개념에 운동량 보존 법칙과 에너지 보존 법칙을 적용하여 문제를 풀려는 시도를 했다.[38]

(1) 관 속의 공기 진동

관 속의 공기 진동의 문제는 음향학과의 관련성 때문에 일찍부터 레일리의 관심을 끌었던 수력학의 주제였다. 특히 관 속에서의 공기의 진동은 관악기의 발성 원리를 이해하기 위하여 일찍부터 수학자나 실험가들이 많이 연구한 주제였다. 수학자들에게 있어서는 이상화된 성질을 갖는 관 속의 공기가 진동하는 양상으로 악음의 특성을 이해하려는 노력이 주종을 이루었지만 악기 연구자들과 같은 실용적 관심에서 관 속의 공기의 진동을 이해하려는 이들에게는 실험적 방법을 통해 관 속의 공기의 움직임을 이해하려는 노력을 했다. 오일러와 다니엘 베르누이는 원통형 오르간 파이프의 주요한 특성에 대해서 선구적인 연구를 수행하였지만 이들은 개관(開管)의 문제에 대해서 잘못된 결과를 내었다. 이러한 잘못을 발견하고 시정한 인물은 헬름홀츠였다. 또한 헬름홀츠는 구형의 유리 공명기들의 진동수를 실험적으로 구하였으며 그것들이 자신이 이론적으로 유도한 식과 잘 일치하는 것을 확인했다. 레일리는 이러한 헬름홀츠의 연구 사실을 『음의 감각』을 통해서 접하게 되었으며 헬름홀츠 연구의 실험적 및 이론적 탁월성을

---

38) 같은 글, p. 302.

높이 평가하였다.

레일리는 1870년에 ≪철학 회보≫(*Philosophical Transactions*)에 발표한 「공명 이론에 관하여」에서 구멍이 있는 공간에서의 공기 진동에 대한 헬름홀츠의 이론적 및 실험적 고찰을 소개하고 이런 종류의 진동 이론을 더 일반적인 형태로 제시하려고 시도하였다.[39] 헬름홀츠는 이미 자신만의 독특한 방법으로 긴 관에서의 진동의 문제를 이론적으로 취급하였는데 레일리는 그와는 다른 접근법을 써서 동일한 결과를 얻어내려 하였다.[40] 이 과정에서 레일리는 수력학적 논의를 전개하면서 전기적 유비를 사용한 점에서 이전의 연구자들과 전혀 다른 접근법을 택하였다. 레일리는 다양한 형태의 관의 수력학적 저항을 얻기 위해 다양한 형태의 도체의 전기 저항을 얻는 과정을 채용했다. 그는 도체의 전기 저항이 도체의 단면적에 반비례하고 길이에 비례하듯이 유체역학적 도관에서도 그 저항은 도관의 단면적에 반비례하고 길이에 비례한다고 보았다. 또한 전기 저항의 역수가 전도도(conductivity)이듯이 유체역학적 저항의 역수를 전도도로 정의하였다.[41] 당시 영국에서는 패러데이의 연구에서 드러나듯이 전자기적 현상을 수력학적인 개념을 사용해서 이해하는 방식이 널리 채용되고 있었으므로 도선의 단면적이나 길이가 전기 유체에 영향을 미쳐 저항을 유발하듯이 도관의 단면적이나 길이가 소리의 전달에 영향을 미쳐 저항을 일으킨다고 생각할 수 있었다.

---

39) John William Strutt, "On the Theory of Resonance," *Philosophical Transactions* 161 (1870), p.78; *Scientific Papers by Lord Rayleigh*, vol. 1, art. 5, p. 34.

40) 같은 글, p. 35.

41) 구자현, 「레일리(1842–1919)의 음향학 연구의 성격과 성과」(서울대학교 대학원 박사학위논문, 2002), pp. 63–70.

레일리는 이 논문에서 문제에 접근하기 위해서 속도 퍼텐셜 개념을 사용했다. 속도 퍼텐셜은 완전히 닫힌 공간에서의 유체 진동의 방정식을 얻는 데 스톡스가 사용한 개념이었다. 이런 점에서 레일리는 음향학적 현상의 취급을 위해 수력학적 논의를 기초로 삼았음을 알 수 있다. 레일리는 미분 방정식을 세우는 데 있어서 속도 퍼텐셜을 사용하면서 유체에서의 진동을 본격적으로 취급하게 되었다. 같은 공명의 문제를 취급한 헬름홀츠는 속도 퍼텐셜의 개념은 채용하지 않았기 때문에 레일리는 관 속의 공기의 진동을 위하여 헬름홀츠의 방법과 스톡스의 방법을 결합하여 독창적인 방법을 찾아낼 수 있었다고 말할 수 있다.

레일리는 수력학적 고찰에서 활력과 퍼텐셜 에너지에 관한 식을 이끌어내고 이것을 라그랑주의 방정식에 대입함으로써 공기의 운동 방정식을 얻어내었으며 이것에서 음파의 진동수를 얻어낼 수 있었다. 레일리는 이런 방식으로 구멍이 하나 있는 공명기의 고유 진동수를 나타내는 식을 이끌어 내고 이를 구멍이 여러 개인 공명기로 확장시켜서 동일한 구멍이 2개가 있을 때의 진동수는 하나 있을 때의 진동수의 $\sqrt{2}$배임을 얻어내었다. 이러한 사실은 존트하우스(Sondhauss)에 의해 관찰되었고 헬름홀츠에 의해 이론적 입증이 이루어진 것이었는데 레일리는 헬름홀츠와는 다른 방법을 써서 동일한 결과에 도달한 것이었다.[42] 이어서 레일리는 같은 논문에서 개관의 진동 문제로 나아갔다. 이 문제에 레일리가 관심을 가진 것은 공명기에 달린 목의 효과를 분석하는 데 필요했기 때문이었다. 이 문제에 관해서도 헬름홀츠가 이미 충분히 분석하였지만 레일리는 더 간단한 방식으로 분석을

---

42) J.W. Strutt, "On the Theory of Resonance," *Philosophical Transactions* 161 (1870), p. 78; *Scientific Papers by Lord Rayleigh*, vol. 1, art. 5, p. 41.

얻어내려고 시도했다.[43] 이러한 분석이 완료되자 레일리는 큰 통 (reservoir)에 부착된 긴 튜브의 문제로 나아갔다.[44]

「공명 이론에 관하여」의 2부에서 레일리는 다른 형태의 입구를 가진 공명기들의 전도도 c를 결정하는 방법을 논의했다. 이 값을 존트하우스는 실험적으로 얻어내었지만 레일리는 이 값을 이론적으로 얻어내려고 시도했다. 여기에서 레일리는 '최소 활력의 원리'(principle of minimum vis viva)라고 불리는 방법을 이용했다. 최소 활력의 원리에 따르면 어떤 계의 활력의 최소치(minimum)는 밀도에 비례하여 증가했다. 그러므로 공기의 흐름에 밀도가 큰 장애물이 놓이게 되면 활력이 증가하게 되고 이에 따라 공기의 흐름으로 유발되는 음의 높이도 떨어졌다.[45] 결국 레일리는 길이가 L이고 단면적이 σ인 원통의 경우 전도도 c는 저항의 역수이므로 $c=\frac{\sigma}{L}$가 됨을 이끌어 내고 무한 평면에 원형의 구멍이 하나 뚫려 있을 경우 그 반지름을 R이라 하면 $c=2R$이라는 결론을 얻어내었다. 또한 레일리는 구멍이 타원형인 경우에 대해서도 전도도를 유도하였고 이 값들은 헬름홀츠가 얻어낸 값과 일치하는 것을 보였다.[46] 레일리는 헬름홀츠가 얻었던 방법과 다른 방법에 의해 같은 결과에 도달했던 것이다.[47]

1880년 10월 13일에 레일리는 관 속의 공기의 진동과 관련하여 중요한 발견을 하였다. 그는 128Hz의 고유 진동수를 갖는 관 형태의 놋

43) 같은 글, pp. 45-48.
44) 같은 글, pp. 48-50.
45) William Thomson and Peter Guthrie Tait, *Treatise on Natural Philosophy* (New Edition. Cambridge: Cambridge University Press, 1879), vol. 1, part 1, §317.
46) J.W. Strutt, 앞의 글, pp. 52-53.
47) 같은 글, p. 54.

쇠 공명기의 입구에 종이 디스크를 매달았다. 128Hz 소리굽쇠를 울려 공명기 앞에 유지하였더니 디스크는 즉시 관의 길이 방향에 수직으로 배열되었다. 레일리는 몇 번에 걸친 실험을 통하여 종이 디스크는 놋쇠 관의 입구에 형성되는 공기 진동에 대하여 수직으로 놓이려는 경향이 있다는 것을 발견하였다. 이틀 후 레일리는 256Hz의 고유 진동수를 갖는 공명기와 소리굽쇠로 비슷한 실험을 수행하여 같은 결과를 얻었다. 이 경우에는 128Hz를 사용할 때보다는 디스크의 반응이 덜 두드러졌다. 효과를 용이하게 검출하기 위해 레일리는 훨씬 더 작은 종이 디스크를 사용했다. 이것이 레일리 디스크(Rayleigh disk)의 핵심 작동 원리이다. 레일리는 이 성질을 이용하여 민감한 소리진동의 세기를 측정할 수 있는 장치를 고안하였다. 이러한 소리 세기의 측정 장치는 당시에 그것을 측정할 수 있는 다른 장치가 없는 상황에서 소리 측정의 객관적 수단을 얻어냈다는 점에서 의미가 크다. 레일리는 종이 디스크가 공기의 흐름이 강한 입구에서 흐름에 수직으로 놓이려는 힘을 받는 이유를 수력학적 해석에 의거해 설명하였다. 이것은 공명기의 특성에 대한 레일리의 수력학적 실험 연구가 결실을 맺은 것으로 볼 수 있다.[48]

(2) 분사물에 대한 연구

수력학적 문제가 음향학과 갖는 관련성을 보여주는 가장 대표적인 사례가 분사물에 대한 연구이다. 틴들은 미국의 음향학자인 리 콘트(John Le Conte)가 연주회에서 물고기 꼬리(fish-tail) 버너에서 나오는 불꽃

---

48) 구자현, 「레일리의 실험 음향학 연구의 성과: 도구의 개선과 정밀성의 증진」《한국음향학회지》 22 (2003), pp. 114–120.

이 음악가가 베토벤의 곡을 연주하는
동안 우아하게 춤을 추는 것을 보았다.
1876년에 틴들은 왕립 연구소에서 이
특이한 현상에 대한 시범을 보였고
연기 분사물로도 비슷한 효과를 낼
수 있음을 입증했다. 다양한 종류의
소리에 영향을 받을 때 분사물은 두
툼한 머리 모양이나 잎이 우거진 나
무 모양으로 나타났다.(그림 4.1)[49]
줄기의 길이는 음높이에 의존했고
음이 너무 높아지면 효과가 나지 않

출전: Tyndall, *On Sound*, p. 385.

그림 4.1 틴들의 연기 분사물

았다. 틴들은 이러한 불안정성을 불꽃을 춤추게 만드는 원인으로 해석
했지만 어떤 이론적 설명을 제시하지는 않았다.[50]

틴들의 민감 불꽃과 민감 분사물에 대한 보고는 레일리의 관심을
끌었다. 레일리는 물 분사물이 소리에 노출될 때 나타내는 불안정성에
대한 사바르(Félix Savart)와 플라토(Joseph Plateau)의 실험도 잘 알
고 있었다. 물 분사물의 경우에 결정 인자는 물 표면의 모세관력이었
다. 그것이 소리에 노출되어 흩어지면 전체 표면은 원래의 원통형보다
적어진다. 1879년에 레일리는 분사물 표면의 무한히 작은 파동 형태의
교란이 커지기 위한 조건을 결정했다. 그것은 톰슨이 수면 위에 바람
이 부는 경우에 대하여 수행한 것과 유사하다. 레일리는 톰슨의 파 이
론을 더 충실히 따라서 연기 분사의 불안정성에 관한 이론도 제시했

---

49) Olivier Darrigol, *Worlds of Flows: A History of Hydrodynamics from the Bernoullis to Prandtl* (Oxford University Press, 2005), p. 208.

50) John Tyndall, "On the Action of Sonorous Vibrations on Gaseous and Liquid Jets," *Philosophical Magazine* 33 (1867), pp. 375–391.

다. 관련된 불안정성은 공기의 운동에 대한 원통형의 불연속면의 불안
정성이었다. 모세관력을 무시하면 레일리는 속도 v의 분사물에서 공간
상의 주기 λ를 갖는 교란은 $e^{vt/\lambda}$에 비례해 커진다는 것을 보였다.[51]
이러한 결과는 짧은 파장의 소리에서는 효과가 없다는 틴들의 관찰과
일치하지 않았다. 레일리는 그 차이를 공기의 점성에서 찾았다. 분사
물 주위에서 소용돌이(vorticity) 시트나 불연속면은 유한한 두께의 소
용돌이 층으로 바뀐다. 그다음에 레일리는 일정한 소용돌이의 유한한
층의 안정성을 조사했다. 점성이 없을 경우에 그 층의 두께가 소리에
의한 교란의 파장을 초월하면 그 층은 안정해진다. 이 결과는 속도의
불연속성을 줄어들게 함으로써 높은 음에 대하여 점성이 분사물을 안
정화시킬 것으로 간주할 수 있었다.[52]

이렇게 유체 역학과 틴들의 실험의 편차를 해결한 후에 레일리는 고
정된 벽 사이의 2차원 평행 흐름이라는 이론적으로 유사한 문제로 나
아갔다. 그는 먼저 교란된 분리면들을 가지는 일정한 소용돌이의 유한
한 층들이 연속되어 안정성을 갖는 경우를 연구했다. 여기에서 그는 헬
름홀츠가 썼던 전류와 소용돌이 사이의 유비를 사용했다. 연속적인 소
용돌이 세기에 대하여 안정성은 두 벽 사이에서 소용돌이 세기가 변하
는 정도의 부호가 일정한 것에 의존한다. 그다음에 레일리는 안정성의
문제에 더 직접적인 접근법을 제안했다. 그는 소용돌이 방정식을 세우
고 그것으로부터 안정성 방정식을 얻어 안정성의 기준을 수립할 수 있

51) Rayleigh, "On the Instability of Jets," *Proceedings of London Mathe-matical Society* 10 (1879) pp. 4-13; *Scientific Papers by Lord Rayleigh,* vol. 1, art. 58, pp. 361-371.

52) Rayleigh, "On the Stability, or Instability, of Certain Fluid Motions," *Proceedings of London Mathematical Society* 11 (1880) pp. 57-70; *Scientific Papers by Lord Rayleigh,* vol. 1, art. 66, pp. 474-487.

었다. 원통형의 경우에 안정성의 기준은 축으로부터 바깥쪽으로 나가면서 회전이 일관되게 줄거나 늘어나는 것이다.

　분사물의 안정성에 관련된 논의는 이미 플라토에 의해 이루어졌다. 레일리는 평형 표면 $r = a$가 약하게 변형되어

$$r = a + \alpha \cos kz \qquad (4-1)$$

의 형태가 될 수 있다고 놓았다.[53] 이것은 z 방향으로 분사물이 진행하면서 원통형의 분사물의 반지름에 진폭이 α인 주기적인 진동이 일어나는 것을 나타낸 식이다. 이때 ka가 1보다 크면 파장이 원통의 둘레보다 커서 불안정한 경우이고 1보다 작으면 파장이 짧아서 안정한 경우이다. 그러나 이 경우는 분사물이 정적인 경우에 해당되는 것이고 분사물이 흩어지는 경우에는 적합하지 않다는 것이 레일리의 지적이었다. 문제는 주기가 둘레보다 큰 경우에는 변형이 지수 함수적으로 커지면서 불안정해진다는 것이다. 레일리는 이 문제를 풀기 위해 원통 방향과 축 방향의 속도를 공통의 속도 퍼텐셜로부터 구하도록 하고 유체의 저항은 속도에 비례한다는 가정하에서 문제를 다루었다. 속도 퍼텐셜은 라플라스 방정식을 만족하고 여기에 경계 조건을 대입하여 베셀 함수가 있는 해를 구하였다. 그러나 실제 분사물에서는 점성이 존재하고 속도 퍼텐셜도 존재하지 않으므로 분사물의 운동은 훨씬 더 복잡하다. 그래도 레일리는 축에 대하여 대칭성이 유지된다고 가정하고서 스톡스의 흐름 함수를 써서 운동 방정식을 표현하였고 그것을

---

53) Rayleigh, "On the Instability of a Cylinder of Viscous Liquid under Capillary Force," *Philosophical Magazine* 34 (1892), pp. 145-154; *Scientific Papers by Lord Rayleigh*, vol. 3, art. 195, pp. 585-593.

경계 조건을 대입하여 역시 베셀 함수를 가진 해를 구하였다. 이 해에 따르면 파장이 긴 경우는 이러한 해는 점성이 엄청나게 큰 유리나 당밀이 양쪽 끝에서 지지받는 경우에 보이는 행동을 설명할 수 있고, 분사물이 방울지는 경우는 점성보다 유동성이 커서 관성이 작용하는 경우로 이해되었다.[54]

레일리는 분사물과 불꽃을 유사한 특성을 보여주는 것에 주목하여 민감 불꽃의 개선을 추구하였다. 레일리는 나무로 상자를 만들고 한쪽 면을 얇은 종이로 발랐다. 위쪽에는 굵은 관을 연결하고 아래쪽에는 핀 구멍 동석 버너로부터 가스를 공급하여 불꽃을 만들었다. 이때 분사되는 기체는 위쪽 관의 중심을 통과하도록 해야 한다. 소리는 쉽게 종이막(paper diaphragm)을 투과하고 불꽃은 훨씬 더 쉽게 흥분된다. 그러니까 불꽃의 기부 주위에 상자를 둘러서 바람이 닿지 않게 하고 한쪽 면은 종이로 발라서 소리의 진동이 쉽게 불꽃의 기부에 도달하도록 하여 불꽃의 흔들림(흥분)이 쉽게 나타나게 한 것이다. 이러한 장치를 만들어내는 데에는 분사물은 불꽃과 다르지 않고 분사물의 흔들림은 곧 불꽃의 흔들림과 같다는 생각이 바탕이 되었다.[55]

분사물에 대한 레일리의 관심은 실험적 문제뿐 아니라 이론적인 문제도 폭넓게 포괄했다. 이미 분사물에 대한 수학적 고찰은 키르히호프나 맥스웰에 의해 19세기 중반에 많이 이루어졌다. 레일리는 이러한 논의 중에서 스스로 미흡하다고 생각되는 논의를 잡아서 풀기를 시도하였다. 그가 관심 가졌던 첫 번째 문제는 분사물의 수축에 관한 문제였다. 이 문제를 풀어감에 있어서 베르누이의 정리는 기본적으로 중요

54) 같은 글, p. 592.
55) Rayleigh, Experimental Notebook, housed in Burndy Library, Dibner Institute, MIT, Cambridge, 1879년 12월 20일.

한 위치를 점하고 있었다. 분사물의 내부의 압력이 외부에 비해서 높다는 것에서 레일리는 중심부분의 유속이 변두리에 비해서 느리다는 것을 논의의 기본적인 출발점으로 삼았다. 여기에 윌리엄 톰슨이 사용하였던 것처럼 에너지 보존에 대한 고려를 중심에 삼았다. 레일리는 에너지 보존법칙의 특수한 사례로 베르누이 정리를 이해하고 있었다.[56] 그는 에너지 보존 법칙에 추가하여 운동량 보존 법칙을 적용하여 유체의 운동을 해석하기를 시도하였다. 이러한 방법의 채용은 이후에 물리학에서 일반적으로 널리 채용되게 되지만 이때만 해도 이것이 일반적인 방법은 아니었다.

1880년에도 계속 이어진 레일리의 분사에 대한 연구는 음향학적 관심사와 긴밀하게 연관된 가운데 이루어졌다. 색물을 액체 속에서 분사하는 실험은 액체의 온도에 따라 분사가 얼마나 유지되는지를 측정하였다. 색물의 온도가 낮게 유지될수록 플레어링(flaring)은 더디게 일어나는 것을 확인했다. 또한 분사가 소리굽쇠의 소리에 반응하는 양상에 대한 다각적인 실험도 수행하였다. 소리에 대한 분사의 민감성에 대한 연구는 회전하는 구멍이나 소리굽쇠 사이의 슬릿으로 들여다보면서 분사의 움직임을 느리게 관찰하면서 이루어졌는데 레일리는 분사의 자연 진동수와 외부에서 들어가는 소리의 진동수의 상호 관계에 따라 분사물이 진동하는 양상이 달라지는 것에 주목하였다. 물줄기가 때로는 뱀처럼 꿈틀거리기도 하고 때로는 방울방울 흩어지면서 2갈래, 또는 3갈래로 갈라지기도 했다. 또한 두 줄기의 분사를 충돌시키면서 물방울이 병합하고 갈라지는 양상을 자세히 관찰하기도 했다. 이러한 과정에서 물의 점성이 미치는 영향을 알아보기 위해 비눗물이나 알코

---

56) Rayleigh, "Note on Hydrodynamics," *Philosophical Magazine* 2 (1876), pp. 207 – 304.

올을 일정한 비율로 섞어서 실험을 수행하기도 하였다. 1881년 초에는 우유를 섞어서 실험을 수행하고 그 결과를 비눗물을 섞었을 때와 비교해 보았다. 이로써 우유를 약간만 넣어 점성을 강화시켜 주었을 때 분사물의 응집(coherence)이 잘 일어난다는 것을 확인하였다. 반면에 비눗물을 넣는 것은 응집을 줄이는 효과를 보인다는 것도 주목했다. 그것은 비눗물이 물의 표면장력을 줄여주기 때문이다. 이러한 레일리의 실험적 연구들은 분사물의 본성을 알아보기 위한 집중적인 노력의 일부였다.

1880년 8월 25일에 레일리는 낮은 음으로 분사의 분해(resolution)를 얻는 법을 연구했다. 그는 256Hz의 소리를 내는 소리굽쇠의 소리를 분사에 가했을 때 분사가 분해되는 것을 확인했다. 이러한 과정을 관찰하는 데에는 소리 바퀴(phonic wheel)가 요긴하게 활용되었다. 256Hz 소리굽쇠를 구동시키기 위해서는 64Hz 단속 소리굽쇠(break fork)가 사용되었다. 나중에는 실험대를 가리고 활로 켠 소리굽쇠로 분사를 분해하는 방법을 썼더니 물방울들을 잘 볼 수 있었다.[57]

레일리의 수력학적 연구가 음향학에 의해 상당한 도움을 받았던 사례는 공명기가 분사물의 진동을 강화할 수 있다는 점을 보여준 실험을 들 수 있다. 레일리는 분사물의 진동이 곧 공기의 진동에서 유발된다고 생각하였고 노래하는 불꽃이 불꽃 위에 씌우는 관에 의해 다른 소리를 내는 것에 착안하여 분사물의 노즐 아래에 공명기의 입구를 놓음으로써 공기의 진동을 강화시켜 분사물의 소리에 대한 민감성을 증가시키기를 꾀하였다. 이 실험에 사용된 노즐은 동석 핀 구멍 버너이거나 뽑아낸 유리관이었다. 이 노즐 밑에 c'으로 조율된 병을 놓자 기체 분사물은 또 하나의 공명기 위에 올려놓은 c' 소리굽쇠에 매우

---

57) Rayleigh, Experimental Notebook, 1880년 8월 25일.

민감해져서 귀의 민감성을 능가했다. 분사물의 소리에 대한 민감성이 인식되면서 수력학적 연구는 음향학적 연구와 긴밀한 연관성을 갖게 된 것이다.

(3) 수면파 연구

레일리는 수면파에 대해서도 많은 관심을 기울였는데 일찍부터 러셀의 고립파에 대해서 관심을 가졌다. 레일리의 수면파에 관한 관심이 1876년에 발표된 「파동에 관하여」(On Waves)라는 긴 논문에서 일찍 표출되었다.[58] 레일리는 논의를 단순하게 하기 위해서 직사각형의 단면을 갖는 운하라는 특별한 경우를 고려하였다. 파장이 물의 깊이에 비해서 매우 길고 진폭이 수심에 비해 크지 않은 장파(long wave)의 문제는 일찍이 라그랑주에 의해 연구되었다. 레일리는 운하를 하나의 관으로 간주하고 운하의 깊이가 변함에 따라 단면적이 점진적으로 변하는 상황에 관심을 기울였다. 이 문제를 풀 때 레일리는 운하 안의 물의 유속과 반대 방향으로 수면파가 유속과 동일한 속력으로 퍼져나가서 그 파형이 공간상에 고정되는 정상 운동(steady motion)의 상황을 상정하였다. 이러한 접근법은 이후 충격파의 분석에서 흔히 사용될 방법이었다. 레일리는 이러한 상황을 상정함으로써 문제를 단순하게 다룰 수 있음을 보여주었다. 레일리가 품었던 문제는 중력 때문에 유속이 조정될 때 얼마나 수면의 압력이 일정하게 유지될 수 있는가라는 의문이었다. 레일리는 유속과 중력은 수면의 압력을 줄여주는 효과를 낸다는 것을 기본으로 삼고 물의 부피가 일정하게 보존된다는 가정과 연속 조건을 이용하여 압력의 변동 양상을 고려하였다. 이로부터

---

58) Rayleigh, "On Waves," *Philosophical Magazine* 1 (1876), pp. 257–279; *Scientific Papers by Lord Rayleigh*, vol. 1, art. 38, pp. 251–271.

레일리는 동일 압력을 유지하기 위한 힘이 운하의 바닥으로부터의 거리의 세제곱에 반비례한다는 것을 밝혀내었다. 이 결과는 단면적이 일정한 특수한 경우에 대하여 그린(George Green, 1793-1841)과 에어리 등이 각자 자신의 방법으로 찾아낸 것과 동일한 것이었다. 이 논문의 주된 논의는 수력학적인 것이었지만 레일리는 이러한 결과가 파동현상에 보편적으로 적용될 수 있는 것으로 간주하고 이 정리를 단면이 점진적으로 변하는 파이프에서 전달되는 음파에 적용할 수 있다고 보았다.[59]

이 논문에서 레일리의 다음 관심은 고립파였다. 고립파는 파장이 운하의 깊이의 6 내지 8배 정도 되는 수면파이므로 지금까지 레일리가 고려한 장파에 근사적으로 포함시킬 수 있었다. 러셀은 실험에 의거해서 고립파에는 두 종류의 파, 즉 교란되지 않은 수위보다 상승된 양성파(positive wave)와 교란되지 않은 수위보다 하강된 음성파(negative wave)가 있으며 둘은 상이한 행동을 나타낸다는 것을 보였다. 즉 양성파는 먼 거리까지 손실 없이 전파되지만 음성파는 곧 해체되어 흩어진다는 것이다. 이러한 고립파의 독특성에 대해서는 에어리조차도 백과사전에 실린 그의 글 「조수와 파동」(Tides and Waves)에서 인정하지 않았고 스톡스도 "러셀의 실험이 옳다면 고립파의 독특성이 발견된 것으로 간주할 수 있다"는 소극적인 태도를 취했다. 이러한 상황에서 레일리는 자신의 장파 이론을 기초로 하여 러셀이 관찰했지만 수학적으로 설명하기 어려웠던 고립파에 대한 근사적 이론을 얻어내었다.[60]

고립파의 수학적 존재는 이미 1871년과 1872년에 스톡스와 톰슨이

---

59) 같은 글, p. 255.
60) 같은 글, pp. 257-261.

모르는 중에 이미 논의되었다. 부새네스크는 열린 수로 이론을 궁구하고 있었다. 그는 스승 생-브낭을 따라 강과 운하에서 물의 운동의 모든 측면을 수학적으로 분석하기를 시도했다. 1871년의 논문에서 부새네스크는 직사각형의 해협에서 형태 왜곡 없이 일정한 속력으로 전파되는 오일러 방정식의 해를 찾으려고 노력했다. 그는 근사의 방법을 써서 이 문제를 풀었다.

1876년에 레일리는 독자적으로 고립파 방정식과 측면 곡선을 얻어냈다. 그는 라그랑주와 부새네스크처럼 수직 좌표 y의 멱수에 의해 유체의 속력을 전개하는 생각을 했다. 그는 유체 운동을 파동에 딸린 기준계에서 분석하면서 라그랑주의 퍼텐셜과 흐름 함수를 함께 써서

$$- vdx + udy = d\psi \qquad (4-2)$$

로 나타내었다. 요구되는 y의 멱수에 의한 전개

$$\phi = \beta - \frac{y^2}{2!}\beta'' + \frac{y^4}{4!}\beta'''' - \ .... \qquad (4-3)$$

$$\phi = y\beta' - \frac{y^3}{3!}\beta''' + \ .... \qquad (4-4)$$

여기에서 흐름함수 $\psi = 0$은 수로의 바닥을 의미한다. 레일리의 기준계에서는 운동이 정상 상태이고 유체 표면의 입자는 표면에 머물러야 한다는 조건이 이 표면이 유선이어야 한다는 조건

$$\phi(x, y) = - ch \quad (c: 파속, \ h: 깊이) \qquad (4-5)$$

으로 바뀌었다. 자유면에서 균일한 압력의 조건은

$$u^2 + v^2 = c^2 - 2g(y - h) \qquad (4-6)$$

이다. 레일리는 ϕ와 ψ의 멱수 전개를 이 두 조건에 대입하고 2차 이상의 항을 무시하여 방정식

$$\frac{1}{y} + \frac{2}{3}\frac{y''}{y} - \frac{1}{3}\frac{y'^2}{y^2} = \frac{1}{h^2} - \frac{2g(y - h)}{c^2 h^2} \qquad (4-7)$$

를 얻었다. 이 방정식을 두 번 적분하여 레일리는 고립파의 파형을 얻어내었다.

　1895년에 네덜란드의 수학자 코르테벡(Diederik Johannes Korteweg)과 그의 박사 학생 드 프리스(Gustav de Vries)는 레일리의 1876년의 방법을 확장하여 진동파, 임의의 변화하는 형태의 장파, 모세관 효과 등을 다루었다. 그들은 부새네스크의 연구에 대해서 알지 못한 가운데 그가 얻은 것과 매우 유사한 방정식을 재발견했다. 또한 코르테벡과 드 프리스는 레일리의 유도를 안정된 모양의 주기파로 확장하였다. 그들은 안정한 형태의 파동으로 고립파와 진동파의 존재를 1879년 이후 믿었던 스톡스와 같은 입장을 취했다. 1891년에 스톡스는 이전에 안정한 고립파의 존재를 부인하는 널리 퍼진 잘못된 믿음으로 이끌었던 가정을 찾아냈다. 그것은 주어진 파고에 대하여 고립파의 파장이 매우 길 수 있어서 수평 속도가 수직선상에서 동일하다는 가정이었다. 이것이 바로 에어리가 강하게 주장한 파의 비선형 변형의 이론의 출발점이었다. 이러한 가정은 고립파의 파장은 파고에 의해 결정되므로 틀린 것이었다. 스톡스는 주어진 파장에 대하여 자신의 주장, 고립파의 파고는 일정한 깊이의 분산(dispersion)을 겪을 정도로 매우 작을 수 있다는 주장을 전개

했다.

러셀은 1844년에 흥미로운 관찰을 보고했다. 진동파의 경우에 전체 군(group)의 전파 운동은 수면을 따라 나타나는 파의 겉보기 병진 운동과 다르더라는 것이다. 이 언급은 오랫동안 주목을 받지 못하다 가 프루드가 유사한 관찰을 하고 그 결과를 1870년대 초에 스톡스 와 레일리에게 전했다. 프루드는 파속(train of waves)의 굽이침 (undulation)은 파속의 선두보다 더 빨리 진행한다는 것을 주목했다. 스톡스는 1876년에 깊은 물의 경우에 물 위의 큰 파도의 전파 속도는 개별 파의 전파 속도의 절반에 해당한다는 것이 이론적 결과임을 인 식했음을 에어리에게 알렸다.[61] 스톡스는 이 문제를 케임브리지의 우 수 졸업생이 참가하는 논문 대회인 스미스 상의 문제로 내기도 했다. 이듬해 맨체스터의 공학 교수인 레이놀즈(Osborne Reynolds)는 돌을 연못에 던지거나, 해수파의 간섭이나 배의 운동에 의해 만들어지는 파 군(wave group)에 대한 자신의 관찰을 보고했다. 그는 러셀이나 프루 드와 마찬가지로 그는 깊은 물의 파군은 그것을 구성하는 개별파보다 느리게 움직인다는 것을 주목했다. 그는 군 속도가 에너지의 전파속도 라고 보았고 군 속도는 위상의 속도와 다르다는 것을 보였다. 가령 옥 수수 밭에서 바람으로 생기는 파는 어떤 에너지를 전달하지 않는다. 왜냐하면 개별 옥수수 대의 운동은 독립적이기 때문이다. 깊은 물 위 의 사인파라는 더 복잡한 현상의 경우에 물의 입자들은 일정한 속력 으로 원을 그리면서 움직이기 때문에 아무런 운동 에너지가 파에 의 해 전달되지 않는다. 반면에 퍼텐셜 에너지는 위상 속도로 전달된다. 그러한 파의 퍼텐셜 에너지는 전체 에너지의 절반에 해당하므로 에너 지 전파 속도는 위상 속도의 절반이 된다. 그러므로 군 속도는 위상

---

61) Darrigol, 앞의 책, pp. 85-86.

속도의 절반이다.[62]

레일리는 1877년에 『음향 이론』에 스톡스가 프루드의 자극을 받아 군 속도를 독자적으로 얻은 것을 포함했다. 그는 레이놀즈가 유도한 에너지 전달 속도와 군 속도의 일치를 정확한 수학적 방식으로 입증했다. 그는 일정한 깊이를 갖는 물 위의 작은 수면파의 경우에 물의 횡단면에 작용하는 압력이 하는 일과 파의 에너지 밀도 사이의 비를 계산하여 이것을 알아냈다. 보다 일반적인 분산이 일어나는 매질의 경우에는 매질의 부분의 절대 속도에 비례하는 가상적인 마찰을 도입하였고 시작점에서 만들어져 한 방향으로 진행하는 진동 에너지를 가정하여 마찰력으로 손실되는 효과를 계산했다. 소산되는 에너지가 발생하면 에너지 보존에 의해 손실분이 보상되어야 하므로 에너지 흐름이 생기게 되고 에너지 전파 속도는 군 속도와 동일해진다.[63] 군속도의 개념은 분산이 처음으로 알려진 광학과 음향학에서 나타날 수 있었을 법하지만 실제는 그렇지 못했다. 이러한 개념은 간섭이나 맥놀이와 관련되어 있기에 스톡스와 레일리의 이론적 사고의 자극을 받았을 것 같지만 실제로는 물 위에서 움직이는 파에 대한 관찰이 이 새로운 혁신적 개념에 결정적으로 기여했다.

레일리는 낚시 줄에 의해 생기는 정상파의 발생 과정을 수력학적으로 해명하는 데 결정적으로 기여했다. 러셀은 흐르는 물에 드리워진 낚시 줄 같은 장애물에 의해 수면파의 파장이 어떻게 달라지는지 살펴보았다. 그는 흐름에 역행하는 파동은 파장이 짧아지고 흐름에 순행하는 파동은 파장이 길어지지만 두 파동은 물에 대하여 같은 속도로 움직인다는 것을 주목했다. 윌리엄 톰슨은 자신의 논의를 통하여 이렇

---

62) 같은 책, p. 87.
63) 같은 책, p. 87.

게 생기는 수면파의 속력이 초속 23cm/s를 넘을 수 없다고 보았다. 1871년에 영국 해군이 전함 설계 위원회를 조직하는 데 결정적인 계기가 된 사건은 영국 전함 캡틴 호(HMS *Captain*)의 침몰이었다. 톰슨은 그 위원회에 참가하면서 가장 규모가 큰 장파가 무엇인지 스톡스에게 물었다. 이듬해 개인 소유의 요트를 타고 항해하는 동안 톰슨은 늘어뜨린 낚시 줄의 앞쪽에는 매우 작은 수면파인 잔물결이 생기지만 뒤쪽에는 훨씬 더 긴 파가 생기는 것을 목격했다. 이 파는 그 형태가 매우 정상적(定常的)이어서 모두 낚시 줄의 움직이는 속도와 같은 속도로 움직이고 있다고 말할 수 있었다. 이런 현상은 이미 프랑스의 군사 공학자이자 수학자인 퐁슬레(Jean Victor Poncelet)가 동료 레스브로(Joseph A. Lesbros)와 함께 목격했고 러셀은 이미 관찰뿐 아니라 그 원인이 모세관력이라는 것도 알아냈다. 그러나 이 문제를 수력학적으로 처음 풀이한 사람은 톰슨이었다. 그는 선형화한 운동 방정식의 해로 $\cos(kx - wt)$ 형태의 해를 얻고자 했다. 그는 표면 장력을 고려하는 항을 속도 퍼텐셜에 반영하여 해당하는 속도식

$$c = \sqrt{\frac{g}{k} + Tk} \quad (g: \text{중력 가속도}, \ T: \text{장력}) \qquad (4-8)$$

을 얻었다. 주어진 속도에서 낚시 줄의 앞과 뒤에서 관찰되는 두 가지 가능한 파장 값이 있다. 파장이 작은 경우에는 모세관 파(capillary wave)로서 $c = \sqrt{Tk}$가 성립하고, 더 큰 파는 중력 파(gravity wave)로서 $c = \sqrt{g/k}$를 따른다.[64]

톰슨은 단지 자유 파에 대해서 추론했을 뿐 낚시 줄이 파를 야기하

---

64) 같은 책, p. 88.

는 과정은 분석하지 않았다. 이 어려운 일은 1883년에 레일리가 성공
적으로 수행했다. 그는 먼저 진행파를 정상파 문제로 바꾸기 위해서
교란 원인인 낚시 줄과 같은 속도로 움직이는 기준계에서 사고를 수
행했다. 레일리는 1차원인 아닌 2차원 장애물로 문제를 확장시켰다.
그는 이 문제를 퍼텐셜 및 흐름 함수의 개념을 써서 풀어나갔다. 속도
퍼텐셜의 개념은 이미 레일리가 『음향 이론』(Theory of Sound)의
239절에서 자세히 다룬 것이었다. 그는 제한된 2차원 문제에서 사인파
에 해당하는 표면 압력의 분포를 계산했다. 그는 무한 깊이의 경우만
을 취급했는데 여기에서도 퍼텐셜과 흐름 함수의 고려가 핵심적인 역
할을 했다.65) 그는 해당하는 자유 파의 속도와 유수의 속도가 같으면
표면의 변형을 얻기 위한 적분식이 성립하지 않는 난점을 피하기 위
해 작고 가상적인 마찰력을 도입하여 균일한 흐름의 자유 진동이 감
쇠하게 하였다. 퍼텐셜이 존재하기 위한 라그랑주의 정리가 이 힘의
존재하에서도 계속 성립하였다. 형식상으로 볼 때 레일리는 현대의 산
란 이론에서 흔히 사용되는 교란력의 발생을 예고했다.

　　1876년의 「파동에 관하여」라는 논문에서 레일리가 다룬 또 다른 주
제는 깊은 물 속에서의 주기파(periodic wave)에 관하여 논의를 전개
하였다. 이 문제는 앞에서 논의한 장파의 경우와 달리 파장에 비하여
수심이 매우 큰 경우였다. 이러한 문제에 관해서는 랭카인과 프루드
등이 이미 연구 한 적이 있었다. 이들은 이 경우에 유체의 각 입자가
원형의 운동을 하게 된다는 입자 회전(molecular rotation)을 주장했는
데 이것은 거스트너에 의해 제시된 주장이었다. 레일리는 이러한 운동

---

65) Rayleigh, "The Form of Standing Waves on the Surface of Running
　　Water," *Proceedings of London Mathematical Society* 2 (1883), pp. 69
　　-78; *Scientific Papers by Lord Rayleigh*, vol. 2, art. 109, pp. 258-267.

이 자연적인 힘에 의해 유체 속에서 유발될 수 없다는 점에 주목하였다. 그리하여 레일리는 입자 회전이 없는 깊은 물에서의 주기파의 운동을 기술해 내고 이것의 특수한 경우가 장파에 해당한다는 것을 보여주었다.[66] 또한 흐르는 물의 수면 근처에서 물이 수면파의 진행 방향으로 천천히 병진한다는 것을 스톡스가 이론적으로 얻어내었는데 레일리는 이것이 입자 회전의 부재의 직접적 결과임을 보임으로써 자신의 비회전 이론에 설득력을 더하였다.[67]

(4) 조수 연구

레일리가 조수 현상에 대해서 본격적인 관심을 갖기 시작한 것은 20세기 들어와서였다. 보름 주기의 조수를 계산하는 문제에 대한 레일리의 논의는 지구가 태양이나 달로부터 받는 힘이 고체 지구의 운동에 어떤 영향을 미치는지를 염두에 두고 이루어졌다.[68] 절대 강체인 지구에 미치는 보름 주기 조수는 '평형값'(equilibrium value)과 같을 것이라는 가정 위에서 조지 다윈(George Darwin)은 지구의 강체성은 켈빈 경이 추정한 대로 실제로 강철 정도가 되어야 한다고 보았다. 이에 대하여 레일리는 '평형 이론'이 적합한가에 대하여 의문을 제기하였다. 그는 조수에 의해 교란되지 않은 바다는 평형 상태에 있지 않으며 조수는 지구의 자전 때문에 '정상 운동'(steady motion)의 조건 주변에서 일어나는 진동이라는 것을 기억할 필요가 있음을 지적한다. 라

---

66) 같은 글, pp. 262-263.

67) 같은 글, pp. 263-264.

68) Rayleigh, "Note on the Theory of the Fortnightly Tide," *Philosophical Magazine* 5 (1903), pp. 136-141; *Scientific Papers by Lord Rayleigh*, vol. 5, art. 282, pp. 84-88.

플라스의 조수 이론에서는 지구의 자전은 충분히 고려되지만 바다는 전체 지구를 덮고 있거나 적어도 위도를 따라서 전 지구를 순환하는 해안에 의해 갇혀 있는 것으로 가정되었다. 라플라스는 자신이 세운 조수 방정식을 풀지 않고 보름 주기와 반년 주기의 조수에 대한 해는 마찰의 영향을 받아서는 '평형값'에서 크게 달라질 수 없다고 언급했다.[69] 다윈은 일정한 깊이를 갖는 바다를 갖는 지구에 대하여 라플라스의 미분 방정식을 마찰을 고려하여 다시 풀었고 라플라스가 1종(species)이라고 부른 진동에 대한 완결된 해에 도달하였다. 램은 다윈의 결과를 그의 『수력학』에서 요약하였는데 이에 따르면 바닷물의 깊이를 7260피트로 잡았을 때 2주 주기 조수의 평형값은 바닷물의 깊이를 29040피트로 4배 늘려 잡았을 때의 값과 큰 차이를 보여 다윈은 조수 현상의 관찰에 의해 지구의 강체성을 평가하는 것이 가능하리라는 생각에 의문을 갖게 되었다. 레일리는 평형값을 어느 정도까지 적용할 수 있는지를 답하기를 원했다. 수학적 논의를 통하여 실제 지구에서 평형값의 논의는 가능하다는 주장을 지지했다. 이 과정에서 『음향 이론』에서 다루어졌던 논의, 즉 작은 소모력이 존재하는 가운데 이루어지는 자유 진동에 대한 근사적인 논의가 활용되었다.[70] 그는 북극에서 남극에 이르는 장애물이 위도를 따른 물의 흐름을 막는 경우는 위도와 평행한 정상적인 물의 운동이 불가능할 것이지만 대양 내부에서는 그러한 위도 방향의 물의 운동이 가능하고 섬들에 의해 그러한 흐름이 교란되는 것은 크지 않다고 보았다. 레일리의 결론은 다윈이 유도한 평형 상태는 유효하며 평형값도 실제를 반영한다고 볼 수 있다는 것이다. 그 해가 간단하게 보여도 라플라스의 방법으로는

---

69) 같은 글, p. 84.
70) 같은 글, p. 86.

얻을 수 없는 것임을 확인하면서 레일리는 2주 주기 조수의 관찰이 수행되어야 하고 위도와 경도에 의존하는 법칙이 추구될 필요가 있음을 언급했다.

1909년에 레일리는 다시 조수 현상에 대한 관심을 드러냈다.[71] 그는 조수 현상이 가장 간단한 경우를 제외하고는 지구의 운동이 미치는 독특한 영향에 대한 인간의 무지로 인해 더 잘 이해되지 못하는 현실을 지적하고는 이 문제에 대한 라플라스의 혁신적인 업적을 칭송하였다. 라플라스는 지구 전체가 모두 균일한 깊이의 바다로 덮여 있거나 위도에 따라 깊이가 일정한 바다가 있는 것으로 상정하였다. 그의 업적은 켈빈, 다윈, 휴에 의해 확장되었다. 레일리는 라플라스의 가정이 너무 작위적이어서 실제 조석 예측에는 이렇다할 도움을 주지 못한 점을 지적하였다. 레일리는 라플라스와는 별도로 운하에서 조수를 취급한 영과 에어리의 연구처럼 실제적인 사실과 관련된 논의들의 가치를 높이 평가했다. 그는 지구 자전 때문에 생기는 복잡성이 제거된다면 조수의 문제는 켈빈이 생각한 것처럼 소용돌이의 문제가 되고 큰 어려움 없이 취급될 수 있음을 지적했다. 이에 따라 그는 스스로 크지 않은 목표를 설정했다. 우선 이상화된 직사각형 액체 시트에서 자유 진동을 다루고, 다음에는 자전하는 지구 위의 대양이 두 개의 자오선에 의해 경계가 지어진 문제를 풀었다. 후자의 경우에는 만족스럽지 못했는데 그는 미래에 더 나은 현대적인 수학적인 자원의 활용을 기대하였다.

---

71) Rayleigh, "Notes Concerning Tidal Oscillations upon a Rotating Globe," *Proceedings of the Royal Society*, A, 82 (1909), pp. 448–464; *Scientific Papers by Lord Rayleigh*, vol. 5, art. 334, pp. 497–513.

(5) 모세관력에 대한 연구

1883년에 레일리는 액체 내부에서 모세관력이 미치는 힘을 탐구하기 위해 액체 내부의 입자간 압력(molecular pressure)과 모세관력의 효과를 함께 고려했다.[72] 레일리는 모세관력을 고려하는 과정에서 라플라스를 출발점으로 삼음으로써 라플라스가 도입한 '감지할 수 없는 거리에서 감지 가능한 힘이라는 가설'을 받아들였다. 레일리는 일견 모순적으로 보일 수도 있는 이러한 가설을 받아들임으로써 '분자간 압력'이라는 것을 논의의 출발점으로 삼을 수 있었다. 라플라스는 반지름이 b인 액체 구 안에서의 압력을

$$K + H/b \ (K: \text{분자간 압력}, \ H: \text{모세관력 상수}) \quad (4-9)$$

로 표현했다. 라플라스는 이 두 힘 중에서 분자간 압력은 다른 힘에 비해 엄청나게 크지만 유체의 안쪽에서는 모든 점에서 같다고 보았다. 그리고 H/b는 b가 커지면 엄청나게 작아지는 값이므로 액체의 크기가 커지면 뒷부분은 0에 접근하고 압력은 오직 분자간 압력과 같아지게 된다.

레일리의 관심사는 두 다른 재료로 층을 이룬 경우에 경계선에서의 압력이 어떻게 되는가에 있었다. 그는 이 값이 경계층이 어떤 복잡한 층상 구조를 갖든지 가장 바깥쪽의 두 층의 분자간 압력의 차이에 의해 결정된다는 것을 보였다.[73] 레일리는 분자간 압력이 거대하다 하

---

72) Rayleigh, "On Laplace's Theory of Capillarity," *Philosophical Magazine*, 16 (1883), pp. 309–315; Rayleigh, *Scientific Papers by Lord Rayleigh*, vol. 2, art. 106, pp. 231–236.

73) 같은 글, p. 232.

더라도 그것을 관찰을 통해서 확인할 수는 없는 가설적 성격을 가지고 있으나 K 와 H 사이에는 긴밀한 관련이 있다고 보았다. Ⅰ층과 Ⅲ층 사이에 Ⅱ층이 끼어 있을 경우에 Ⅰ층과 Ⅱ층 사이의 분자간 압력 K_{12}와 Ⅱ층과 Ⅲ층 사이의 분자간 압력 K_{23}는 Ⅰ층과 Ⅲ층 사이의 분자간 압력 K_{13} 사이에는

$$K_{13} = K_{12} + K_{23} \quad (4-10)$$

이 성립한다고 볼 수 있는데 이것은 모세관력 상수 사이에도 비슷한 형태의 관계

$$H_{13} = H_{12} + H_{23} \quad (4-11)$$

이 성립한다고 생각할 수 있다는 것이 라플라스의 관점이었다. 그런데 레일리의 판단으로 실험적 증거에 따르면 후자의 관계가 성립하지 않는 것이 확실하므로 전자 또한 의심을 받을 수밖에 없다. 그리하여 레일리는 두 개의 다른 유체층이 관계할 경우 그 압력의 차이는 거리의 함수 $\phi(r)$와 각 유체의 밀도가 관계하는 것으로 가정하였다. 액체층 간의 압력 차이를 밀도에 직접 의존하는 것으로 간주하였는데 어떤 지점에서 분자간 압력은 밀도의 제곱에 비례하는 것으로 간주할 수 있다. 그리하여 레일리는 모세관력이 두 액체 사이의 전이가 충분히 점진적이면 사라져야 하는 이유까지 유도하였다. 그러므로 물과 공기의 경계와 같이 불연속적인 밀도의 변화가 있는 경우에는 모세관력이 존재하지만 이 사이에 점진적인 경계층이 세분화되어 연속적으로 존

재하면 모세관력이 사라지게 된다. 이렇게 압력 차이를 밀도 차이로
돌리는 것이 여전히 가설적임을 잘 알고 있었던 레일리는 자신의 방
법에 의해 모세관력에 대한 이해에 진보가 이루어지기를 희망했다.[74]

  액체 표면이 수축하려는 경향을 일찍이 주목하였던 영은 액체의 부
분들의 상호 인력이 매우 짧은 거리에 걸쳐서 일어난다는 것을 주장
하였다. 동일한 힘이 고체와 액체를 응집시키는 힘으로 작용하는 것으
로 이해되었다. 흔히 이런 관점을 처음으로 제시한 것이 라플라스이고
영은 표면 장력의 결과를 계산한 데에 만족했다는 생각이 널리 퍼져
있으나 그것이 잘못되었다고 1890년의 논문에서 레일리는 주장했
다.[75] 1805년에 나온 논문 「유체의 응집에 관하여」(On the Cohesion
of Fluids)에서 영은 라플라스보다 먼저 물질의 특성으로서 표면장력
을 면밀하게 연구할 필요성을 강조했다. 그의 이론적 전개는 다소 모
호하지만 고체와 액체의 구성 입자들이 뉴턴의 힘 개념처럼 거리의
제곱에 반비례하는 척력을 발휘하고 기체의 경우에는 이 힘이 통제할
수 없는 효과를 발휘한다. 액체의 경우에는 이 힘이 응집력에 의해 약
해지지만 여전히 모든 방향으로 자유롭게 움직일 수 있다. 이때 응집
력은 짧은 거리에서 일정한 크기를 갖는 것으로 상정되었다.

  레일리는 영의 이론이 나온 지 거의 1세기가 지나갔지만 이러한 작
용에 대해서 여전히 만족스럽지 않은 이해에 머물러 있음을 애석해
했다. 그는 의미 있는 진보를 이루어야 할 때가 되었다고 생각했다.
우선 그는 기체의 압력은 거리에 역으로 변하는 척력으로는 설명될
수 없고 맥스웰이 1875년에 주장한 대로 충돌하는 입자(molecule)의

---

74) 같은 글, pp. 234-236.
75) Rayleigh, "On the Theory of Surface Forces," *Philosophical Magazine*
    30 (1890), pp. 285-298, 456-475; *Scientific Papers by Lord Rayleigh*,
    vol. 3, art. 176, pp. 397-425. esp. p. 397.

충격에 호소해야 한다고 생각했다. 그러면서도 여전히 영과 라플라스를 따라서 근거리에서 작용하는 인력이 있다는 것을 받아들여야 한다고 생각했다. 그럴 때에라야 유체들이 갖는 표면력이나 모세관력이 설명되기 때문이었다.[76] 이러한 인력은 기체의 경우에서도 반데르발스가 보인 것처럼 작용하는 것으로 보아야 한다는 입장이었다. 액체에서 작용하는 이러한 인력을 극복하려면 액체를 증발시킬 열이 필요하다는 것이다. 영이 인력과 척력이 함께 작용하여 균형을 이루는 점을 찾은 반면에 라플라스는 척력은 없이 인력만을 고려한 것으로 보이지만 라플라스는 분자간 압력을 고려하고 있었다. 레일리는 라플라스의 이론이 분자 이론이 아니라고 보고 이러한 '분자간 압력'이라는 용어도 적절하지 않으므로 '내부 압력'(intrinsic pressure)이라는 용어를 쓸 것을 제안했다.[77] 그는 내부 압력을 잴 수 있는 실제적인 방법은 고체를 깨뜨릴 수 있는 힘을 재는 것이라고 생각했다. 액체의 경우에는 가장 작은 힘도 액체를 동강동강 흩어지게 할 수 있다고 여겨지는데 그런 생각이 옳다면 모세관 이론은 완전히 설 자리를 잃게 된다. 라플라스의 동역자였던 베르톨레(Berthollet)는 물이 직접 작용하는 50기압의 장력을 유지할 수 있다고 보았다. 그래서 그는 지연된 비등 현상도 같은 맥락에서 해석했다. 즉 과도하게 가열된 액체의 내부에 작은 공동(cavity)을 없애려는 경향을 갖는 응집력이 수증기압보다 덜 강하다면, 그 공동은 팽창하고 물은 끓을 것이다. 같은 생각을 일반적인 물에도 적용하면 표면 장력은 작은 공동을 무너뜨리려는 경향을 가질 것이고 공동에서의 압력은 처음에는 표면 장력에 비례할 것이고 벽의 곡률에 비례할 것이다. 이러한 생각이 극한 없이 유효하다면 무한히

---

76) 같은 글, p. 398.
77) 같은 글, p. 399.

작은 공동을 생각할 때 내부 압력이 모든 액체에서 무한대가 될 것이다. 그렇지만 공동이 작아지다가 그 크기가 인력의 범위에 들어오게 되면 압력은 한계값, 즉 내부 압력에 도달하게 된다. 레일리는 압력의 존재를 실험에 근거하여 받아들일 수 있다고 생각했다.

이렇게 영과 라플라스의 인력과 척력 이론이 실험적 근거와 일치한다고 본 후 레일리는 가우스의 표면 에너지 이론을 제시했다. 가우스는 액체의 표면적에 비례하는 퍼텐셜 에너지가 존재한다고 주장했다. 이런 이유 때문에 표면은 항상 수축하고 장력을 갖게 된다는 것이다. 이 이론은 1870년에 더 일반적인 형태로 볼츠만에 의해 제시되었다. 표면이 변형되어 면적이 넓어진다면 퍼텐셜 에너지는 그 변화에 비례하여 커져야 한다. 응집력만 받는 액체 덩어리가 있다면 그것은 구를 이루어야 한다. 구형이 된다는 것은 톰슨이 말한 것처럼 입자들이 서로 최대한 가까이 있으려고 하는 경향 때문에 생기는 것이다. 레일리는 모세관력에 대한 라플라스의 관점과 맥스웰의 관점을 결합시키려고 했다.[78]

레일리는 라플라스가 상정했듯이 r만큼 떨어져 있는 두 입자 m_1, m_2 사이의 응집력이 $m_1 m_2 \phi(r)$으로 표현되는 것으로 어떤 함수 ϕ를 상정하여 내부 압력 K와 표면 장력 T를 구하고 ϕ가 취할 수 있는 다양한 형태에 따라 K와 T가 어떻게 달라지는지를 알아보았다.[79] 그는 표면 장력을 고려하고 전개한 전반부의 논의와 달리 후반부에서는 표면 장력을 고려하지 않고 직접 압력을 얻어내는 시도를 했다.

레일리는 1883년에 다루었던 성질이 다른 두 유체 사이에 경계면의

---

78) 같은 글, p. 401.

79) 같은 글, p. 401-404.

문제로 다시 돌아와서 밀도가 연속적으로 변할 경우에 모세관 압력은
0이 될 수 있다는 점을 상기하고 장력이 두 연속적인 액체의 밀도차
의 제곱에 비례한다는 점을 지적했다. 그러므로 밀도 차이는 순차적으
로 낮아지는 경우가 장력을 가장 작게 할 수 있는 길이 된다.[80] 이것
과 연관하여 레일리는 원통형 유리그릇에 담긴 물 위에 뿌려진 기름
이 그릇의 벽면을 타고 오르면서 생기는 메니스커스의 양상이 라플라
스의 가설에 위배되는 점을 언급하면서 물과 기름과 유리의 면 사이
에 표면 장력의 문제를 지금까지의 논의의 연장선에서 다루었다. 그는
물 위에 뿌려진 기름이 뭉칠 것인가 펼쳐질 것인가는 표면 장력이 하
는 일과 관련하여 에너지가 작아지는 방향으로 변화가 일어나게 된다
는 것을 논의하였다.[81]

이 논문에서 레일리는 라플라스와 영이 제시하였던 개념을 따라 내
부 압력(분자간 압력)과 표면 장력(모세관력)의 균형을 통하여 다양
한 유체 표면의 압력 관계를 살폈다. 그가 1883년에 제시하였던 라플
라스의 모세관력에 관한 논문의 내용을 더욱 심화시켜 다양한 가능성
에 대한 논의로 확장시킨 것을 볼 수 있다.

2년 후 레일리는 이 논의를 압축 가능한 유체로 확장하여 표면 장
력의 이론을 취급하였다.[82] 영과 라플라스의 이론의 대표적인 2가지
가정은 이러하다. (1) 응집력의 범위는 보통 물체의 크기에 비하여
매우 작지만 분자간의 거리보다는 커서 물질은 연속적이라고 취급할
수 있다. (2) 고려되는 유체는 비압축성이다. 결국 레일리는 두 번째

---

80) 같은 글, p. 415.

81) 같은 글, pp. 421-425.

82) Rayleigh, "On the Theory of Surface Forces Ⅱ - Compressible Fluids,"
    Philosophical Magazine 33 (1892), pp. 209-220; *Scientific Papers by
    Lord Rayleigh*, vol. 3 art. 186, pp. 513-523.

가정이 이 이론을 기체나 수증기에는 적용할 수 없게 한다는 점에서 매우 제한적임을 적시하고 그 조건을 뛰어넘어 이 이론을 확장시키기를 시도했다.[83] 그는 맥스웰이 『브리태니커 백과사전』에 쓴 「모세관 작용」이라는 글에서 오류들을 발견하고 그것을 시정하기를 추구했다. 액체의 표면에서 증기가 발생하는 경우에 증기와 액체의 밀도 사이에 중간값들의 밀도가 모두 나타난다. 그러한 전이층이 발생하면서 밀도에서 생기는 자체 인력(self-attraction)이 주변에서 빠르게 변하는 밀도 때문에 발휘되지 않는다. 레일리는 수평의 액체면에서 증발이 일어나면서 생기는 전이층들이나 구형의 액체 덩어리 표면에서 증발이 일어나면서 생기는 전이층들에 대하여 논의를 전개하면서 위가 열린 모세관에서 액체가 증발하여 공기층과 닿으면서 볼록한 표면의 전이층들을 이루고 그 아래에서 더 밀도가 높은 증기가 액체의 수면과 수평으로 만나면서 전이층을 이루는 문제에 이러한 고찰을 적용할 수 있음을 언급하였다.[84]

1892년에 출판된 표면력의 이론의 3번째 논문에서 레일리는 오염물의 효과를 다루었다.[85] 물의 표면에 기름을 뿌렸을 때 표면 장력이 낮아지는 현상이 1891년에 보고된 것을 토대로 레일리는 이런 경우에 표면 장력이 낮아지는 효과는 얇은 막의 두께가 아니라 그 제곱에 비례하여 나타난다는 점을 지적했다. 그는 삽입된 막을 전후로 하여 생기는 두 개의 경계선에서 압력의 차이를 찾아서 K를 얻고 그로부터 표면 장력 T를 얻었다. 그리고 막이 없어졌을 때와 막의 두께가 무

83) 같은 글, p. 513.

84) 같은 글, pp. 519-523.

85) Rayleigh, "On the Theory of Surface Forces Ⅲ - Effect of Slight Contaminations," *Philosophical Magazine* 33 (1892), pp. 468-471; *Scientific Papers by Lord Rayleigh*, vol. 3, art. 193, pp. 572-574.

한대가 될 때 T 값을 얻어서 두 쌍의 액체 사이에 장력이 독립적으로
작용한다는 것을 보였다. 이때 막의 두께를 장력의 범위와 비교될 정
도로 얇게 해주면 장력의 변화량은 두께의 제곱에 비례한다는 결과도
얻을 수 있었다.

1899년에 포켈스(Pockels)와 레일리가 각각 수행한 실험은 실제로
장력의 저하는 위에서 계산한 것보다 더 급작스럽게 일어나는 것을
보여주었다.[86] 이러한 결과가 나온 이유를 레일리는 한두 개의 분자
두께의 층이 형성될 때 불연속층이 생기는 효과 때문이라고 해석했다.
레일리는 물통 안에 물을 넣고 그 위에 장뇌유를 떨어뜨리는 실험에
서 장뇌유가 물의 표면 장력을 떨어뜨리는 효과를 정밀하게 측정하였
다. 이 결과에 대하여 그는 장뇌유가 분자의 배수의 두께로 퍼져서 연
속적인 분포를 나타내지 않는 효과 때문에 더 이상 라플라스의 이론
을 적용할 수 없다고 지적했다.[87] 여기에서 레일리는 장뇌유의 분자
의 크기가 어느 정도인가를 추정할 수 있다고 보았다.

더불어 이 논문에서 레일리는 모세관력이 관의 끝에서 떨어지는 액
체 방울의 크기를 결정짓는 것에 관한 테이트의 실험 논문을 평하고
이에 관한 이론적 논의를 전개하였다. 테이트의 실험에 따르면 액체
방울의 무게는 다른 것이 모두 같다면 그것을 형성시키는 관의 직경
에 비례한다. 이에 대하여 레일리는 방울이 형성되려면 불안정성을 정
리하는 데 최소한 40초의 시간이 걸리는 것을 언급하면서 액체의 방

---

86) Rayleigh, "Investigations in Capillarity: The Size of Drops - The
    Liberation of Gas From Supersaturated Solutions - Colliding Jets -
    The Tension of Contaminated Water Surfaces - A Curious Observation,"
    Philosophical Magazine 48 (1899), pp. 321-337: *Scientific Papers by
    Lord Rayleigh*, vol. 4, art. 251, pp. 415-430.
87) 같은 글, p. 425-428.

울의 무게는 모세관 장력과 관의 직경을 곱한 값과 비례한다고 지적
했다. 이러한 결과를 얻는 과정에서 레일리는 차원 방법을 능숙하게
구사했다.

여기에서 액체 방울의 질량을 결정짓는 요인들로는 점성을 무시한
다면 밀도 σ, 모세관 장력 T, 중력 가속도 g, 관의 직경 a을 들 수
있으므로 이것으로부터 차원 방법을 도입하여 질량을 얻기를 시도했
다. 밀도, 모세관 장력, 중력 가속도, 관의 직경의 단위의 차원들을 표
시해주고 각각에 x, y, z, u 제곱을 해서 곱해주었을 때 질량이 나오
도록 하기 위해 연립방정식을 세워 풀어주어서

$$M \propto \frac{Ta}{g} \left(\frac{T}{g\sigma a^2} \right)^{x-1} \qquad (4-12)$$

를 얻었다. 여기에서 x는 아직 결정되지 않았기에 임의의 함수 F를
써서

$$M = \frac{Ta}{g} F\left(\frac{T}{g\sigma a^2} \right) \qquad (4-13)$$

로 표현했다. 동역학적 유사성은 $\frac{T}{g\sigma a^2}$ 이 상수이기를 요구하므로 질
량 또는 무게는 모세관 장력과 직경의 곱에 비례한다.

그는 테이트의 실험을 재현하기 위해 조수 고든과 함께 작업했다.
그는 유리관의 끝을 수평면이 되도록 주의 깊게 갈고 50초 간격으로
액체 10방울을 떨어뜨리고 그것의 무게를 쟀다. 이 측정 과정에서 레
일리는 함수 F를 결정할 수 있기를 희망했다. 그는 F를 c.g.s. 단위계

로 계산했을 때 단순히 3.8이라는 상수로 놓을 수 있다고 결론지었다.

내부 압력과 모세관력에 대한 레일리의 논의는 물질의 구조를 분자 수준에서 취급하는 미소 물리학(microphysics)으로 나아가는 과정을 보여준다는 점에서 의의가 크다. 유체의 경계층에서 일어나는 압력 관계를 다루면서 그것을 구성하는 입자들을 상정하고 그 상호 작용을 다루면서 입자들이 어떤 힘을 발휘하고 어느 정도의 크기를 갖는지를 알아내려는 노력은 분자를 볼 수 없었던 당시 상황에서 원자와 분자에 입각한 현대적인 물질 이론의 기초적인 수학적 논의들의 전개를 보여준다. 경험적으로 검출할 수 없는 입자에 대한 가설을 배격하려는 경향이 컸던 다른 동료 연구자들에 비하여 레일리는 라플라스의 입자론적 모세관력 개념을 보다 적극적으로 채용하여 의미 있는 논의로 확장시키려는 노력을 보였다. 그런 점에서 레일리의 노력은 미소 물리학의 개척에 중요한 기여를 했다고 볼 수 있을 것이다.

(6) 유체 저항에 대한 연구

헬름홀츠는 1868년에 불연속면의 개념을 완전 유체 동역학의 기본 개념으로 삼았고 그러한 면에서 나선 모양의 혹이 자라나는 것을 유도했다. 이러한 불안정성 때문에 유체의 혼합이나 파동의 형성과 같은 중요한 물리적 결과가 일어나는데 비슷한 불안정성의 개념을 윌리엄 톰슨은 1871년에 독자적으로 생각해냈다. 그는 바람이 부는 수면은 어떤 경우에도 안정할 수 없다는 것을 유도했다. 이러한 결론은 모세관력이 무시될 때에만 유효하다. 톰슨은 표면 장력이 비회전성 교란인 짧은 파가 지수 함수적으로 커지는 데 한계 역할을 한다는 것을 보였다. 그는 균일한 유체 안에서 불연속면의 가능성 자체를 믿지 않았기 때문에 두 개의 이웃한 유체의 밀도가 같아지는 한계 상황은 생각하지 않았다.

1879년에 레일리는 이러한 한계를 생각해 보았고 어떤 파장에서든지 지수 함수적으로 커지는 현상이 나타난다는 것을 유도했다.[88] 그리하여 그는 헬름홀츠와 톰슨이 발견한 불안정성이 유사하다는 것을 보여주었고 '켈빈-헬름홀츠 불안정성'(Kelvin-Helmholtz instability)이라는 현대적인 용어가 만들어지는 계기를 열었다.

레일리는 1876년에 이후 수력학의 저항 이론에 중요한 영향을 미칠 '정지한 유체'(dead-water)이론을 제시하였다. 이 이론은 고체가 유체 속에서 움직일 때 고체의 변두리에서 무한대로 연장되어 있는 난류성의 불연속면에 의해 둘러싸인 공간에 유체가 고체를 기준으로 보았을 때 정지해 있다

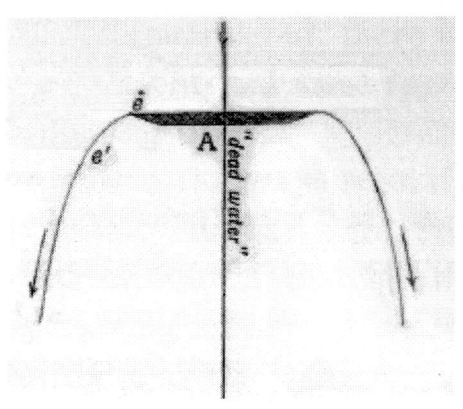

출전: Thomson, "On the Doctrine of Discontinuity of Fluid Motion," (1894), p. 228

그림 4.2 레일리의 '정지한 유체'

고 말한다. (그림 4.2)[89] 레일리는 고체의 바로 뒤에 있는 '정지한 유체'에서의 압력은 물체의 앞에 있는 유체의 압력보다 작아서 유한한 압력이 생겨나 이것이 고체의 진행을 방해하는 저항으로 작용한다고 설명했다. 레일리는 이러한 이해를 유체 내에서 왜 저항이 발생하는지에

88) Rayleigh, "On the Instability of Jets," *Proceedings of London Mathematical Society* 10 (1879) pp. 4-13; *Scientific Papers by Lord Rayleigh*, vol. 1, art. 58, pp. 361-371.

89) Darrigol, 앞의 책, p. 201.

대한 달랑베르의 오래된 역설에 대한 해법으로 생각했다.[90]

키르히호프와 레일리는 헬름홀츠의 소용돌이 이론에 영향을 받아서 불연속 2차원 운동의 예들을 헬름홀츠의 방법으로 유도했다. 키르히호프는 물 노즐에서 나오는 경우처럼 자유 유체 분사물을 취급했다. 그는 균일한 흐름 속에 비스듬하게 집어넣은 평면의 문제를 풀었다. 레일리도 같은 문제를 풀었는데 그는 평면에 미치는 유체의 끄는 힘을 계산했다. 평면의 변두리에서 형성되는 불연속선들 사이에 유체는 잠잠히 정지해 있고 판의 뒤편에 미치는 압력은 앞면에 미치는 압력보다 작다. 이렇게 레일리는 달랑베르의 역설로부터 새로운 탈출구를 제시했다.

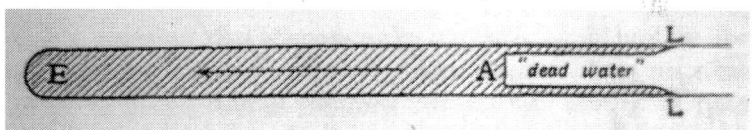

출전: Thomson, "On the Doctrine of Discontinuity of Fluid Motion," p. 228.

그림 4.3 '정지한 유체'에 대한 톰슨의 사고 실험

1894년에 톰슨은 자신의 불연속면에 관한 이론에 입각해서 이러한 관점을 배격했다. 그는 우선 이 이론이 실험과 일치하지 않는다고 판단했다. '정지한 유체'는 그것이 존재한다면 실제적으로는 무한히 뒤쪽으로 연장될 수 없다는 것이다. 더구나 다인스(William Dines)가 정상적인 경우에 사각형의 면을 가지고 측정한 저항값은 이 경우에 대하여 레일리가 계산한 값보다 3배만큼 컸다. 톰슨은 불연속면의 절단만으로는 이러한 편차를 제거할 수 없다는 것을 보였다. '정지한 유체'에

---

90) Rayleigh, "On the Irregular Flight of a Tennis-Ball," *Messenger of Mathematics* 7 (1877), pp. 14-16; *Scientific Papers by Lord Rayleigh,* vol. 1, art. 53, pp. 344-346.

대한 마지막 공격으로 톰슨은 0의 저항이 생기는 특별한 경우를 생각
했다.(그림 4.3)[91] 그림에서 빗금이 쳐진 관 EA가 완전 유체를 통과
해서 왼쪽으로 움직인다. 그것은 뒤쪽의 공동과 LL부터 시작되는 원
통형의 불연속면 안에 '정지한 유체'를 만들어낸다. 앞부분인 E에 미
치는 종 방향의 압력은 관의 단면적에 무한대를 곱한 압력과 거의 같
아야 한다. 왜냐하면 관의 원통형 부분은 구부러진 앞부분보다 훨씬
더 크기 때문이다. 같은 일이 관의 뒤쪽에서도 그대로 일어난다. 왜냐
하면 압력은 불연속면을 가로질러서도 연속적이며 '정지한 유체' 안에
서는 일정해야 하기 때문이다. 그러므로 관에 미치는 종 방향의 압력
의 합은 0이 된다.

　달랑베르의 역설을 피하는 또 하나의 방법은 1822년에 나비에가 했
던 것처럼 점성을 도입하는 것이었다. 20년 후에 스톡스는 진자 진동
을 통해서 유체의 점성을 잴 수 있는 방법을 도입하고 그것이 느리게
움직이는 물체의 경우에는 선형으로 나타난다는 것을 보일 수 있었다.
그렇지만 그는 이 이론이 유체의 저항을 설명하는 데 중요한 요소를
빠뜨리고 있는 것을 알았다. 왜냐하면 저항이 속도에 의존하는 방식이
1차식이 아니라 2차식이었기 때문이었다. 이 문제를 푸는 스톡스의 제
안은 점성이 없는 유체를 통과하여 움직이는 물체의 자취에 불연속면
에 의해 둘러싸인 '정지한 유체' 구역이 생긴다는 것이었다. 그러한 불
연속면은 오일러의 방정식과 양립 가능했다.

　1868년에 헬름홀츠는 독자적으로 불연속면을 유체 속의 분사 형성
을 설명하기 위해 도입했다. 그는 그러한 면들이 가설적으로 비회전성
인 흐름의 압력이 음이 될 때 고체 벽의 날카로운 모서리 근처에서
전형적으로 형성된다고 믿었다. 그는 그것을 무한히 얇은 소용돌이 시

---

91) Darrigol, 앞의 책, p. 202.

트라고 해석했고 1858년에 나온 그의 소용돌이 정리를 사용해서 무한
히 작은 교란을 받을 때 그것이 나선형으로 감기는 경향을 가지는 것
을 보였다. 2차원의 흐름 같이 기하학적으로 간단한 경우에서 그는 속
도 퍼텐셜과 흐름 함수를 달랑베르나 라그랑주, 스톡스가 도입하는 방
식으로 도입하여 불연속면의 모양을 결정하였다.

레일리는 곧 이러한 기법을 2차원의 평평한 면 주위에서 유체의 운
동에 적용하여 저항 공식을 얻어내었다. 저항이 수직 방향으로 생기며
그것이 유체 밀도와 속도의 제곱에 비례한다는 것은 뉴턴의 이론과
일치했다. 그렇지만 면의 각도에 의존하는 성질은 뉴턴과 일치하지 않
았고 빈스(Vince)의 오래된 데이터에 기초해 판단해 볼 때 실험에 더
잘 맞았다. 헬름홀츠는 불연속면의 형성이 어떤 큰 규모의 운동에서는
저항의 주된 원천이라는 것에 동의했지만 이 면이 갖는 불안정성 때
문에 정량적 사용에는 문제가 있다고 생각했다.[92] 반면에 레일리는
헬름홀츠의 소용돌이 이론에 입각하여 판에 의해 생기는 유체의 저항
을 불연속면의 형성 과정으로 이해하는 방식을 써서 그것을 수식의
형태로 제시하였다.

1884년에 레일리는 영국과학진흥협회 회의에서 회장 연설을 하면서
층류에서 난류로의 전이에 대해 레이놀즈의 연구에 찬사를 보내면서
수력학의 미래를 밝게 전망하였다. 그러므로 1889년에 레일리와 스톡
스가 출제를 맡던 애덤스 상의 주제가 "점성 유체의 운동의 안정성
과 불안정성의 기준에 관하여"가 된 것은 우연이 아니었다. 그들은 이
주제를 레이놀즈의 연구와 관련시켜 제기하였다. 두 개의 고정된 면
사이에 2차원의 안정한 운동이 일어나거나 하나의 면은 정지해 있고
다른 한 면은 운동하는 경우에 안정성의 수학적 기준을 유도하는 일

---

92) 같은 책, p. 268.

이 해결해야 할 과제였다. 이 일을 성공적으로 수행한 사람은 윌리엄 톰슨이었다. 그는 나비에-스톡스 방정식에서 출발하여 흐름에 생긴 작은 교란이 어떻게 전개되는지 조사하였다. 그가 조사한 바에 의하면 애덤스 상에서 내건 두 경계면에서 유체의 흐름은 모두 안정했다. 마지막으로 톰슨은 파이프 안의 유체의 흐름의 실제적인 불안정성을 취급했다. 레이놀즈의 관찰 결과처럼 이 경우에 교란의 성장은 그 크기에 의존했는데 무한히 작은 교란에 대해서는 그 흐름은 안정하지만 일정한 크기의 경우에는 불안정했다. 푸아쇠이유 속도 분포를 갖는 비점성 유체가 불안정한 경우와 점성이 충분히 작은 교란을 감쇠할 수 있는 경우라면 그러했다. 안정성의 변두리(margin)는 점성이 커짐에 따라 증가할 것이란 점은 레이놀즈의 관찰과 일치했다.[93]

포물선 속도 분포를 갖는 비점성 흐름의 불안정성은 평행한 흐름이 안정성을 만들어낸다는 레일리의 주장과 상반되었다. 톰슨은 '교란하는 무한대'(disturbing infinity)가 레일리의 안정성의 증명을 무효화한다고 생각했다. 톰슨은 서로 접촉하여 반대 방향으로 흐르는 유체의 흐름은 사인파와 미끄러지는 운동의 중첩으로 유체를 따라 움직이는 관찰자에게는 그 흐름이 마치 고양이 눈의 모양을 할 것이라고 보았다.(그림 4.4)[94] 톰슨은 '교란하는 무한대'에 엄청나게 큰 의미를 부여하였다. 레이놀즈가 관찰한 교란의 원천을 이러한 흐름의 타원형의 소용돌이라고 생각했다. 유체의 경계에서 생기는 단순한 교란도 반드시 푸리에 성분을 가져서 타원형의 소용돌이가 층류를 교란시킨다는 것이다.

레일리는 톰슨의 '교란하는 무한대'에 대하여 자신의 안전성의 기준을 옹호했다. '교란하는 무한대'는 없다고 주장하면서도 레일리는 지수

---

93) 같은 책, p. 213.
94) 같은 책, p. 213.

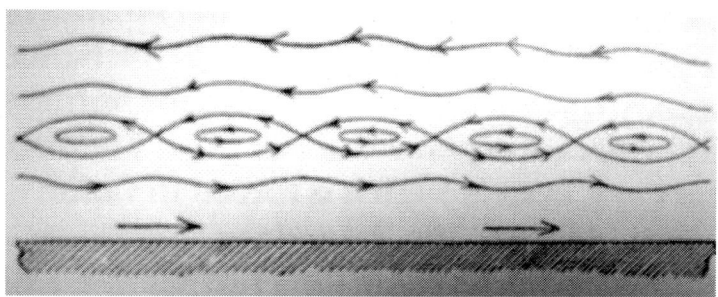

출전: Thomson, "On a Disturbing Infinity in Lord Rayleigh's Solution for Waves in a Plane Vortex Stratum," *Nature* 1880, p. 187.

그림 4.4 톰슨의 '고양이 눈' 흐름

함수적 증가는 불가능하더라도 안정성이 엄밀하게 확보되는 것은 아니란 점을 인정했다. 덜 빠른 교란의 증가가 '교란하는 무한대' 때문에 여전히 가능할 수도 있었다. 그는 후속하는 논문들에게 이러한 가능성들을 봉쇄하는 논증을 전개했다.[95] 또한 레일리는 톰슨의 평면 점성 흐름의 안정성 증명에 의문을 제기했다. 이에 대하여 톰슨 자신도 자신의 추론에 약점이 있음을 인식했다. 그렇지만 그는 계속해서 레이놀즈가 발견한 불안정성은 점성이 0일 경우 포물선 속도 분포의 불안정성에 의존한다고 믿었다. 이에 반하여 레일리는 자신의 안정성의 기준을 의심하지 않았기에 이런 종류의 불안정성은 불가능하다고 생각했다. 그는 자신의 주장을 강화하기 위해 파이프 안의 흐름의 역설을 들고 나왔다. "관찰이 보여주듯이 큰 점성은 안정성에 기여하는데 점성을 증가시키는 첫 효과가 이전에는 존재하지 않았던 불안정성을 생기게 하는 것은 아닐 것이다."[96]

95) 오늘날의 연구자들은 더 이상 레일리의 안정성 기준을 의심하지 않는다. P.G. Drazin and W.H. Reid, *Hydrodynamic Stability* (Cambridge, 1981), pp. 126－147.

레일리는 이러한 불일치를 설명하는 몇 가지 제안을 했다. 첫째, 벽면의 불규칙성이 유체의 불안정성을 일으킬 수 있다. 둘째, 레일리 기준이 안정성을 부여할 때에도 불안정성은 유한한 교란을 위해 일어날 수 있다. 셋째, 레일리가 실험한 3차원 경우는 레일리와 톰슨이 연구한 2차원의 경우와 다를 수 있다. 넷째, 점성이 전적으로 무시되는 탐구를 점성이 무한히 작다고 가정하는 제한된 점성 유체의 경우에 적용하는 것이 불가능할지 모른다. 레일리는 이 중에서 세 번째 가능성을 배제하려고 그의 안정성의 기준을 원통형의 흐름에 확장시키려는 시도를 했다. 네 번째 경우와 관련하여 레일리는 1883년에 음향학적 변칙 사례에 대해 자신이 제시한 설명을 염두에 두었다. 이 사례는 1820년에 사바르가 발견하고 1831년에 패러데이가 연구한 문제로서 판에 가벼운 가루를 뿌리고 판을 진동시키면 가루는 진동하는 판의 배에 모이는 현상이다. 하지만 클라드니가 전에 모래를 가지고 한 실험에서는 모래가 예상대로 마디에 모였다. 패러데이는 이 이상한 현상이 배에서 위로 올라갔다가 마디에서 내려오는 공기의 흐름에서 생긴다고 해석했다. 레일리는 판의 운동이 단조 정상파라고 가정하고 나비에-스톡스 방정식을 판 위에 유체 운동에 대하여 세우고 교란 항을 첨가하여 계산하였다. 그는 판 위에 형성된 얇은 소용돌이의 주기적 배열을 상정했다.(그림 4.5)[97] 레일리는 이 소용돌이의 속도가 점성에 의존하지 않는 것을 강조했다. "그는 점성 계수가 매우 작다고 가정함

---

96) Rayleigh, "On the Question of the Stability of the Flow of Fluids," *Philosophical Magazine* 34 (1892), pp. 59-70; *Scientific Papers by Lord Rayleigh*, vol. 3, art. 194, pp. 575-584. esp. pp. 576ff.

97) Rayleigh, "On the Circulation of Air Observed in Kundt's Tubes and on Some Allied Acoustical Problems," *Philosophical Transactions* 175 (1883), pp. 1-21; *Scientific Papers by Lord Rayleigh*, vol. 2, art. 108, pp. 239-257.

으로써 이 운동을 생각
하는 것을 회피할 수 없
다. 힘이 소용돌이 운동
을 줄어들게 만드는 경
향에 비례하여 소용돌이
의 유지는 더 쉬워지기
때문이다."[98] 그러므로
점성이 전혀 없는 경우
와 점성이 매우 약하여

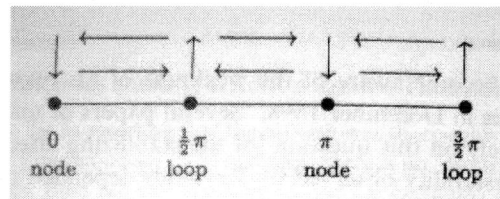

출전: Rayleigh, "On the Circulation of Air Observed in Kundt's Tubes, and Some Allied Acoustical Problems," *Scientific Papers by Lord Rayleigh*, vol. 2, art. 108, p. 250.

그림 4.5 진동하는 판 근처의 공기 운동

무시할 수 있는 경우는 같은 것으로 간주하는 것이 문제가 있을 수 있다는 주장이 가능했다.

　1909년에 레일리는 배가 진행할 때 배의 이물에서 생겨서 비스듬하게 진행하는 제형 물결의 저항에 대해서 관심을 기울였다.[99] 이 문제는 배를 효과적으로 추진시키기 위한 공학적인 문제로서 윌리엄 프루드(William Froude)나 R. E. 프루드(R. E. Froude), 헤이블럭, 윌리엄 톰슨이 관심을 가졌던 문제였다. 이들은 배 물결파의 옆모습이나 파 체계의 성분들이 만들어내는 저항에 대해 논의하였다. 주된 관심은 직접 진행하는 파나 배의 이물과 고물에서 생기는 파 체계 사이의 두드러지는 상호 작용에 쏠려 있었다. 하지만 레일리는 파의 기하학적 특징도 중요하지만 파 체계의 비스듬한 부분이 파의 전체 저항에 적잖이 기여하는 역학적 중요성에 주목해야 할 필요성이 있다고 보았다. 그는

---

98) Rayleigh, 앞의 글, p. 246.

99) Rayleigh, "On the Resistance Due to Obliquely Moving Waves and Its Dependence upon the Particular Form of the Fore-Part of a Ship," *Philosophical Magazine* 18 (1909), pp. 414-416; *Scientific Papers by Lord Rayleigh*, vol. 5, art. 336, pp. 519-521.

일반적인 배의 이물 또는 고물이 저항을 최소화하기 적당하지 않은 형태를 하고 있다는 것을 파의 옆모습의 그림을 보고 알게 되었다. 그는 배의 몸체와 바로 뒤쪽에서 물은 정상적인 수준보다 더 높아지는 것이 배 물결의 두드러지는 특징임에 주목하였다. 이렇게 해서 발생하는 추가적인 압력이 배의 표면에 수직으로 작용하고 배의 몸체 방향에서 뒤쪽으로 작용하는 성분이 배를 뒤로 밀기 때문에 배의 선두의 측면을 오목하게 만들어야 여기에 작용하는 힘을 줄일 수 있다고 제안하였다. 레일리는 이미 몇 년 전에 조수 고든과 함께 실내에 회전하는 수조를 만들어 모형 배 실험을 수행한 적이 있었다. 4 내지 5 인치의 깊이의 물이 담긴 원형 수조를 일정한 속력으로 도는 회전대 위에 올려놓았고 회전하는 물의 둘레 근처에 배 모형을 고정시켜서 물이 배 모형을 스치고 지나가게 하였다. 이것은 선구적인 선박 실험 장치로서 일정한 물의 흐름을 만들고 거기에 고정된 배 모형을 설치하는 방식으로 정지된 물에 배가 움직이는 것을 흉내 낸 것이었다. 그는 배 모형을 밑면은 평평하고 옆면은 수직이 되게 하였고 길이 방향의 모양은 원 운동하는 물의 흐름에 적합하게 만들었다. 저항을 직접 재지는 않았지만 선두의 모양에 따라 물결 모양이 어떻게 달라지는지를 관찰하였다. 뭉툭한 모양에서 시작하여 물결이 올라가는 영역의 뒤쪽부터 깎아 나가서 배는 점점 더 뾰족해졌다. 그렇지만 물결이 낮아지는 영역 뒤쪽까지 깎지는 않도록 주의하였다. 이렇게 배의 선두를 변형시키면서 물결이 수직 방향에서 오르내리는 실제 위치를 확인하였다. 그리하여 저항을 줄여나가기 위해서는 파 체계가 덜 두드러지는 방향으로 나아가야 한다는 생각으로 점차 형태를 잡아나갔다. 레일리는 이러한 실험이 좀 더 정교하게 이루어져야 할 것을 제안하였다. 파라핀으로 배 모형을 만들어 깎는 것뿐 아니라 붙이는 것도 가능하게 하고 일정한 형태의 배가 일으키는 물결 모양과 저항을 측정할 것을 제안하였다.

(7) 항력과 양력

1889년에 릴리엔탈(Otto Lilienthal)이 사람이 탈 수 있는 글라이더를 발명한 것에 고무되어 1890년대에 비행 기계에 대한 연구자들의 관심은 크게 증가하였다. 공학적으로 동력에 의해 추진되는 비행기를 만들 가능성은 매우 커 보였다. 1903년에 라이트 형제가 키티 호크에서 최초의 동력 비행을 성공함으로써 이러한 가능성은 실현되었다. 그렇지만 이러한 대단한 성공에 이론은 거의 기여한 것이 없었다. 그들은 날아다니는 동물을 관찰하고 모형으로 실험하면서 공학적 능력을 활용하여서 이 일을 이룰 수 있었다. 랭리(Samuel Langley)가 19세기 말에 양력과 항력에 대한 중요한 측정을 수행하고 면과 유체의 흐름이 면에 충돌하는 각을 θ라고 할 때 저항은 $\sin^2\theta$에 의존한다는 뉴턴의 관점을 배격하였지만 여전히 고등의 수력학 이론을 쓰지는 않았다.

당시의 비행에 대한 열광은 이론적 설명을 요구했고 그에 대한 반응은 엇갈렸다. 가장 부정적인 관점은 런던 항공 학회(Aeronautical Society of London)의 가입 요청을 거절한 켈빈 경에게서 나왔다. 그는 "나는 기구를 타는 것을 제외하고는 항공에 대해서는 한점의 믿음도 갖고 있지 않으며 우리가 전해 듣는 시도 중 어느 것에 대해서도 좋은 결과를 기대하지 않는다."라고 단언했다.[100] 레일리의 관점은 훨씬 낙관적이었다. 레일리는 랭리의 기울어진 면 실험에 대해 비평하면서 그가 얻은 식이 1876년에 자신이 헬름홀츠의 불연속면의 개념에 기초하여 얻은 식과 정성적으로 일치한다는 점을 주목했다. 그는 정량

---

100) Darrigol, 앞의 책, p. 302.

적 불일치의 원인을 면의 뒤쪽에서 생기는 점성에 의한 흡입(suction)
에서 찾았다. 그는 그 결과가 기계 비행의 가능성에 대한 낙관론을 정
당화해준다는 점에서 랭리와 의견을 같이했다. 레일리는 다른 수력학
문제에서와 마찬가지로 에너지 보존과 운동량 보존을 기초로 하여 비
행의 조건을 고려하였다. 그는 새가 떨어지지 않는다면 다른 어떤 것
도 떨어지지 않아야 한다는 '대리 원리'(vicarious principle)를 주장하
였다. 그러나 그는 비행 물체의 날개 주위의 기류에 대하여 어떤 구체
화된 이론을 제시하지는 않았다. 그는 자신과 키르히호프가 제시한 2
차원판 문제의 해가 양력의 존재를 설명해주는 원리라고 생각했던 것
으로 보인다. 불연속면과 '정지한 유체'는 달랑베르의 역설을 해결해주
지만 그것들은 또한 면에 수직한 저항을 만들어낸다. 레일리는 반작용
이 움직이는 물체에 수직인 유체 저항의 특별한 예를 알고 있었고 이
경우는 항력 없이 양력만이 발휘될 수 있었다.

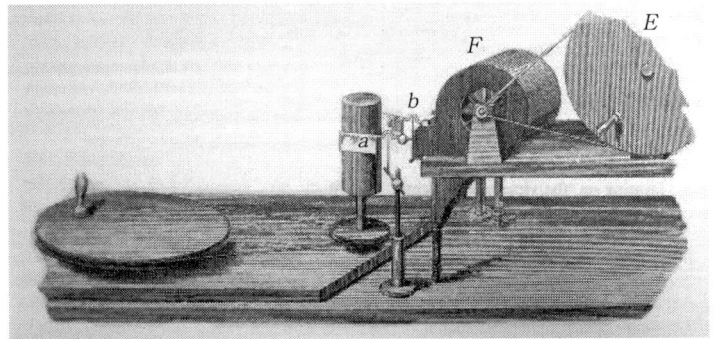

출전: Magnus, "Über die Abweichung der Geschosse, und: Über eine
    auffallende Erscheinung bei rotirenden Köpern, *Annalen der*
    Physik 88 (1853), 도판.

그림 4.6 마그누스의 실험 장치

1853년에 마그누스(Gustav Magnus)는 회전하며 날아가는 공의 경로가 공이 유도하는 소용돌이에 의해 휘어지는, 오래전부터 알려진 현상을 설명했다. 공의 회전하는 운동과 공의 병진 운동에서 생기는 운동의 중첩이 공의 양쪽 편에서 다른 유체 속도를 야기한다. 베르누이 정리에 따르면 이러한 기류의 속도의 차이는 압력 차이를 일으키고 그것이 공에 횡 방향의 운동을 일으킨다. 마그누스는 그의 설명이 성립함을 실험 장치를 꾸며서 입증했다. 그림에서 회전하는 원통의 좌우에 놓인 얇은 판 a, b는 회전하는 원통 주위에 생기는 기압 차이에 따라 움직이게 되어 있다.(그림 4.6) 송풍기 F에서 바람이 나오게 되면 회전하는 원통 주위에서 회전으로 인해 생기는 기류와 섞이면서 기압 차이를 발생시키게 된다. 그러나 이 장치로는 회전하는 공의 경로가 실제로 휘어지는 것을 볼 수는 없다.[101]

레일리는 1877년에 「테니스공의 불규칙적인 비행에 대하여」(On the Irregular Flight of a Tennis Ball)에서 테니스공이 회전할 때 휘어지는 문제에 대하여 전통적인 해석에 대해서 반기를 들었다. 전통적인 설명 방식은 유체의 속력이 작은 곳의 압력이 커진다는 베르누이의 정리에 따라 테니스공이 회전하며 진행할 때 공을 정지시킨 계에서 보면 진행 방향과 같은 방향으로 공의 표면이 도는 곳에서는 표면과 공기의 마찰에 의해 공기의 흐름이 늦어져 압력이 높아지고 반대로 진행 방향과 반대 방향으로 공의 표면이 도는 곳에서는 공기의 흐름이 빨라져서 압력이 낮아진다는 것이다. 그러므로 공은 압력이 높은 곳에서 낮은 곳으로 움직이게 된다는 것이 일반적인 설명 방식이었다. 그러나 레일리는 압력이 큰 곳이 속력이 작다는 법칙은 마찰이 없고 유체에 외부 힘이 가해지지 않는다는 조건에서만 성립하는 것인 반면

---

101) 같은 책, p. 303.

이 현상에 대한 설명은 마찰이 있어야 기류의 변화가 생기기 때문에 근본적으로 문제가 있다고 주장했다.[102]

　레일리는 마그누스의 추론 과정을 정리해주고 일정한 속도로 움직이는 원통 주위의 2차원 흐름에 대한 가장 일반적인 비회전성 해는

$$\psi = \alpha\,(1 - \frac{a^2}{r^2}\,)\,r\sin\theta + \beta\ln r \qquad (4-14)$$

의 형태를 가진다고 언급했다. 여기에서 ψ는 흐름 함수, r은 원통의 축으로부터의 거리, θ는 이 축 주위의 각, a는 원통의 반지름이다. 이 식의 앞부분은 이미 스톡스가 알고 있었던 것인데 α가 그 흐름의 점근 속도와 같다면 경계조건을 만족시켜준다. 두 번째 부분은 축 주위의 유체의 회전을 나타내는데 그 속도는 축으로부터 r만큼 떨어져 있을 때 β/r이 된다. 원통의 표면에 미치는 압력을 적분하였을 때 레일리는 점근 속도에 수직하는 합력이 존재하며 그 크기가 $2\pi\alpha\beta$임을 알아냈다. 더 나아가서 레일리는 이 생각이 회전 흐름을 유도하는 과정으로 이루어진 마그누스 효과에 관계되기를 희망하였지만 그것을 비행에 관련지으려는 어떤 시도도 하지 않았다. 점성이 비회전성의 비행 물체 주위에 유체 회전을 일으킨다는 생각은 상상하기 힘들었다. 완전 유체의 경우에 켈빈의 회전 정리는 어떤 유체 회전의 발생도 허용하지 않는 것으로 보였다. 램은 1895년에 다른 곳이 비회전성이더라도 회전을 갖는 유체의 흥미로운 예로서 원통 문제에 대한 레일리의 해법을

---

102) Rayleigh, "On the Irregular Flight of a Tennis-Ball," *Messenger of Mathematics* 7 (1877), pp. 14-16; *Scientific Papers by Lord Rayleigh*, vol. 1, art. 53, pp. 344-346.

재현했다. 그도 레일리와 마찬가지로 이 문제를 비행과 관련시키지 않았다. 요컨대 레일리도 램도 켈빈도 유체 역학적 지식에 따르면 날개 주위에 어떤 회전이 양력을 일으킬 가능성이 없다는 생각에 동의했다.

　1907년에 영국의 자동차 공학자인 랜체스터(Frederick Lanchester)는 『항공역학』(Aerodynamics)을 출판했다. 비행에 관심이 많았던 저자는 경계층과 분리의 개념을 제시하면서 동력 비행의 원리를 설명하고자 했다. 그는 헬름홀츠의 불연속면의 개념에 많은 영향을 받아서 유선형 기체를 불연속면을 전혀 일으키지 않는 형태라고 생각했다. 그는 비선형 기체의 경우에는 불연속면 안에 생기는 '정지한 유체'(dead water) 구역 안의 기압이 낮기 때문에 저항을 많이 받는다고 보았으며 점성 유체 안에 움직이는 기체는 기체 표면 어딘가에 '정지한 유체'가 달라붙어 있어서 저항을 일으킨다고 생각했다. 점성이 작은 유체에서는 기체 앞쪽의 날카로운 부분에 얇은 층이 형성되고 내부 마찰 때문에 뒤쪽 방향으로 늘어지게 된다. 곡면 위에서는 이 '정지한 유체' 부분이 낮은 압력을 갖는 쪽으로 쏠리게 되는데 구의 경우에는 '정지한 유체'가 진행 방향의 정반대쪽 적도 부근에 모이게 된다. 곡률이 너무 크면 점성 항력이 충분하지 않아서 '정지한 유체'의 과잉을 퍼내지 못해서 불연속면이 형성된다. 이렇게 하여 랜체스터는 분리가 외부 압력 경사와 내부 점성 응력의 경쟁에 의존한다고 보았다. 프란틀도 1904년에 다른 방법으로 같은 결과에 도달했다.[103]

　랜체스터는 '정지한 유체'에서 속도 U 로 판을 구성하는 평면이 유선을 포함하는 각도로 진행하는 판에 생기는 겉면 마찰(skin friction)을 탐구했다. 랭카인과 프루드의 영향을 받은 랜체스터는 판 위의 마찰력과 경계층에서 전달되는 운동량의 증가의 균형을 생각했다. 이로부

---

103) Darrigol, 앞의 책, p. 289.

터 랜체스터는 그 저항이 $U^{3/2}$에 비례한다는 결과를 유도했다. 1911년
에 이러한 관계는 차원 방법의 대가인 레일리의 관심을 끌었다. 그는
이 결과에 대해서 기하학적으로 유사한 운동을 일으키는 공간과 속도
규모의 변화만이 판의 레이놀즈 수 Ul/ν에 변화를 일으키지 않는다고
논평했다. 다시 말하면 랜체스터의 가정이 성립하려면 판은 길어서 그
길이가 경계층의 구조에 영향을 미치지 않아야 한다. 레일리는 이러한
구조를 스톡스가 오래전에 풀었던 문제, 즉 무한한 판이 자신의 평면에
서 갑자기 등속운동을 하게 되었을 때 유도되는 흐름에서 찾았다. 그는
다른 방법을 써서 랜체스터와 동일한 저항식에 도달함으로써 랜체스터
의 결과를 인정했다.[104] 레일리는 이 결과의 유용성에 대해서 지나친
낙관론에 빠지지 말 것을 경고했다. 레일리는 기선의 측면에만 이 공식
을 적용하려고 하여도 이것이 용이하지 않다는 것을 언급하면서 불안
정성이 층화된 유체의 특성을 무너뜨리기 때문에 그 저항값은 속도의
제곱에 비례하게 되고 점성에는 무관해지게 된다고 지적했다.

이미 1909년에 레일리는 유체 속에서 고체의 운동의 문제에 다시
관심을 기울이기 시작했다.[105] 그의 우선적인 관심사는 평면 판이 유
체 속에서 운동하는 문제였다. 흐름에 대하여 수직인 판을 가정하고
유체로부터 그에 작용하는 힘은 판의 크기 l, 유체의 밀도 ρ, 유체의
속도 U, 유체의 점성 ν에 의존한다고 가정하고 기하학적 유사성이

---

104) Rayleigh, "On the Motion of Solid Bodies through Viscous Liquid," *Philosophical Magazine* 21 (1911), pp. 697−711; *Scientific Papers by Lord Rayleigh*, vol. 5, art. 354, pp. 29−40.

105) Rayleigh, "Note on the Application of the Principle of Dynamical Similarity," *Report of the Advisory Committee for Aeronautics*, 1909-1910, p. 38; *Scientific Papers by Lord Rayleigh*, vol. 5, art. 340, pp. 532−533.

가정된다면, 판의 단위 면적 당 수직으로 미치는 평균 힘은

$$P = \rho U^2 f(\nu/Ul) \qquad (4-15)$$

이어야 한다고 보았다. 레일리는 여기에서 f 를 결정하려면 실험이 수행되어야 한다고 보았다. 그는 일반적인 경우에는 f 를 상수로 볼 수 있다고 간주하였다. 판이 유체의 흐름에 대하여 수직이 아닌 경우에는 판이 흐름과 이루는 각 θ 가 f 의 변수로 추가된다고 보았다. 이듬해에 나온 관련된 논문에서 레일리는 이러한 자신의 예측이 그렇게 성공적이지 못한 점을 인정하였다.[106] 그는 자신이 알게 된 실험 결과에 따르면 P 가 l 과 ν 에 비례하기 때문에 f 를 상수로 보는 것은 어렵다는 것을 시인했다. 그렇더라도 실험이 f 에 대한 구체적인 정보를 알려줄 수 있을 것이라는 전망을 했다.

(8) 그 밖의 실험 연구

지금까지 논의된 레일리의 수력학 연구의 대부분은 이론적인 논의가 중심을 이루었다. 몇몇 실험을 이론적 논의와 연결시켜 수행하기도 하였지만 음향학에서 그가 보였던 실험과 이론의 균형과 비교해 볼 때 수력학 분야에서의 연구는 이론적 연구의 편향을 드러낸다. 그 이유는 수력학 분야의 연구가 음향학과 같은 실험적 접근이 가능한 연

---

106) Rayleigh, "The Principle of Dynamical Similarity in Reference to the Results of Experiments on the Resistance of Square Plates Normal to a Current of Air," *Report of the Advisory Committee for Aeronautics*, 1910–1911; *Scientific Papers by Lord Rayleigh*, vol. 5, art. 341, pp. 534–535.

구 주제에 대한 기초적이고 미시적인 연구의 성격을 갖기 때문이다. 그렇다고 해서 레일리가 실험적 연구를 무시한 것은 아니었다. 분사물의 불안정성과 민감성에 대한 실험 연구나 수조를 이용한 수면파의 연구, 공기관에서 종이 디스크의 배열과 같은 가능한 실험들은 직접 실험 장치를 만들어서 수행하였다. 레일리의 수력학 실험의 특징은 직관적인 원리의 확인을 위한 간단한 실험 설계라고 할 수 있다. 다음 두 분야의 실험 연구에서도 그러한 특징이 두드러진다.

이올로스 하프(Aeolian harp)에 대한 레일리의 실험 연구는 수력학적 문제와 연결되어 있으면서도 음향학적인 문제였다. 1884년 1월에 레일리는 욕조에서 손가락을 펼치고 매우 빨리 물을 긁으면 손가락이 횡진동을 일으키면서 서로 부딪친다는 것에 주목했다.[107] 레일리는 이 현상이 이올로스 하프와 일치한다는 것을 일찍 감지했다. 그는 이러한 진동을 실험 장치를 써서 실현시키려고 하는 관심을 가졌다. 그는 케임브리지 대학에서 이미 비슷한 경험을 했다. 비커와 유리관이나 막대를 사용해서 실험을 한 것으로 되어 있으나 정확한 실험 장치는 알지 못한다. 레일리는 이후에 실제로 창틀과 벽난로에 설치한 길쭉한 구멍으로부터 바람이 들어오게 하고 그것에 일정한 장력을 갖는 현을 늘어뜨려 현들이 바람의 방향에 수직으로 떨리는 것을 확인했다. 이올로스 하프는 자연이 연주하는 음악으로 대중적인 인기를 누리면서 19세기에 영국에서 많은 수가 제작되어 팔려나갔다. 그러나 그것이 작동되는 원리에 대해서는 제대로 알려져 있지 않았다. 무엇보다도 현의 진동이 바람이 부는 방향과 같은 방향으로 진동한다고 일반적으로 알려져 있었으나 레일리는 그 방향으로 90도를 틀어서 바람의 방향의 수직 방향의 진동이 일어난다는 것을 예견하고 그것을 실험적으로 입

---

107) Rayleigh, Experimental Notebook, 1884년 1월.

증하였던 것이다. 이러한 과정에서 수력학과 음향학에 대한 지속되어 온 연구 경력이 중요한 기여를 했다.

레일리가 연구한 실용적인 수력학적 연구 중 하나는 T자형 굴뚝의 효율에 대한 실험 연구였다. 1881년 7월과 8월에 레일리는 굴뚝의 연기를 가시화하기 위해 물로 구동되는 팬(fan)을 사용했다. 놋쇠관을 수직으로 세우고 꼭대기에서 팬을 이용해 바람을 불었을 때 놋쇠관의 밑에 흡입압력이 생겼다. 이때 관의 각도를 30도로 기울이기까지 압력이 변하지 않았다. 수직으로 세운 놋쇠관 위에 다른 놋쇠관을 수평으로 연결하여 T자 모양으로 생긴 관을 만들고 수평으로 배열된 관에 바람을 불자 수직 방향의 관 아래쪽 입구에 압력이 많이 떨어졌다. 이 실험은 굴뚝에서 연기가 잘 **빠지게** 하려면 어떻게 해야 하는지에 대한 매우 실용적인 목적에 닿아 있었다.[108] 레일리는 주둥이가 콘 모양인 T자 관의 경우도 실험해 보았는데 흡입압력이 생기지 않았다. 이어서 레일리는 열십자 모양으로 관을 배열하고 팬을 돌려서 수평 흐름을 만들어내었으나 효과적인 흡입 압력이 생기지 않았다. 연기를 **빨리 빠지게** 하기 위해서는 콘 모양의 수평관이나 열십자 모양의 관은 효과적이지 못한 것을 알 수 있었다.

4. 레일리의 전기학 연구

레일리는 전기 연구에서 톰슨이나 맥스웰과 같은 탁월한 연구자들의 연구를 따라가면서 새로운 이해를 추구함으로써 중요한 업적을 낳았다. 레일리가 전기에 대해서 관심을 갖게 된 이유는 세 가지 측면에

108) 같은 글, 1881년 7월 30일, 8월 20일.

서 생각해 볼 수 있다. 우선적으로 캐번디시 연구소에서 맥스웰이 남겨 놓은 장비를 이용하여 영국과학진흥협회에서 요구하는 전기 저항의 표준을 마련하기 위해서 1880년대에 수행하였던 전기의 저항, 전류, 전압의 측정이 계기가 되어서 이루어진 전기 표준을 확정하려는 지속적인 노력을 볼 수 있다. 레일리는 1879년에 캐번디시 연구소를 맡은 후부터 전기 저항, 전압, 전류에 대한 영국의 국가적 기준의 재결정을 위한 측정 실험에 착수하여 이 일을 성공적으로 끝마쳤다. 이를 위해 레일리는 캐번디시 연구소로 새로운 장비를 들여오고 세심한 주의와 인내로써 측정 실험을 완수하여 1881년까지 옴, 볼트, 암페어의 새로운 기준값을 얻어내었다. 이러한 성공은 표준 연구소 건립의 필요성을 인식시켜 이후에 테딩턴에 국립 물리 연구소가 설립되는 데 직접적인 영향을 끼쳤다.[109] 두 번째는 진동에 대한 폭넓은 관심사에서 비롯된 전기 진동에 대한 관심이었다. 레일리는 자연을 꿰뚫는 원리로 진동의 중첩을 항상 마음에 두고 있었고 음향학은 그러한 진동을 가시적인 계를 사용하여 연구할 수 있다는 측면에서 그의 첫째가는 관심사가 되었다. 그런 점에서 단속적으로 만들어진 전류 자체와 축전기와 코일을 사용해서 만들어내는 일정한 주기를 갖는 전기 진동은 그러한 진동에 대한 연구의 연장선상에서 다루어졌다. 그것이 1894년과 1895년에 걸쳐 출판된 『음향 이론』의 재판에서 전기 진동이 하나의 장으로 새롭게 추가된 이유이기도 했다. 셋째, 전기에 대한 레일리의 관심은 음향학 실험의 필요성 때문이었다. 그는 음향학적 연구를 수행하기 위해서 중요한 핵심적 장치가 진동 소리굽쇠나 소리바퀴와 같이 단속적인 전류에 의해서 작동되는 주기적 구동 장치였다. 이러한 장치들이 전기에 의해 작동되었기 때문에 이러한 전기 장치가 안정된

109) R. B. Lindsay, 앞의 글, p. 102.

주기를 가지고 작동되게 하는 것은 정확한 측정을 위해서 꼭 필요한 조건이었다. 이런 점에서 전기에 대한 레일리의 관심은 계속 고무되었고 전화기를 전기 실험에서 사용하게 되면서 음향학과 전기 연구의 관련성은 더욱 심화되었다. 또한 전기와 소리의 진동 현상으로서 유비 관계는 이 둘의 본성을 이해하기 위한 중요한 개념적 기초가 되기도 했다.

(1) 전류와 저항의 측정

19세기 후반 발전하는 전기 산업은 전기의 표준을 요구했다. 전신과 전화는 통신 혁명을 일으키면서 장거리를 연결하는 도선의 저항과 그 안에 흐르는 전류의 세기를 정확하게 측정하기 위한 표준을 요구하였다. 이러한 요구에 대하여 클라크와 화이트 같은 전기 기술자들은 영국과학진흥협회에서 만든 위원회에서 중심적인 역할을 감당하면서 측정의 표준에 대한 다양한 방법들을 비교하였다.[110] 이러한 요구에 의해서 캐번디시 연구소는 저항의 표준을 마련하기 위한 측정을 의뢰받았으나 레일리의 전임자 맥스웰은 이 측정 작업을 마무리 짓지 못했다. 이 임무는 캐번디시 연구소의 실험물리학 교수가 된 레일리에게 주어졌다. 레일리는 다양한 방법으로 전류와 저항을 측정하기 위한 노력을 전개하여 임무를 성공적으로 마쳤다.[111]

레일리는 캐번디시 연구소를 인도하게 되면서 특별한 연구 계획을

---

110) Bruce J. Hunt, "The Ohm Is Where the Art Is: British Telegraph Engineers and the Development of Electrical Standards," *Osiris* 9 (1994), pp. 48-63.

111) Dong-Won Kim, *Leadership and Creativity: A History of the Caven-dish Laboratory, 1871-1919* (Dordrecht: Kluwer, 2002), pp. 38-44.

가지고 있지는 않았으나 연구 주제를 찾는 데 그리 시간이 걸리지 않
았다. 1880년 봄에 레일리는 전기 저항의 단위를 정확하게 측정하고자
실험을 개시하였다. 그가 이 연구 주제를 정하는 데에는 기구가 준비
되어 있었다는 것이 큰 영향을 미쳤다. 영국과학진흥협회의 전기 저항
표준 위원회(Committee on Standards of Electrical Resistance)는 사
용되던 장비들을 맥스웰에게 제공하였고 레일리는 맥스웰의 후임자로
서 그 장비를 물려받았다. 그의 측정 연구는 4단계로 구성되었다.[112]
1단계는 원래의 영국과학진흥협회의 방법을 재현하고 수정하는 것이
었고, 2단계는 수은 기둥의 길이에 의해 옴의 값을 결정하는 것이었
고, 3단계는 옴을 결정하는 로렌츠(L. Lorenz)의 방법을 채용하는 것
이었고 4단계는 볼트와 암페어 단위의 값을 결정하는 것이었다.

1단계 작업은 레일리, 슈스터(Arthur Schuster)와 시지윅 부인(Mrs.
Sidgewick)에 의해 수행되었다.[113] 그의 장비는 수직으로 세워진 원
형 코일이 중앙에 배치된 자석 주위를 회전하면서 코일에 흐르는 전
류 때문에 자석에 편향을 일으키는 정도를 재게 되어 있었다. 편향의
정도는 코일의 저항에 의존하게 되어 있으므로 이 장치로 저항을 잴
수 있었다. 레일리는 이전의 연구자들보다 더 정확한 계산으로 코일의
자체 유도가 일으키는 오류를 감안하여 더 정확한 값을 얻을 수 있었
다. 그는 첫 단계에서 얻은 결과는 1 B.A. 단위$=0.98651 \times 10^9$
c.g.s.였다. 이 값은 다른 방식으로 얻어진 결과와 잘 맞았다. 2단계 작
업은 1882년에 열린 파리 전기 회의에서 추천한 저항의 기준에 고무
되어 진행되었다. 이 회의에서 제시된 저항의 단위는 0℃에서 1제곱

112) 같은 책, pp. 40-41.
113) Rayleigh and A. Schuster, "On the Determination of the Ohm [B.A. Unit] in Absolute Measure," *Proceedings of Royal Society of London* 37 (1881) pp. 104-141.

밀리미터의 수은 기둥의 길이로 표현하게 되어 있었다. 이 방식은 유럽 대륙에서 널리 받아들여졌는데 윌리엄 톰슨의 반대에도 불구하고 영국에서도 1884년에 채택되었다. 이러한 과정에서 레일리의 실험이 중요한 기여를 했다. 레일리는 1882년 2월과 3월에 시지웍 부인과 함께 수행한 실험에서 1옴은 0℃에서 단면적 1제곱 밀리미터의 수은 기둥 106.24cm가 갖는 저항과 같다고 확정했다.[114]

3단계에서 레일리는 로렌츠가 1873년에 사용한 방법을 채용하여 옴의 값을 결정했다. 이 방법은 지구 자기장과 열 효과를 제거할 수 있어 유리했다. 그는 로렌츠의 방법을 개선하여 실험을 수행하였고 1 B.A. 단위$=0.98677 \times 10^9$ c.g.s.의 값을 얻었다. 이어서 마지막 단계로 레일리는 전류의 단위인 암페어와 전압의 단위인 볼트를 확정하는 실험을 수행하였다. 그는 전기분해에 의해 석출되는 은의 양을 재는 방법으로 전류의 단위를 정의했다. 그가 시지웍 부인과 확정한 값은 1초 동안 1암페어의 전류가 석출시킨 은의 양은 0.00111794그램이었다. 레일리는 전압의 단위를 클라크 셀의 기전력을 재는 방법으로 결정하였다. 그가 확정한 값은 15℃에서 클라크 셀의 기전력은 1.4345볼트였다.[115]

이렇게 레일리가 1881년부터 1884년에 걸쳐서 수행한 전기의 표준 확정에 관련된 실험 연구는 이후에 레일리의 전기에 관한 연구의 방향을 결정짓는 중요한 역할을 했다. 레일리는 전류와 저항의 측정의 정밀성을 높이는 문제에 대해서 지속적인 관심을 기울이며 표준 전지의 기전력을 안정화시키는 연구에 지속적인 관심을 기울였다. 이러한 연구들은 화학 물질을 다루는 기술과 긴밀하게 연결되었고 레일리가

---

114) Kim, 앞의 책, p. 42.
115) 같은 책, p. 43.

화학과 친밀해지는 계기를 마련하였다. 이 절에서는 레일리의 전류와 저항 측정을 위한 노력을 좀 더 상세히 살펴보고 표준 전지 만들기에 관한 논의는 다음 절에서 다루도록 하겠다.

레일리는 이후의 연구에서 전류의 세기를 측정하는 방법으로 전기 분해를 적극적으로 이용하였다. 이를 위해 그는 전해전량계를 사용해서 석출된 금속의 질량을 측정하였다. 그가 정확한 전해전량계를 만들기 위해서 주목한 물질은 은이었다. 은의 전기화학적 당량은 콜라우시와 마스카르가 잰 값이 있었는데 1882년에 레일리는 직접 캐번디시 연구소에서 잰 실험에서 그들보다 더 작은 값인 1.119×10^{-9}을 얻었다. 이 값은 1시간 동안 1암페어의 전류를 흘렸을 때 석출되는 은의 질량이 4.028그램임을 의미했다. 레일리는 전류의 세기가 1/20암페어에서 4암페어의 범위에 있을 때에는 정확한 천칭만 있다면 이 방법이 정확하다고 보았다.

당시에 전류의 세기를 잘 잴 수 있는 또 다른 방법으로는 전기학자들에게 친숙한 표준 갈바닉 셀(galvanic cell)을 사용하는 것이 있었다. 갈바닉 셀이란 전해질에 다른 금속으로 이루어진 전극을 넣어서 전류를 만들어내는 장치를 총칭한다. 이 방법으로 전류를 정확하게 측정하는 것에도 레일리가 많은 관심을 기울였다. 레일리는 이 전지에서 나온 전류를 1만 옴 정도의 높은 저항을 통해 흐르게 하고 그 저항의 두 지점 사이의 퍼텐셜 차이를 재는 방식을 취했다. 그는 저항으로 주로 독일 은띠를 사용하였다. 이 띠에 두 지점에 돌출한 혀를 만들어 그곳에 기전력이 알려져 있는 표준 전지에서 나오는 두 전극을 반대의 전류가 흐르도록 연결하였다. 이렇게 하면 두 지점 사이의 저항과 측정할 전류를 곱한 값이 전위차가 된다. 독일 은띠는 충분히 넓어서 열이 나지 않아야 하고 두 혀 사이의 저항은 1/500옴 정도가 되어야 하고 그 값은 매티센과 호킨의 방법에 의해 결정될 수 있었다.[116) 이 방법으로는 10암페어까지의 전류를 정확하게 잴 수 있었다.

또 하나의 방법은 강한 전류를 재는 데 유용한 방법이었다. 이것은 전류에 의해 생긴 자기력이 편광면을 회전시키는 효과를 이용하는 것으로 패러데이가 발견한 원리를 따른 것이다. 레일리의 조수인 고든은 빛이 통과할 수 있는 이황화탄소(bisulfide of carbon) 기둥 주위에 1000번 감은 도선에 4암페어의 전류를 흘려서 15도의 편광면 회전을 얻어내었다. 그는 빛이 통과하는 무거운 유리 기둥 주위에 도선을 100회 감고 40암페어의 전류를 흘려 역시 15도의 값을 얻었다. 레일리는 빛이 기둥을 3번 왕복하게 함으로써 편광 회전각을 3배로 늘릴 수 있어 각도의 정밀성을 더 늘릴 수 있었다. 가장 좋은 광학 장치를 쓰면 회전각을 1, 2분의 범위까지 잴 수 있다고 했지만 그것이 당시 현실로는 실현하기가 쉽지 않았다. 또 하나의 어려움은 무거운 유리가 편광을 해체하는 성질 때문에 발생했다.

레일리는 1883년에 영국과학진흥협회의 전기 위원회의 위임을 받아 전류의 세기를 측정하는 기구를 만들었다. 이 장치에서는 동력계(dynamometer)가 핵심을 이룬다. 먼저 갈바노미터의 상수를 구하고 고정된 동력계의 코일과 움직이는 에보나이트 코일의 반지름의 비율은 두 코일의 사이의 인력과 척력을 이용해서 구했다. 이때 중력 가속도의 크기를 정확하게 알면 그 결과로 전류의 세기를 구할 수 있었다. 이 방법으로 측정한 바에 따르면 0℃의 수은 기둥 길이가 106cm, 단면적이 1cm^{2}일 때 이 저항의 기준을 1옴으로 정할 수 있었다. 이 값은 20년 전에 영국과학진흥협회의 한 위원회에서 측정한 값보다 1% 작다.[117)

---

116) James Clerk Maxwell, *Treatise on Electricity and Magnetism* (Dover, 1954), §352.

레일리는 갈바노미터의 표준화의 문제에도 많은 관심을 기울였다. 이는 당시에 정확한 전류의 세기를 측정하기 위한 노력의 일환으로 많은 관심을 끄는 문제였다. 1 내지 2A의 전류를 재기에 적당한 갈바노미터는 은 전해전량계에 의해 매우 정확하게 표준화되어 있었다. 그러나 5A 이상의 전류가 흐르게 되면 이 방법은 별로 실용적이지 못했다. 이러한 문제를 해결하기 위해서 레일리는 일종의 차동 갈바노미터(differential galvanometer)를 생각해냈다. 이 갈바노미터는 갈바노미터 상수가 10:1의 비를 갖는 코일 두 개를 갖춘 것이었다. 그리하여 한 코일에 흐르는 10A의 전류가 다른 코일의 1A의 전류와 균형을 이루게 한 것이다. 그리하여 적은 전류를 은 전해전량계로 측정하면 다른 코일에 흐르는 전류는 그 10배로 정해지므로 이것으로 더 큰 전류에 적당한 다른 도구를 표준화할 수 있었다.[118] 이 장치는 윌리엄 톰슨의 등급 갈바노미터(graded galvanometer)를 모태로 하여 얻어낸 것으로 보인다. 갈바노미터는 당시에 맥스웰, 톰슨, 레일리가 모두 깊은 관심을 가지고 연구한 대상이었다. 갈바노미터를 이용해서 전류의 세기를 알아내고 전자기 유도에 대해 탐구하는 것은 당시 널리 퍼져 있었던 전기의 정량화에 중요한 단계로 생각되었던 것이다.

이러한 갈바노미터에 대한 연구는 바로 전기 저항의 측정에 연결되었다. 1885년에 레일리는 윌러비 스미스(Willoughby Smith)가 왕립연구소에서 발표한 실험에서 전기 저항의 단위인 옴을 결정하는 데 참

---

117) Rayleigh, "Presidential Address," *British Association Report*, 1884, pp. 1-23; *Scientific Papers by Lord Rayleigh*, vol. 2, art. 113, pp. 333-354. esp. p. 340.

118) Rayleigh, "On a Galvanometer with Twenty Wires," *British Association Report* 1884, p. 633; *Scientific Papers by Lord Rayleigh*, vol. 3, art. 116, pp. 357-358.

고해야 할 사항을 깊이 있게 고려하였다.[119) 스미스의 실험 장치는
이러했다. 최초의 일련의 실험에서 1차 회로에는 전지와 단속기(inter-
rupter)가 연결되어 있고 2차 회로에는 갈바노미터와 코일로 이루어진
교환기(commutator)가 연결되어 1차 회로에서 일어나는 전류의 단속
이 2차 회로에 단속 전류를 유도했고 이에 따라 갈바노미터의 바늘이
편향되면서 흔들렸다. 이때 빠른 속력으로 구리판을 교환기의 두 나선
(spiral) 사이에 집어넣으면 갈바노미터의 편향이 줄어들었다. 이러한
현상은 익히 알려져 있던 것으로 구리의 '입자'(molecule)들이 나선
사이에 형성된 역선에 의해 편향될 필요가 있음을 나타내는 것으로
간주하는 것이 전통적 해석이었다. 그러니까 이 해석에 따르면 구리판
에서 유도 전류가 생겨서 두 번째 나선을 첫 번째 나선으로부터 차단
(screen)하는 것이다.

그것과 유사한 실험을 레일리는 수행한 적이 있었다. 1882년 5월에
≪철학 잡지≫에 발표된 논문에서[120) 전화기의 수화기를 갈바노미터
대신 썼고 마이크로폰(microphone)을 단속기 대신 썼다. 이 장치는
마이크로폰에 가해진 일정한 진동수의 소리에 의해 2차 회로의 전화
기에서 일정한 진동수의 소리를 냈다. 레일리가 두꺼운 구리판(sheet)
을 삽입하였을 때 소리는 크게 약화되었다. 여기에서 레일리는 스미스
와는 달리 음향학적인 방법을 채택하고 있었음을 알 수 있다. 그의 전

---

119) Rayleigh, "Self-Induction in Relation to Certain Experiments of Mr
Willoughby Smith and to the Determination of the Ohm," *Nature* 32
(1885), p. 7; *Scientific Papers by Lord Rayleigh*, vol. 3, art. 123, pp.
422-423.

120) Rayleigh, "Comparison of Methods for the Determination of Resis-
tances in Absolute Measure," *Philosophical Magazine* 14 (1882), pp.
186-187; *Scientific Papers by Lord Rayleigh*, vol. 2, art. 92, pp. 134
-150.

기 연구는 그런 점에서 음향학적 탐구와 긴밀하게 연결되어 있었고 실제로 음향학에 의해 많은 도움을 받고 있었던 것이다.

스미스의 두 번째의 실험은 패러데이의 맴돌이 전류 실험이었다. 패러데이는 말굽자석의 극 사이에 구리판을 수직으로 배치하고 구리 판이 그 중심 주위를 돌게 하였을 때 구리판에 동심원 방향의 맴돌이 전류가 발생하는 것을 발견했다. 이때 생기는 전류는 전극을 구리판에 댄 갈바노미터에 의해 감지되었다. 스미스의 실험에서는 하나의 전극 은 중심에, 또 하나의 전극은 원주에 두었다. 낮은 회전 속력에서 전 류의 분포가 디스크의 직경에 대하여 대칭이지만 속력이 증가하면 지 체(drag)가 생겨서 대칭이 교란되었다. 이 지체는 노빌리(Nobili)가 1833년에 알아냈다. 레일리는 스미스의 방법이 가진 약점을 극복할 수 있는 방법으로 로렌츠(Lorenz)의 방법을 생각해냈다. 로렌츠의 방법을 적용한 레일리의 배열에서는 자기력선이 회전축에 대하여 대칭적으로 배열되었다. 그 결과로 회전 속력이 아무리 빨라도 디스크에는 회전하 는 전류가 생기지 않았다. 다만 구리판의 중앙과 원주 사이에 전기 퍼 텐셜의 차이가 생겼다.

1883년에 레일리는 천칭의 가로대(beam)의 진동을 빠르게 저지해 서 평형 위치에 돌아가게 만들기 위한 특별한 고안을 제시하였다.[121] 그는 르클랑셰(Leclanché) 전지(cell)를 사용해 전류를 다른 코일과 동심을 이루는 보조 코일로 흘리면서 건(key)을 이용해서 전류를 통 제했다. 건의 접촉이 이루어지면 수직의 힘이 매달린 코일에 작용하지 만 접촉이 끊어지면 수직 힘이 멈춘다. 조금만 연습을 하고 나면 이

121) Rayleigh,"Suggestions for Facilitating the Use of a Delicate Balance," *British Association Report*, 1883, pp. 401–402; *Scientific Papers by Lord Rayleigh*, vol. 2, art. 104, pp. 226–227.

방법을 한두 번 적용하여 저울의 가로대를 저지하는 힘에 의해 영점으로 돌아가게 할 수 있었다.

레일리가 이 장치를 고안하게 된 배경은 전지의 구성 요소들과 기전력의 관계를 탐구하고 전해전량계를 사용하여 전류의 세기를 측정하기를 시도하면서 질량을 정밀하게 재는 일이 중요해졌기 때문이었다. 정확한 무게를 측정해야만 전해액의 조성을 정확하게 조절할 수가 있었고 이 일을 위해 천칭을 사용해야 했는데 천칭의 가로대가 계속 진동하게 되면 질량을 측정하는 데 많은 시간이 소요되었다. 이러한 문제를 해결하기 위해 레일리는 전자기 유도를 이용하여 진동을 빨리 소멸시키는 방법을 고안하게 되었던 것이다. 그는 길이가 4-5인치인 강철 도선으로 된 두 자석을 저울판(scale-pan) 밑에 각각 수직으로 부착하고 그것 중 하나의 밑에 4-5인치의 직경으로 50-100회 감은 절연된 도선 코일을 고정했다. 그리고 나서 르클랑셰 전지로 전류를 흘려보내고 역시 흔한 스프링 접촉 건으로 적당한 위치에서 전류를 통제했다. 자석이 코일에 접근하고 떨어지는 운동을 하게 되면 회로에 전자기 유도가 발생하게 되는데 역시 건을 붙였다 떼는 운동을 반복하면서 회로에 전류의 교란이 생기면서 자석과 상호 작용으로 자석의 운동을 저지하는 효과를 낼 수 있었다.

당시에 사용되던 천칭은 오어틀링(Oertling)에 의해 고안된 것으로 보통의 것보다 눈금이 더 정밀하고 렌즈를 사용해서 바늘의 움직임을 4-5배 확대해서 볼 수 있게 해주는 것이었다. 또 저울의 눈금은 가스 불꽃의 불빛이 커다란 판유리 렌즈에 의해 조사되었다. 이러한 인공조명이 창문에서 떨어진 곳에서도 저울을 쓸 수 있게 해주었다. 그렇지만 미세한 진동에서도 눈금을 읽기에 어려움이 큰 것이 해결해야 할 문제였던 것이다. 이러한 문제를 효과적으로 해결하기 위한 레일리의 고안은 정확한 질량 측정에 있어서 레일리가 어떤 화학자보다 앞서 나가고 이로써 대기의 중의 성분인 아르곤을 찾아내는 기초를 다질 수 있었던 것이다. 이것은 왜 물리학자였던 레일리가 다분히 화학적인 대기의 조성의 문제에 관심을 기울이고 그것을 다른 화학자들보다 능력 있게 수행할 수 있었는지를 알게 해준다.

(2) 전지의 기전력의 표준화

레일리의 전기 실험 연구에서 가장 중요한 도구 중 하나는 전지였다. 어떠한 전지를 사용할 것인가가 실험의 성격을 결정짓는 중요한 요소가 되었다. 이것은 19세기 내내 '좋은' 전지를 만들어내는 것이 물리학자들에게 지속적인 관심을 끌었던 이유를 밝혀내는 데 중요한 실마리를 제공한다. 전지가 내는 기전력이 얼마인지를 정확하게 측정하려는 것이 레일리가 전기에 대한 연구를 수행함에 있어서 중요한 관심사였다. 전기의 표준을 정하는 과업을 수행함에 있어서도 전류, 전압, 저항의 정확한 기준을 설정하는 것이 매우 중요하다. 그렇지만 이들을 정확하게 측정하기 위해서는 변하지 않는 기준이 필요해지게 되는데 이를 위한 기준으로서 전지의 기전력이 기능을 할 수 있는지를 알아내는 것이 레일리의 지속적인 관심사였다. 이러한 문제를 해결하기 위해서는 데이비를 거쳐서 패러데이 이후 지속되어온 영국에서 발전해온 전기화학적 전통 속에서 레일리의 연구를 바라보아야 할 이유가 생긴다. 이러한 맥락 속에서 레일리가 왜 다분히 화학적으로 보이는 물질의 질량을 정확하게 측정하는 문제를 비롯하여 물질의 조성과 밀도의 문제에 그렇게 많은 관심을 기울였으며 결국에 가서는 대기 중 3번째로 많은 질량을 차지하는 희귀가스 아르곤을 발견하고 분리하는 성과를 올려 노벨상을 받게 되는지를 이해할 수 있다. 1870년에 이미 레일리는 다니엘 전지와 스미 전지를 사용하는 전기 실험을 수행하였다. 레일리는 회로를 꾸며서 전기 진동에 대해서 연구하였다. 그는 전기 진동에 대해서 회로 방정식을 세워서 음향학적 진동과의 연관성을 염두에 두고 연구를 진행시키고 있었다.[122]

레일리는 많은 시간과 노력을 은의 전기화학적 당량과 표준 클라크 전지의 기전력을 결정하는 데 들였다. 레일리는 물을 사용하는 전해전량계에서 극복되어야 할 어려움이 매우 크다는 것을 인식하고 은 전해전량계를 시도하게 된 것이다. 당시 구리 전해전량계가 일반적으로 실험실이나 상업적 용도로 널리 사용되고 있었으나 구리는 열을 가하면 공기 중에서 산화하는 성향이 있고 황산구리(copper sulfate)와 접촉하면 전류를 흘리지 않고도 무게가 변하기 때문에 은보다는 못하다는 것이 레일리의 판단이었다. 은은 웬만해서는 공기 중에서 산화하지 않고 질산염(nitrate)의 중성 용액과 접촉하였을 때에도 영향을 받지 않는 것으로 보였으므로 가장 적당해 보였다. 석출된 은은 검은 색이어서 불순물이 의심스러웠지만 질산에 모두 잘 녹는 것으로 보아 순수한 은으로 판단되었으므로 그것을 뜨거운 방에서 말린 후에 데시케이터에서 습기를 제거한 상태에서 질량을 측정하였다. 이로써 레일리는 석출된 은과 전류의 비율을 구할 수 있게 되었다. 이어서 그는 석출물 속에 있을 수 있는 NO_3를 날려버리기 위해 가열을 하였고 가열이 은에 손상을 주지 않는 정도를 알아내었다. 그런 점에서 열을 가할 때 변화가 덜하다는 측면에서 은보다 백금이 낮다는 판단을 하였다. 그러나 백금을 사용하는 데에는 많은 어려움이 따랐다. 그리하여 레일리는 은을 사용하면서 문제를 극복해나가는 방향을 택했다. 레일리는

---

122) Rayleigh, Experimental Notebook, 1870.

질산염을 쓰건 염화물을 쓰건 전류의 세기가 같을 때 단위 시간당 석출되는 은의 양이 동일하다는 결과를 얻었다.[123] 은의 전기 당량을 확정함으로써 레일리가 기대한 것은 전해전량계가 표준화된 전류 측정 기구로 만족스러운지를 알아본 것이었다. 이로부터 얻은 확신에 따라 레일리는 저항의 표준 단위를 확정하기 위한 전류의 측정 방법으로 전해전량계를 쓸 수 있었다.

더불어 레일리는 1884년에 클라크 셀의 불안정성의 근원에 대한 실마리를 찾으려는 희망으로 클라크 셀에 대한 실험을 수행하였다.[124] 그는 클라크 셀의 전극으로 사용되는 아연과 순수 수은 대신 두 개의 다른 세기의 아연 아말감을 사용하였다. 또한 황산수은은 사용하지 않고 황산아연의 포화용액을 사용했다. 같은 아말감이 양쪽 극에서 모두 사용되면 대칭이 완전하고 기전력이 없게 된다. 한 전극을 강하지만 유체인 아말감을 사용하고 다른 전극은 같은 아말감을 같은 부피의 수은에 녹인 것을 사용하면 감지할 만한 기전력을 얻을 수 있었다. 기전력은 클라크 셀의 0.004배였다. 이 값은 며칠 간 계속 유지될 정도로 안정된 것이었다. 레일리는 다른 조성의 전극으로도 실험해 보았다. 동일한 강한 아말감을 한 전극에 사용하고 다른 전극에는 3배의 부피를 갖는 순수한 아연에 녹인 것을 쓰니 이 경우에 기전력은 클라크 셀의 0.009배, 레일리의 용어를 빌리자면, 0.009클라크였다. 전극으로 사용하는 아말감의 조성을 바꾸었을 때 기전력이 변화된 것이었다. 그다음에

---

123) Rayleigh, "On the Measurement of Electric Currents," *Cambridge Philosophical Society Proceedings* 5 (1883), pp. 50–52; *Scientific Papers by Lord Rayleigh*, vol. 2, art. 107, p. 309–310.

124) Rayleigh, "On a Galvanometer with Twenty Wires," *British Association Report* 1884, p. 633; *Scientific Papers by Lord Rayleigh*, vol. 3, art. 116, pp. 357–358.

레일리는 희석된 아말감을 순수한 수은으로 대체했을 때 황산수은을
쓰지 않고도 거의 클라크 셀에 근접하는 기전력을 얻었다. 그렇지만
이러한 구조의 셀은 예상대로 그 '힘'이 매우 불안정했다. 이것으로부
터 그는 황산수은의 기능은 수은의 순수성을 유지시켜주는 것이고 기
전력은 주로 수은의 아연에 대한 친화성에서 나오는 것임을 알게 되었
다. 레일리는 여러 종류의 조성과 구조를 갖는 전지를 만들었고 안정
되고 정확한 기전력을 생산하는 전지를 만들어내기를 희망했다. 이러
한 레일리의 노력은 당시의 필요를 충족시키기 위한 노력의 일환이었
다. 정확한 기전력을 갖는 전지를 만들어내는 일은 전기 표준화 작업
에서 매우 중요한 문제였고 이것은 자못 화학적인 문제의 해결을 요구
했다. 이러한 화학적 문제에 대한 깊은 연구들이 이후에 레일리가 아
르곤을 찾아내는 성과를 올리는 데 중요한 기여를 하게 된다.

　레일리는 또한 표준 갈바닉 셀의 기전력을 평가하는 데 많은 노력
을 기울였다. 레일리는 안정된 표준 갈바닉 셀을 얻기 위해 자신이 직
접 다양한 갈바닉 셀을 개발하였다. 처음에 레일리는 클라크 셀과 루
오(Ruoult)가 개선한 다니엘 셀로 실험을 해보다가 1884년에 새로운
H 셀을 고안하였다.[125] 이 셀은 H 모양의 유리관의 아래에 백금 전
극들이 박혀 있고 한쪽 극은 아연 아말감을 쓰고, 다른 쪽은 수은을
황산수은으로 덮어 놓고 그 위를 포화된 황산아연으로 채운 것이었다.
레일리는 이 셀의 특성을 알기 위해 여러 차례의 실험을 수행하였다.

　1884년 3월에 레일리는 은의 당량과 셀의 기전력을 동시에 결정할
수 있는 실험을 설계하였다. 이 실험 장치는 3개의 전해전량계를 통과

125) Rayleigh and Mrs H. Sidgwick, "On the Electro-Chemical Equivalent
　　of Silver, and on the Absolute Electromotive Force of Clark Cells,"
　　Philosophical Transactions 175 (1884), pp. 411–460; *Scientific Papers
　　by Lord Rayleigh*, vol. 2, art. 112, pp. 278–332, esp. pp. 313–314.

하는 전류와 전류 측정 장치와 저항으로 구성되었다. 이런 용도로 쓰는 셀들이 적당하지 않았는데 클라크(Latimer Clark)의 셀이 가장 좋았다. 이 셀은 아연 전극에 황산아연을, 수은 전극에는 황산수은을 접촉시켜 만족스러운 결과를 얻었다. 레일리의 측정에 따르면 이 셀의 기전력은 1.435볼트였다.

레일리가 절대 전기 측정을 위해 사용하고 있는 원리는 패러데이의 법칙이었다. 그것은 전기분해가 일어나는 셀에서 석출되는 금속의 양이 흐른 전류에 비례한다는 것이다. 그는 이 목적을 위해서 가장 적당한 금속을 은이라고 생각했다. 이때 전해액으로 사용하는 것은 질산염이나 염화염이었다. 레일리는 1시간 동안 1암페어의 전류를 흘렸을 때 4.025그레인(grain)의 은을 얻었고 이 값은 콜라우시가 얻은 것과 일치했다. 레일리의 실험값은 1000분의 1의 오차의 한계를 가졌으므로 이 전해전량계를 사용하여 매우 정확하게 전류의 세기를 잴 수 있었다. 이 방법을 사용하면 0.1암페어에서 5암페어까지 변하는 전류의 세기를 가장 잘 측정할 수 있었다.

1885년에 레일리는 클라크 셀을 개선하여 표준 갈바닉 셀을 만들기 위해 많은 노력을 수행하였다.[126] 그는 클라크 셀이 기전력을 비교적 정확하게 알 수 있으므로 전류 측정을 위한 기준이 될 수 있다는 데 주목하였다. 그는 일련의 실험에서 기전력을 측정하기 위해 은 전해전량계를 사용했다. 이 장치를 사용하면 기전력을 1000분의 1까지 정확하게 측정할 수 있었다. 레일리는 엄청나게 많은 수의 셀을 만들거나 구하였다. 전극으로 고체 아연을 쓰는 보통 종류가 60개였고 아연 아

---

126) Rayleigh, "On the Clark Cell as a Standard of Electro-motive Force," *Philosophical Transactions* 176 (1886), pp. 781–800; *Scientific Papers by Lord Rayleigh*, vol. 2, art. 132, pp. 451–473.

말감을 쓰는 H형이 30개였다. 게다가 다른 실험자들의 실험 결과도 많이 모았다. 레일리가 만들었던 셀은 매우 정확해서 몇 주가 지나도 기전력이 1000분의 1 정도, 정확하게 1만 분의 7까지 떨어질 뿐이었다. 이러한 기전력의 변화를 정확하게 측정하기 위해 레일리는 고저항 갈바노미터를 사용했다. 이 기구는 1만 분의 1까지 셀의 기전력의 변화를 잴 수 있었다. 대부분의 셀은 꼭대기의 밀봉용 파라핀 왁스의 갈라진 틈으로 물이 빠지거나 증발하면서 기전력이 변했다. 레일리는 스렐펄(Threlfall)이 만든 클라크 셀들을 사용했는데 그것들은 1년 이상 된 것들이었고 그중에는 1883년, 1884년에 만든 것들도 있었다. 레일리는 여기에 자신이 새롭게 고안한 H 셀을 추가하였다. 레일리는 온도에 따라 기전력이 달라지는 것에도 주목했는데 그것은 대부분이 1만 분의 2-3 정도였다.

레일리는 셀의 개선을 위해 밀봉의 개선에 관심을 가졌다. 레일리는 파라핀 대신 마린 글루(marine glue)를 사용해 보았고 그것이 훨씬 나은 밀봉을 제공한다고 생각하였다. 레일리가 개선한 보통형은 이러했다. 마린 글루로 시험관을 기본으로 하여 구성된 셀의 위쪽을 밀봉하고 그 아래에는 코르크, 그 아래에는 포화된 황산아연을 담고 그 아래에는 황산아연 분말(paste)을 채우고 그 안까지 아연 막대를 박았고, 그 아래에 수은층을 배치하고 그 속에 백금선이 시험관을 관통하여 밖에서 들어와 있었다. 시험관과 백금선 사이의 밀봉은 밀봉 왁스(sealing wax)로 하였다.

1890년에 발표한 「표준 클라크 셀」(The Clark Standard Cell)에서 레일리는 온도에 따른 클라크 셀의 작동에 대하여 궁구하였다. 이 논문은 카하트(Carhart)가 1889년에 ≪철학 잡지≫에 발표한 논문이 낮은 온도에서 클라크 셀의 작동을 다룬 것이 계기가 되었다. 카하트 교수는 온도에 따라 클라크 셀에서 일어나는 표준 기전력의 변동이 이 전지를 표준화된 전지로 사용하는 데 문제가 큰 것으로 언급하였다. 일반적으로 클라크 셀의 온도 계수는 섭씨 1도 당 0.00077에 불과하기 때문에 실제로 레일리는 이 전지를 이용하는 데에는 거의 문제가 없었다. 그 민감성은 독일은(German silver) 저항 코일의 민감성의 두 배였다. 실제로 실험실에서 10분의 1도나 2도 정도 이내에서 온도의 통제가 가능했기 때문에 이것은 거의 문제가 되지 않았다. 그런데 카하트는 그 계수를 0.00039까지 낮추는 개선된 클라크 셀을 만들어냈다고 발표한 것이다. 카하트가 사용한 방법은 아연을 수은염으로부터 완전히 분리시킨 것이었다. 그렇지만 레일리의 경험으로는 그렇게 해서 낮은 계수가 얻어질 수 있을 것으로 보이지 않았다. 이미 레일리는 H 셀에서 한쪽 다리에 수은과 수은염을, 다른 쪽 다리에는 아연의 아말감을 넣어 분리를 시도했다. 이 결과 H셀은 온도 계수가 0.00038로 나왔다. 카하트의 용액이 황산아연으로 포화된 것이 아니라면 아연이 분말에서 완전히 빠져나와 액체의 꼭대기에 있어서 포화가 안 될 경우 문제가 발생한다는 것이 레일리의 생각이었다.

은의 전기화학 당량을 재는 문제는 1897년에 다시 레일리의 관심을 끌었다.[127] 이는 같은 해에 그리피스(Griffiths)가 그 당시 알려져 있었던 은의 전기화학 당량이 1000분의 1 정도의 오차를 갖는다고 언급하였기 때문이었다. 그 값은 1873년에 이루어진 콜라우시의 측정과 1882년에 이루어진 레일리와 시지윅 부인의 측정에 기초하여 정해진 값이었다. 레일리가 측정을 수행할 즈음에 널리 받아들여지고 있었던 콜라우시의 값은 0.01136이었다. 마스카트(Mascart)는 그 값을 0.011156으

---

127) Rayleigh, "The Electro-chemical Equivalent of Silver," *Nature* 56 (1897), p.292; *Scientific Papers by Lord Rayleigh*, vol. 4, art. 232, p. 332.

로 바꾸어 놓았다. 레일리 자신이 정밀하게 측정한 값은 0.11179였는데 비슷한 시기에 이루어진 콜라우시의 측정값은 0.011183이어서 2000분의 1의 한도 내에서 정확하게 주어진 값이었다. 레일리는 이 값의 측정이 전류를 표준화하기 위해서 매우 중요한 일이라고 생각하고 지나치게 많은 노력이 저항의 단위인 옴의 측정에만 쏠리는 것을 비판했다.

(3) 전화기 연구

레일리의 전기 연구가 음향학과 긴밀한 관련성을 갖는 접점이 된 것은 전화기였다. 레일리는 전화가 발명된 이후에 전화기를 실험 장치의 주요한 도구로 활용하면서 전화기를 미세한 전류를 검출하는 장치로서 광범위하게 활용하였다.[128] 전화기를 음향학 실험에 적극적으로 사용한 또 다른 영국의 과학자는 톰슨(Silvanus P. Thompson)이었다. 그는 소리의 방향 감각에 대한 연구를 수행하기 위해 양쪽 귀에 따로 소리를 들여보내는 장치로 전화기를 사용하였다. 톰슨은 약간의 위상차, 세기차 등의 변이를 주며 양쪽 귀에 따로따로 들리는 유사한 소리를 사람은 어디에서 소리가 들어오는 것으로 인식하는지를 탐구하였다. 반면에 레일리는 미세한 전류의 차이를 감지할 수 있는 도구로서 전화기에 관심을 가졌다. 이러한 측면들은 전화기가 실용적인 도구로서 대중적인 관심을 끌던 시기에 주요한 실험 도구로서 자체의 생명을 가지고 진화를 겪어가는 과정을 보여준다.

레일리는 전화기와 관련된 실질적인 문제로 장거리 전화의 가능성에 대해서 1884년에 관심을 가졌다.[129] 이 주제는 30년 전에 톰슨이

---

128) 전화기의 발명과 상업화에 대한 고전적 저술은 John Brooks, *Telephone: The First Hundred Years* (New York: Harper & Row, 1875)가 있다.

제시한 원리에 기초한 것이지만 그는 그것을 전화에 적용하지 않았다. 레일리는 전화기를 통해서 전달되는 신호가 피치에 따라 전달 범위에 차이가 나는 문제를 고려하였다. 전화기를 통해서 발화를 전달하기 위해서는 한쪽 끝에 부과된 퍼텐셜의 주기적 변화가 선을 따라 전달된다는 법칙을 따른다고 보았다. 레일리는 당시 전신을 위해 개설된 대서양 케이블을 사용해서 대륙간 통화를 할 때 발생할 수 있는 문제에 대해서 살폈다. 저항과 용량에 의존하는 상수 k는 c.g.s. 단위계로 2×10^{16}의 값을 가지고 있었고 신호의 진폭이 $1/e$의 비율로 줄어드는 거리는 $x = \sqrt{\dfrac{2k}{n}} = \dfrac{2 \times 10^8}{\sqrt{n}}$ cm이었다. 피아노 건반의 중앙의 c보다 한 옥타브 높은 피치를 택하면 $n=3600$이 되어 $x = 3 \times 10^6$ cm로 근사적으로 20마일이다. 이로써 20마일의 거리는 소리의 세기를 약 10%를 줄여 놓는다고 볼 수 있는 것이다. 그러므로 실제적으로는 50마일까지는 이 케이블을 써서 소리를 전달할 수 있을 것이지만 사람의 말을 이해하려면 위에서 제시된 것보다 훨씬 더 높은 음을 전달할 수 있어야 했다. 하지만 높은 음일수록 n값이 커져서 감쇠 효과는 더욱 커진다. 전화와 관련해서 레일리가 이러한 기술적인 문제에 대해서도 관심을 기울인 것은 매우 예외적인 사례였다. 그에게 있어서 전화기는 원거리 통화를 가능하게 하는 기술이기보다는 유용한 전기 실험 장치였다.

1890년에 레일리는 전화기를 유도회로의 2차 회로에 설치하고 거기서 나오는 소리를 이용하여 2차 회로에 흐르는 전류의 양상을 관찰하였다. 그는 1차 회로에 흐르는 전류를 128Hz 소리굽쇠를 사용해서 단

---

129) Rayleigh, "On Telephoning through a Cable," *British Association Report*, 1884, pp. 632–633; *Scientific Papers by Lord Rayleigh*, vol. 3, art. 115, p. 356.

속하고 거기에서 나오는 전류로 다시 1024Hz 소리굽쇠를 작동시켰
다.[130] 이 전기 회로 실험은 확실히 음향학과 관련이 있었다. 그러나
레일리는 소리를 탐구하는 데 목적을 두지 않았다. 그는 전화기에서
나오는 소리를 이용해서 전기 신호의 특성을 탐구하려는 노력을 하고
있었던 것으로 보인다. 레일리는 음향학적 성과를 전기 연구에 활용하
고 있었던 것이다. 레일리는 비슷한 실험을 12월에도 시도하였다. 르
클랑세 전화기를 사용하였고 콘덴서 보상기(compensator)를 써서 음
을 만들어내었다. 콘덴서의 용량을 바꿈으로써 잦은 방전에 의해 높은
음을 만들어내고 덜 잦은 방전에 의해 낮은 음도 만들어낼 수 있었
다.[131] 1891년 1월에도 전화기를 이용한 실험은 계속되었다. 레일리는
에보나이트 나선 두 가닥을 콘덴서로 사용하고 마호가니 코일을 사용
하여 LC 회로를 만들어 진동을 일으키고 그 진동수에 의해 2차 회로
에 설치된 르클랑세 전화기로 일정한 진동수의 소리를 얻어내었다.[132]
레일리는 전화기의 송화기에 사용하는 작은 주석판 디스크의 두께를
0.012인치로 했을 때 1024Hz 소리굽쇠에 조율됨을 알았다. 그 음은 하
모니엄의 c#음에 해당했다. 이러한 탐구 활동은 음향학에 대한 기존
의 레일리의 연구가 전기 연구와 맞물리면서 가능해진 것이었다.

1894년에 레일리는 벨 전화기로 감지할 수 있는 가장 작은 전류에
대한 논의에 뛰어들었다.[133] 이 문제는 이미 여러 연구자들이 실험을
통하여 측정하였던 것인데 프리스(Preece)는 1887년에 6×10^{-13} A,

130) Rayleigh, Experimental Notebook, 1890년 10월 29일.
131) 같은 글, 1890년 12월 30일.
132) 같은 글, 1891년 1월 10일.
133) Rayleigh, "On the Minimum Current Audible in the Telephone," *Philosophical Magazine* 38 (1894), pp. 285–295; *Scientific Papers by Lord Rayleigh*, vol. 4, art. 211, pp. 109–118.

테이트는 1878년에 1초에 500번 역전되는 전류에 대하여 2×10^{-12}A,
드 라 루(De la Rue)는 1877년에 1×10^{-8}A를 보고했다. 1877년에
그 방법과 소리의 진동수 별로 차별화된 측정을 자세히 보고한 사람
은 페라리스(Ferraris)였다. 그의 값은 264Hz에서 23×10^{-9}A부터
594Hz에서 5×10^{-9}A까지, 진동수가 증가함에 따라 전화기로 전달
할 수 있는 최소 전류값은 줄어들었다. 페라리스는 단속 장치(make-
and-break apparatus)를 사용하였고 각 경우에 단지 푸리에 수열 중
에서 첫 번째 주기항만을 실제 전류의 대표로 삼았기 때문에 최소 전
류값은 배음이 존재하지 않을 때보다 증가되었을 것이다. 레일리는 이
러한 오차의 발생원인 외에도 이러한 측정은 사람의 귀의 민감성에
의존하고 있기 때문에 그 정확성에 대해서도 많은 의문이 제시된다는
입장이었다. 그래서 레일리는 모든 오차의 발생 원인에 주의를 기울인
측정을 수행할 필요성이 있음을 언급했다. 그는 간단한 추론으로부터
최소 전류값은 저항의 제곱근에 반비례함을 유도했다.

  그는 두 가지 전화기로 실험을 수행했다. 하나는 70옴의 저항을 갖
는 매우 효과적인 것이고 다른 하나는 비교적 굵은 도선으로 실험실
에서 다시 감은 어설픈 전화기였다. 코일의 내부 직경이 9밀리미터 외
부 직경은 26밀리미터였다. 코일의 키는 8밀리미터였고 감은 횟수는
160회였고, 저항은 0.8옴이었다. 크기가 두 코일에서 비슷했기 때문에
들을 수 있는 소리를 내기 위해 보내는 전류는 후자가 10배 정도 커
야 했다. 두 전화기 모두 벨의 단축 유형이었고 조화형의 기전력을 내
기 위해 유도 코일 근처에서 자석을 회전시키는 것이 필요했다. 자체
유도가 무시되면 전류의 계산은 어려움이 없었다. 전화기에서 들리는
소리의 세기는 자석과 유도 코일 사이의 거리를 조절하거나 회로의
저항을 늘림으로써 쉽게 줄일 수 있었다. 10만 옴의 큰 저항을 이러한

목적에서 사용했는데 그것이 저항이 아니라 콘덴서로 작용을 하면서 실험의 오차를 만들어내므로 이러한 것을 줄이기 위한 정교한 조작이 필요했다. 그가 사용한 회전 자석은 2.5센티미터 길이의 시계 스프링이었다. 자석의 중심을 통과한 바늘을 U자형의 받침 위에 파 놓은 홈 위에 올려 오르간 풀무로부터 바람을 받아 풍차처럼 회전할 수 있게 하였다. 그리고 그 아래에 준비한 코일을 놓고 코일의 도선의 양단을 떨어져 있는 전화기와 저항에 연결하여 회로를 구성하였다. 전화기에서 나오는 음높이는 하모니엄에서 나오는 큰 소리와의 비교를 통해 결정하였다. 이 방법으로는 옥타브의 구분이 어려우므로 레일리는 소리굽쇠와 전화기의 소리의 맥놀이를 들음으로써 구분하였다. 자석이 최고 속력으로 회전할 때 진동수는 307Hz이었다. 다른 장치들의 눈금을 읽어서 계산한 것에 의하면 표준음을 만들어내는 전류의 세기는 첫 번째 코일의 경우에 7.4×10^{-7}A였다. 레일리는 코일과 저항을 바꾸어 가면서 실험을 수행했다. 이어서 회전하는 자석 대신에 자화된 소리굽쇠를 코일 근처에서 진동시키는 방법으로도 사람이 들을 수 있는 음을 내는 가장 작은 전류를 구했는데 이때 얻어진 값은 9.8×10^{-8}A였다. 레일리는 음높이가 다른 소리굽쇠들을 바꾸어 가면서 실험을 했는데 음높이가 올라갈수록 관찰은 어려워졌고 소리의 진동수가 640Hz까지 올라갈 때까지는 들을 수 있는 소리를 내는 전류의 세기가 줄어들다가 다시 증가하였다. 이로부터 지금까지 다른 측정자들에 의해 얻어진 값들은 상당히 작은 값들임을 알 수 있었다. 이러한 결과를 레일리는 갈바노미터와의 전류에 대한 민감성과 비교할 때 거의 비슷한 차수의 결과를 얻을 수 있음을 지적하고 그런 점에서 전화기를 검류계로서 쓸 수 있다는 점에 주목하였다. 실제로 레일리는 전화기를 전기 회로에서 전류를 검출하는 기구로 사용하였고 이런 의미에서 사용되는 전화기는 송화기와 수화기 중에서 전기 신호를 소리 신호로 바꾸는 수화기였다.

1894년에 《철학 잡지》에 낸 논문에서 레일리는 진동하는 전류의 규모로 볼 때 그렇게 약한 전류가 어떻게 사람이 들을 수 있는 소리 신호를 만들어내는지는 제대로 이해되지 않는다는 점을 지적했다.[134] 레일리는 전화 판(telephone-plate, 수화기 판)을 코일의 힘에 의해 움직이는 자세한 원리를 정량적으로 추적하였다. 이러한 논의를 통하여 레일리는 '평형 이론'(equilibrium theory)과 '추인 이론'(push-pull theory) 중에서 어느 것이 더 지지할 만한가를 확인하고자 했다. 그는 평형 이론에 따라 논의를 전개하였으나 결국에는 원하는 높은 진동수의 음을 알아들을 수 있게 발생시키는 데 한계가 있기 때문에 추인 이론을 받아들이는 쪽으로 기울었다.

이 문제는 다시 1898년에 나온 레일리의 논문에서 거론되었다.[135] 전화로 들을 수 있는 적당한 진동수의 최소 전류의 추정은 전화기의 작동에 대한 이론과 화해를 이루기 힘든 결과를 내었기 때문에 이에 대한 측정이 다시 이루어진 것을 언급하였다. 512Hz에서 최소 전류는 7×10^{-8}A이었다. 이 값은 이전의 연구자들에 의해 주장된 것보다 민감성이 매우 작은 것이었다. 이 실험을 대중 앞에서 수행하기 위해서 레일리는 민감 불꽃을 함께 사용하는 방법을 고안하였다. 이미 레일리는 음향학 분야에서 민감 불꽃을 다루는 데 있어서는 매우 숙달

---

134) Rayleigh, "An Attempt at a Quantitative Theory of the Telephone," *Philosophical Magazine* 38 (1894), pp. 295-301; *Scientific Papers by Lord Rayleigh*, vol. 4, art. 212, pp. 119-124.

135) Rayleigh, "Some Experiments with the Telephone," *Royal Institution Proceedings* 15 (1898), pp. 786-789; *Nature* 58 (1898), pp. 429-430; *Scientific Papers by Lord Rayleigh*, vol. 4, art. 238, pp. 357-366.

된 상태였으므로 전화기의 성능을 검사하기 위해 귀가 아니라 민감
불꽃을 사용하게 된 것은 더욱 객관적인 실험 결과를 얻을 수 있게
된 것을 의미한다. 이때 사용한 민감 불꽃은 불꽃의 기부를 통 속에
넣어서 외기의 영향을 받지 않도록 만들고 종이 막을 통해 공기의 진
동만이 들어갈 수 있도록 특별하게 고안한 것이었다. 전화기의 구멍으
로부터 불꽃을 일으키는 버너의 근처까지 짧은 관을 연결하는 것이
소리를 전달하기에 최적이었다.136) 이 실험 장치를 통해서 레일리는
정확성을 1000분의 1까지 올릴 수 있었다고 자부했다.

(4) 전기 회로 및 전기 전달 연구

1881년에 이미 레일리는 자체 유도를 맥스웰이 그의 책에서 제시한
방법에 의해 니번(W.D. Niven)과 함께 계산을 시도하였다. 맥스웰이
제시한 식은 코일의 반지름에 비해 단면이 매우 작은 도선이 단면이
직사각형이 되도록 감긴 단일 코일의 자체 유도 계수를 구하기 위한
것이었다.137) 이중 코일의 자체 유도 계수를 구하기 위해서는 두 개
의 코일의 자체 유도 계수를 구하여 더하고 두 코일 사이의 상호 유
도 계수를 구하여 2배를 해서 더하는 방식을 썼다. 이렇게 하여 레일
리는 447,740미터, 니번은 437,440미터라는 값을 얻었다. 그 차이를 레
일리는 잘 설명할 수 없었는데 곡률을 고려하지 않은 문제가 있었다.
레일리는 곡률을 고려하여 다시 세운 공식에서 계산한 값은 451,000이

---

136) 같은 글, p. 358.

137) Rayleigh, "On the Determination of the Ohm [B.A. Unit] in Absolute
　　Measure by Lord Rayleigh, F.R.S. and Arthur Schuster Ph. D., F.R.S."
　　Proceedings of the Royal Society, 32 (1881), pp. 104-141; *Scientific
　　Papers by Lord Rayleigh*, vol. 2, art. 79, pp. 1-37. esp. p. 15.

가장 믿을 만한 값이라는 결론을 내
렸다.

그 후 빈(Wien)은 1894년에 레일
리의 공식을 모른 채로 독자적으로
공식을 구하였는데 이 차이에 대하
여 레일리는 1912년에 발표된 논문
에서 주목하게 되었다.[138] 그는 로
자(Rosa)와 코언(Cohen)이 만든 "상
호 및 자체 유도 계산을 위한 공식

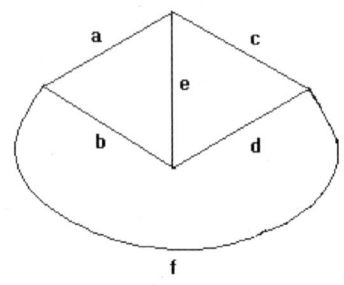

출전: Rayleigh, *Scientific Papers*,
vol. 3, art. 180, p. 452.

그림 4.7 휘트스톤 브리지

과 표"(Formulae and Tables for the Calculation of Mutual and
Self-Inductance)에서 자신과 빈의 공식을 비교하고 빈의 공식을 선호
하는 태도를 취한 것에 대하여 불만을 품고 독립적으로 다시 공식을
유도하였고 자신이 1881년에 구한 것과 동일한 공식에 도달하였다. 이
것은 1881년에 레일리의 공식의 결과를 확인했던 니번에 의해 다시
확인되었기에 더욱 믿을 만한 결과였다. 이 결과는 니번 자신이 맥스
웰의 책으로 학생들을 가르치고 그 책의 재판의 발행에 적극적으로
참여하였던 점을 고려할 때 맥스웰의 공식이 다시 지지받은 사건으로
기록할 수 있을 것이다.

1891년에 레일리는 저항 측정을 위한 회로 구성에 관심을 가졌
다.[139] 저항 측정을 위한 대표적인 회로로서 휘트스톤 브리지는 슈벤

---

138) Rayleigh, "On the Self-Induction of Electric Currents in a Thin
    Anchor-Ring," Proceedings of the Royal Society A 86 (1912), pp.
    562–571; *Scientific Papers by Lord Rayleigh*, vol. 6, art. 364, pp. 101
    –110.

139) Rayleigh, "On the Sensitiveness of the Bridge Method in Its Appli-
    cation to Periodic Electric Currents," *Proceedings of the Royal Society*
    49 (1891), pp. 203–217; *Scientific Papers by Lord Rayleigh*, vol. 3,

들러(Schwendler)나 헤비사이드(O. Heaviside)에 의해 이미 널리 연구
되어 있었다. 레일리는 이 논문에서 코일과 축전기가 연결되어 진동하는
회로에서 브리지 방법을 써서 저항 측정의 민감성을 높이는 문제를 다
루었다. 여기에서 레일리는 전류를 검출하는 도구로 흔히 사용되는 갈바
노미터 대신에 전화기를 쓰는 시도를 함으로써 전화기를 전기 실험을
위한 요긴한 도구로 활용할 수 있음을 다시 확인해주었다. 레일리는
휘트스톤 브리지의 일반적인 형태에서(그림 4.7) 하나의 가지에 있는
저항 a가 전자석과 축전기로 대치되었을 때 어떤 일이 일어나는지 살
폈다. 전기의 진동이 일어나게 되고 전화기에서 그 진동에 의해 발생
하는 소리를 들을 수 있는데 가장 적당한 저항, 축전기, 전자석을 사
용하면 1000Hz의 소리를 만들어낼 수 있었다.[140]

레일리는 1881년에 맥스웰의 빛의 전자기 이론을 빛이 구형의 장애
물에서 굴절되는 문제에 적용한 수학적 논문을 집필하였다.[141] 이 논
문은 광학적 실험 관찰과 상당히 긴밀하게 연결된 것이면서도 수학적
취급 방식에 있어서는 『음향이론』과 긴밀한 관계를 갖고 있었다. 『음
향이론』의 §343의 논의와 긴밀하게 연결되면서 베셀 함수의 취급이
문제의 핵심을 이루었고 빛, 소리, 전자기가 동일한 수학적 틀 내에서
긴밀하게 연결되어 취급될 수 있음을 보여주었다. 이것은 『음향이론』
을 통하여 진동 및 파동 이론에 대한 일반론을 전개하려는 레일리의
연구 성향을 보여준다.

레일리는 1897년에 무한히 긴 임의의 단면을 갖는 원통에, 시간과

---

art. 180, pp. 452-464.

140) 같은 글, p. 463.

141) Rayleigh, "On the Electromagnetic Theory of Light," *Philosophical
Magazine*, 12 (1881), pp. 81-101; *Scientific Papers by Lord Rayleigh*,
vol. 1, art. 74, pp. 518-536.

원통의 축에 대하여 주기적인 전기 파동이 퍼져나가는 문제의 풀이를 제시하였다. 그는 맥스웰의 이론을 받아들여 유전체 안에서 기전 세기와 자기 유도를 만족하는 식을 수립하고 관련된 경계 조건을 대입하여 방정식을 풀어나갔다. 이 과정은 마치 원통 속에 기체가 차 있고 그 안에서 음파가 전파되는 것과 마찬가지였다. 레일리는 단면이 직사각형인 경우와 원인 경우에 대하여 다른 경계 조건을 부여하여 기전 세기와 자기 유도의 해를 구하였다.[142] 단면이 원인 경우의 풀이에서 베셀 함수가 결정적인 기여를 한 점은 이전에 『음향 이론』에서 음파의 원통 전파를 다루는 것과 거의 비슷했다. 파동의 전파를 다루는 데 거의 비슷한 방식이 사용된 것에서 음향학에 대한 레일리의 연구는 전자기적 파동의 전파에도 그대로 사용될 수 있는 보편적인 성격을 갖는 탐구 활동이었음을 보인 것이다.

이러한 음향학과 전기학을 연결시켜 논의하는 레일리의 연구의 성격은 1897년에 쓴 논문 「타원체나 타원형통의 작은 장애물에 대한 공기와 전기 파동의 진입과 도체 스크린에 난 원형 구멍에 대한 전기파의 통과에 대하여」에서도 선명하게 드러나 있다.[143] 레일리는 공기 진동의 경우에 장애물은 임의의 압축가능성과 밀도이지만 전기 진동의 경우에는 유전 상수와 투자율이 그 역할을 한다고 말하면서 그때

142) Rayleigh, "On the Passage of Electric Waves Through Tubes, or the Vibrations of Dielectric Cylinders," *Philosophical Magazine* 43 (1897), pp. 125–132; *Scientific Papers by Lord Rayleigh*, vol. 4, art. 226, pp. 276–282.

143) Rayleigh, "On the Incidence of Aerial and Electric Waves Upon Obstacles in the Form of Ellipsoids or Elliptical Cylinders and on the Passage of Electric Waves through a Circular Aperture in a Conducting Screen," *Philosophical Magazine* 44 (1897), pp. 28–52; *Scientific Papers by Lord Rayleigh*, vol. 4, art. 230, pp. 305–326.

까지는 작은 구나 원통형에만 해가 제한되었으나 이제는 평평한 디스크와 얇은 면, 또는 타원체를 포함한다고 하였다.

레일리는 같은 해에 발표된 「어떤 단면을 갖는 실린더형의 도체에서 전기 파동의 전파에 대하여」라는 논문에서 전기 전파의 실제적인 문제에 관심을 기울였다.[144] 평행한 두 도선에서 전기 파동의 전파와 도체 원통을 둘러싸고 있는 유전체 껍질(sheath)의 문제들은 실제적인 상황에서 도체에서 전류의 전달과 관련하여 중요한 문제였다. 이러한 실제적인 문제는 당시 전기공학자들에 의해 먼 거리로 전기를 보내거나 전기 신호를 보내는 용도로 많이 연구되는 문제였다. 레일리는 이러한 실용적인 전기와 관련된 문제 풀이에 개입함으로써 전기학을 실용적인 연구로 만들려는 생각을 가지고 있었다. 레일리는 기전 세기(electromotive intensity)가 만족해야 할 방정식을 수립하고 해를 구하는 전형적인 방법을 사용하여 문제를 풀어나갔다.

1912년에 다시 레일리가 전기 진동의 전파에 관심을 가진 것은 포클링턴(Pocklington)이 1897년에 제시한 작은 단면적을 갖는 도체 원형 고리(anchor-ring)에서 전기 진동이 지속되면서 주변에 에너지를 저장하는 사례가 충분히 설명되지 않았다고 생각했기 때문이었다.[145] 실제로 전기 진동의 문제는 물리학자들의 관심을 많이 끌었지만 완전한 수학적 해가 얻어진 사례가 많지 않았다. 문제를 단순화하기 위해서는 도체가 완전하다고 가정하더라도 산적한 문제가 많았다. J. J. 톰

144) Rayleigh, "On the Propagation of Electric Waves along Cylindrical Conductors of Any Section," *Philosophical Magazine* 44 (1898), pp. 199 –204; *Scientific Papers by Lord Rayleigh*, vol. 4, art. 231, pp. 327–331.

145) Rayleigh, "Electrical Vibrations on a Thin Anchor-Ring," *Proceedings of the Royal Society* A 87 (1912), pp. 193–202; *Scientific Papers by Lord Rayleigh*, vol. 6, art. 365, pp. 111–120.

슨(Thomson)이 도체 구나 원통에서 전기 진동 문제를 1893년에 풀었지만 이러한 진동들은 충분한 지속 시간을 갖지 못했다. 반면에 원형 고리의 문제는 상당한 지속 시간을 가지면서도 당시의 수학의 수준에서 문제를 풀 수 있는 장점을 갖는다는 점이 레일리의 관심을 끌었다. 레일리는 포클링턴의 풀이를 소개하면서 그 논증을 철저하게 따라가지는 않는 대신에 설명을 덧붙이는 데 신경을 썼다. 이 과정에서 고리를 따라 전기 진동이 돌면서 먼 거리에 유발하는 진동의 성격을 살펴봄으로써 진동이 원을 따라 지속되는 동안에 방출되는 에너지의 흐름을 베셀 함수를 포함한 식으로 표현하였다. 이러한 논의들은 20세기 전기 동역학의 수학적 기초를 놓는 작업으로서 의미를 찾을 수 있다.

(5) 단속적 시야 및 조명의 개발

레일리의 전기 연구가 음향학과 긴밀한 연관을 맺고 이루어진 또 하나의 대표적인 사례는 단속적 시야 및 조명의 개발이었다. 레일리는 처음에 빠르게 움직이는 물체를 느린 영상으로 보기 위해서 자신이 고안한 소리 바퀴(phonic wheel)에 장착한 구멍이 있는 바퀴나 소리 굽쇠의 양쪽 가지에 장치한 두 슬릿이 겹치면서 만드는 열린 시야를 이용하였다. 이러한 초기의 시도를 뛰어넘어 레일리는 일정한 주기를 가지고 번쩍이는 스파크를 이용하여 빠르게 진동하는 물체를 관찰하려는 시도를 하였다.

1878년 1월 1일에 이미 레일리는 소리바퀴(phonic wheel)를 만들기 위한 초기 실험 연구를 수행하고 있었다. 그는 한두 개의 그로브 셀과 26Hz 소리굽쇠를 이용하여 조속기(regulator)를 만들었다. 그로브 셀에서 나오는 전류를 26Hz의 소리굽쇠로 단속하여 단속전류를 만들어내고 그것을 조속기에 달린 접극자에 연결하여 전자석의 밀고 당기는 힘에 의해 조속기를 회전시키는 방식이었다. 조속기에는 물바퀴(water wheel)를 장착하여 회전 속도를 균일하게 유지하는 효과를 보게 했다. 처음 것은 초당 13회 회전(26Hz의 절반의 회전수)하고 두 번째 것은 초당 3.25회 정도(26Hz의 4분의 1의 회전수) 회전하게 했다. 이러한 회전에 의해서 물바퀴 안에서는 물의 소용돌이가 생기게 되는데 레일리는 그것이 속력을 일정하게 유지시켜 주는 데 큰 도움을 준다고 생각했다.[146] 레일리는 1878년 1월 내내 물 기관에 의한 회전속도 조절기에 관련한 다양한 실험을 수행하였다. 레일리는 4개의 접극자를 가진 드럼(drum)을 만들고 이것을 128Hz 소리굽쇠와 2개의 그로브 셀로 작동시켜 보았고 구동 소리굽쇠를 38.5Hz 소리굽쇠로 바꾸어 실험을 해보기도 했다.[147] 이때 레일리는 드럼의 안정된 회전수를 얻기 위해 새로운 시도를 하였다. 단속기에서 전통적으로 사용되어 오던 수은을 백금으로 바꾸어본 것이다. 헬름홀츠는 네프(Neef)가 만든 단속기에서 수은과 소리굽쇠에 연결된 바늘의 접촉으로 전류를 연결시키고 끊어주어 전동 소리굽쇠를 작동시켰다. 이러한 방법을 헬름홀츠의 책에서 배운 레일리는 그동안 수은을 단속기에서 사용해 왔는데 이것이 단속 주기를 교란시키는 효과를 갖는다는 것을 감지하고 액체가 아닌 고체인 백금을 사용하여 단속기를 만들기를 시도한 것이었다. 레일리는 고체 단속기를 사용하게 되면 전류를 끊어놓는 타이밍을 정확하게 조절할 수 있게 되므로 더 나을 것이라고 생각하였다. 처음부터 그렇게 좋은 결과를 얻지는 못했지만 그는 지속된 노력으로 38Hz 소리굽쇠를 사용한 실험에서 더 나은 결과를 얻어내었다.[148]

---

146) Rayleigh, Experimental Notebook, 1878년 1월 1일.
147) 같은 글, 1878년 1월 22, 23일.

레일리의 전기 연구가 소리에 대한 연구와 긴밀하게 연결되는 지점이 주기적 단속 조명의 개발이었다. 주기적으로 켜졌다 꺼지는 조명을 사용하면 빠르게 진동하는 물체를 천천히 움직이는 것으로 볼 수 있게 된다. 1870년 2월 6일에 레일리는 소리굽쇠를 전기 회로에 연결하여 초당 10 내지 15회의 스파크를 일으켰다. 소리굽쇠는 오랫동안 음향학에서 안정한 주기 진동을 일으키는 도구로 널리 사용되고 있었으므로 이러한 장치를 전기 회로에 연결하여 스트로보스코프를 만들어내려는 노력은 음향학에서 채용되고 있었다. 소리굽쇠를 이용한 전기 회로의 단속 장치는 이미 헬름홀츠의 진동 현미경에서 사용되고 있었는데 레일리는 이것을 단속 조명에 연결하여 빠르게 진동하는 물체를 정지시켜서 볼 수 있는 장치를 고안하였다.

또한 레일리는 전기에 의해서 소리굽쇠를 안정되게 진동시키기 위해서 전자석을 단속 전류에 의해 구동시켜야 했는데 이러한 목적으로 헬름홀츠가 사용하던 방법과는 구별되는 새로운 배치를 고안하였다. 헬름홀츠는 전자석을 소리굽쇠의 바깥에 배치하는 방식으로 소리굽쇠의 가지를 주기적으로 진동시켰는데 레일리는 전자석을 소리굽쇠의 가지 사이에 배치함으로써 에너지의 전달을 훨씬 원활하게 만들었다. 소리굽쇠의 가지 사이에 있는 전자석은 양쪽의 가지를 동시에 잡아당김으로써 진동을 더욱 강력하고 동시에 이루어지도록 하는 효과가 있었다.

1879년에 레일리는 아래로 떨어뜨리는 분사가 소리에 반응을 보이는 것을 관찰하였다. 이 과정에서 전기에 의해 구동되는 단속 조명 장치가 핵심적인 도구로 역할을 감당했다.[149] 레일리는 분사물의 색을

---

148) 같은 글, 1878년 1월 29일.
149) 같은 글, 1879년 12월 3일.

잘 볼 수 있게 하기 위해 황산구리와 과망간산염(permanganate)을 사용했는데 후자가 더 민감한 결과를 내었다. 그는 느린 진동을 위해 1초에 2회에서 6회의 진동을 하는 시계 용수철 단속기(clock spring interrupter)를 사용했다. 또한 그는 16회에서 24회의 전동 소리굽쇠를 울려서 분사물에 진동이 전달되게 하였다. 분사물이 공기의 진동에 반응하여 움직이는 모습을 쉽게 관찰하기 위해서 일정한 주기의 시야 단속 장치(회전하는 바퀴나 소리굽쇠의 가지를 통해서 바라보기)를 사용하였는데 초기 단계(phase)에서는 물줄기가 멈춘 것처럼 보였다. 뱀처럼 구불거리는 운동(serpentine motion)이 공통적 특징이지만 첫 번째 분열점(rupture) 이후에는 주기성을 상실하는 것처럼 보였다. 이러한 초기의 분사물의 소리에 대한 반응성을 레일리가 관찰하는 데에는 단속하는 전류에 의해 작동되는 시야 단속 장치와 전동 소리굽쇠가 모두 핵심적인 역할을 하였다. 수력학적 연구에 레일리의 전기에 대한 이해가 중요한 기여를 한 지점이라고 말할 수 있다.

그러나 초기에 레일리가 고안한 스트로보스코프는 그렇게 단속 조명 장치로서 성공적이지 않았던 것으로 보인다. 1879년에 레일리는 24Hz의 소리굽쇠와 4개의 그로브 셀과 코일을 사용해서 스파크를 일으켜 아래로 쏘는 분사를 보는 단속 조명을 만들어냈다. 그러나 이 실험에서 레일리는 조명이 그렇게 주기적으로 안정되게 나타나지 않는다고 생각하였다.[150] 그리하여 다음날 레일리는 다시 회전하는 바퀴의 구멍으로 보는 방식으로 분사물을 관찰하기를 시도했다.[151] 그는 며칠 전에 사용한 하나의 관찰 구멍(view hole)이 있는 불균형 바퀴(unbalanced wheel)를 통해서 아래 방향으로 쏘아진 색물 분사물을

---

150) 같은 글, 1879년 12월 17일.
151) 같은 글, 1879년 12월 18일.

보았다. 이 장치는 그 전날 보았던 장치보다는 더 안정되게 분사물의
진동을 보여주었다. 그다음에 레일리는 전기로 작동되는 24Hz 소리굽
쇠로 분사를 흔들고 한번 진동할 때 2번의 관찰 창(view)을 제공하는
슬릿을 가진 12Hz 소리굽쇠를 통해 바라보았더니 진동하는 분사물이
정지된 것처럼 보였다. 레일리는 이것이 지금까지 자신이 시도해본 것
중에서 가장 좋은 배열이라고 평가했다. 초기 분사물 연구에서는 전기
로 진동하는 소리굽쇠가 만들어내는 슬릿이나 전기로 회전하는 바퀴
의 구멍이 보여주는 단속적 시야가, 단속적 조명보다 더 안정감 있게
느리게 보여주는 시야를 확보해 주었다.

　1890년 10월에 레일리는 윔즈허스트(Wimshurst) 장치를 사용하여
스파크를 연속적으로 얻을 수 있었다. 그리고 전화기를 2차 회로에 연
결하였을 때 종이 카드를 톱니바퀴(cogwheel)에 델 때처럼 반복되는
소리를 들을 수 있었다. 또한 소리굽쇠에 의해 주기적으로 흔들리는
거울로 스파크를 보니 규칙적으로 끝나는 점이 띄엄띄엄 끊어진 상태
로 불연속적으로 나타났다. 그는 128Hz 소리굽쇠를 전기적으로 진동
시키고 윔즈허스트 장치에서 나오는 2개의 스파크가 소리굽쇠 1회의
진동과 같은 주기로 일어나도록 조절해줄 수 있었다. 이로써 레일리는
스파크를 일정한 진동수를 갖고 일어나도록 하는 일에 성공하였다.

　1890년 12월에 레일리는 단속 조명을 해서 거품의 상승을 연속적으
로 보여주는 사진을 얻는 데 성공했다. 여기에서 우리는 레일리가 사
진술을 단속 조명과 결합하여 유체역학적 탐구에서 활용한 것을 볼
수 있다. 이것은 매우 선구적인 연구 성과였다. 레일리는 공기 방울을
잘 보기 위해서 미세한 노즐을 사용했고 상당한 압력으로 가스 홀더
에서 공기를 불어넣어주었다. 단속 조명을 얻기 위해서는 전에　사용
했던 것처럼 윔즈허스트의 정전기 발생장치와 콘덴서로 사용하는 큰

라이덴 병을 연결하여 라이덴 병의 충전이 다 이루어지면 방전이 일어나면서 스파크가 일어나도록 조절하였다. 이에 따라 랜턴에서는 거의 0.5초의 간격으로 스파크를 일으킬 수 있었다. 이 랜턴으로 올라가는 거품을 비추고 사진 노출 시간을 충분히 하면서 촬영을 하였다. 이로써 레일리는 연속적인 거품의 스트로보스코프 사진을 얻을 수 있었다. 이렇게 사진 촬영에 성공함으로써 스트로보스코프 관찰은 특수한 상황에서 특수한 조건하에서만 수행될 수 있었던 것에서 누구나 사진을 보고서 관찰자가 본 것을 확인할 수 있게 되었다. 이로써 관찰의 공공성이 더욱 확장되었고 관찰 결과의 객관성을 강화시키는 결과를 얻을 수 있게 되었다.

단속적 조명을 얻기 위한 노력 중에 레일리는 유도 코일을 이용해서 스파크를 일으키는 문제에 관심을 갖게 되었는데 이러한 맥락에서 스파크를 더욱 안정되게 일으키기 위한 노력을 수행하였다. 1901년에 나온 논문에서 레일리는 1차 회로의 단락에 의해서 작동되는 유도 코일과 관련된 실험상의 난제를 취급하였다.[152] 철 안에서 맴돌이 전류가 생기거나 자기력과 자기 사이에 비례 관계가 깨지는 문제가 하나의 원인이고, 단락을 일으킬 때 너무 긴 시간이 걸려서 순간적인 단락을 일으키지 못하는 점이 또 하나의 큰 원인이고, 2차 코일의 능력의 한계로 전류가 한순간에 전체 길이에서 전류가 동일하게 흐르지 않는 문제가 있음을 지적했다. 철을 이상적으로 보고, 단락이 순간적으로 일어나며, 2차 코일이 동시에 동일한 전류를 흐르게 한다면 이것의 이론은 매우 단순했다. 레일리는 스파크의 길이를 길게 하는 문제에 관

---

152) Rayleigh, "On the Induction Coil," *Philosophical Magazine* 2 (1901), pp. 581-594; *Scientific Papers by Lord Rayleigh*, vol. 4 art. 272, pp. 557-568.

심을 가졌는데 이 값은 1차 회로의 전류에 비례하고 코일의 길이에 비례하는 값이었다.[153] 레일리는 자신의 실험에서 스파크의 길이를 크게 하기 위해서 단락의 순간을 짧게 하는 시도를 해보았다. 막대기로 치거나 무거운 추를 높은 곳에서 떨어뜨려 단락을 일으키는 방법을 썼는데 1차 회로의 전원으로는 단일한 그로브 셀을 썼다. 손으로 쳤을 때 스파크의 길이는 8밀리미터였는데 12피트에서 추를 떨어뜨려 단락을 일으켰을 때 스파크의 길이는 8.5밀리미터로 커질 뿐이었다. 회로에 축전기를 달았을 때에는 스파크의 길이는 14밀리미터였다. 추를 쓰나 손으로 치나 별로 차이는 없었다. 전류를 세게 했을 때 효과는 확실했지만 역시 빠르게 단락을 일으키는 것은 별로 도움이 되지 않았다.[154] 그렇지만 전류 자체를 저항의 연결을 통해서 작게 했을 경우에는 축전기를 다는 것이 별로 도움이 되기보다는 방해가 되었다. 그리고 축전기를 연결하지 않고서 스파크의 길이를 크게 하기 위해 총알을 도입하여 단락 시간을 짧게 하는 방법은 축전기를 연결하고 백금 접촉법에 의한 단락을 사용할 때 정도의 효과를 나타냈다. 총알의 속력을 높이기 위해서 총알의 절반을 잘라내는 것은 효과가 있었다. 이러한 궁구를 통해서 레일리는 스파크를 일으키기에 더 좋은 방법들을 모색하였다. 이러한 스파크의 탐구는 간접적으로 단속 조명을 개선하는 데 도움을 주었을 것이다.

---

153) 같은 글, p. 562.
154) 같은 글, pp. 566-567.

맺음말

19세기를 거치면서 물리학은 성립되었다. 전통적으로 수학으로 여겨졌던 역학, 천체역학, 진동학, 광학과 같은 분야들이 철저한 실험적 기초 위에 서게 되었을 뿐 아니라 소리, 유체, 전기, 자기, 열을 다루던 실험적 분야들이 수학화의 과정을 거치면서 물리학을 구성하게 되었다. 이렇게 되어 물리학은 수학과 실험의 방법을 근간으로 하여 자연을 취급하는 독특한 과학 분야로서 위상을 확보하였다. 이러한 물리학의 형성 과정에서 물리학의 제 분야를 두루 섭렵하며 실험과 수학의 방법에서 모두 탁월한 성과를 내놓음으로써 물리학의 형성과 발전에 중요한 기여를 한 인물이 레일리였다. 레일리의 연구 작업은 그 자신이 물리학의 최전선에 서서 물리학의 성격을 빚어내는 데 있어서 핵심적인 역할을 감당하였다.

수력학과 전기 분야에서 레일리의 기여 또한 이런 맥락에서 이해될 수 있다. 이 두 분야는 실험을 토대로 하여 연구되었던 분야가 수학화를 거치면서 물리학에 편입된 쪽에 속하였는데 수학적 이론은 새로운 실험을 통해서 확고한 정당성을 부여받을 수 있었다. 19세기 후반을 거치면서 이 두 분야에서 실험과 수학은 긴밀한 상호 작용을 하면서 수레의 두 바퀴와 같이 나란히 발전해 나갔다. 레일리는 케임브리지 대학에서 철저한 수학적 자질을 훈련 받고 수학 트라이포스에서 가장 우수한 성적을 얻음으로써 그 능력을 인정받았다. 거기에 스스로 개발한 실험적 자질을 더욱 연마해 나감으로써 수학과 실험에서 최고급의 과학자로서 위상을 굳혔다. 그는 항상 수학과 실험을 병행하여 연구를 수행하였으며 이 둘은 서로가 서로를 끌어주는 역할을 하였기에 어느 것이 어느 것에 우선한다고 말할 수 없었다. 실험을 수행할 때에는 결과를 수학적으로 일반화된 이론적 토대 위해서 설명하기를 추구하였고 수학적으로 구축된 이론은 실험을 통해서 그 이론의 정당성을 확인하곤 했다. 이러한 상호 작용은 다른 연구자들의 연구 성과까지를 포괄하여 폭넓게 자신의 역할을 찾아나가는 방식으로 진행되었다.

레일리의 수력학 및 전기 연구는 다양한 동기와 다양한 목적에서 전개되었다. 이러한 연구 과정은 레일리가 처해 있던 당시 과학계의 현실에서 수력학과 전기가 당면한 문제가 무엇이었으며 그러한 문제의 해결을 위해서 레일리가 어떠한 노력을 경주하였는가를 보여준다. 해양, 호수, 운하, 강에서 배를 띄우고 배를 효과적이고 안전하게 운항시키기 위한 목적에서 강하게 동기 부여되었던 수력학은 매우 실용적 성격이 강한 분야였다. 이러한 목적에서 많은 실용적인 문제를 깊이 있게 연구한 이들은 엔지니어들이었다. 특히 영국에서는 프루드, 러셀, 랭카인과 같은 연구자들이 두드러졌다. 이들 엔지니어들은 강하게 경험적 토대 위에서 실험 연구에 종사하였으며 때로는 수학적 이론을 구축하기도 하였지만 수력학 분야가 체계적인 수학화의 길을 거치게 된 것은 대학에서 철저하게 수학을 훈련받은 과학자들에 의해서였다. 이들 연구자들은 탁월한 수학적 자질을 바탕으로 보다 폭넓은 수력학적 문제들을 체계적으로 접근하였다. 이런 점에서 스톡스는 가장 뛰어 난 수학자였다. 그는 수력학적 문제를 체계적으로 취급할 수 있는 개념적 기초를 창안하였고 이에 따라 미분 방정식을 체계적으로 구축할 수 있는 길을 열었다. 스톡스에게 케임브리지 대학에서 배웠던 차세대 과학자들은 스톡스의 방법을 더욱 확장, 심화시켜 다양한 문제들을 수학적으로 표현하고 해법을 찾아냈다. 그러한 작업의 전선에 레이놀즈 나 레일리가 있었다.

레일리는 유체역학이라는 보다 일반적인 시각으로 액체나 기체를 바라보았고 당면한 실용적 목적을 뛰어넘어 액체와 기체의 일반적인 성질의 측면에서 이들의 운동을 취급하였다. 그리하여 유체의 불안정 성과 저항과의 관련성에 대해서나 모세관력에 대한 관심은 보다 폭넓은 물리적인 문제에 대한 확장된 이해로 나아가는 길을 마련하였다. 특히 분사물에 대한 실험적 연구는 지속적으로 그것에 대한 수학적 취급에 대한 관심을 낳았고 그의 음향학에 대한 관심은 공기 중에서 의 유체역학의 문제에 대한 해석학적 해법을 지속적으로 추구하게 하였다. 소리 전달의 매질로서 공기에 대한 지속적인 관심과 소리를 검출하는 수단으로서 액체와 기체 분사물에 대한 지속적인 관심이 맞물리면서 레일리에게 음향학은 수력학과 뗄 수 없는 관계를 맺게 되었다.

19세기를 거치면서 전기 분야는 대륙의 물리학자들과는 다른 맥락 에서 영국에서는 맥스웰이라는 탁월한 수학적 이론가의 출현으로 패러데이의 선구적인 실험적 성과들이 탄탄한 수학적 기초 위에서 전자 기학이라는 확고한 물리학의 분야로 정립되었다. 이러한 이론적 토대 는 너무나도 탄탄하여서 전자기학은 뉴턴과 18세기와 19세기의 탁월 한 수학자들에 의해 과학의 전범으로 정립되었던 역학 분야와 어깨를 겨룰 정도가 되었다. 이러한 전자기학 분야의 확고한 이론화는 20세기로 접어들 무렵에는 역학적 세계관을 대치할 수 있는 대안적 관점으로서 전자기적 세계관을 형성시켜 새로운 물리학의 길을 열려는 움직임을 보였다. 이러한 현장에 라머, 로렌츠, 피츠제럴드, 헤비사이드와 같은 걸출한 물리학자들이 포진해 있었다. 이들의 시도는 전자기학과 역학을 새로운 시각에서 바라보는 아인슈타인의 상대성 이론의 출현에 의해 이론적 토대를 심각하게 도전받았고 한 시대를 풍미했던 잊혀진 과학으로 전락하고 말았다. 그럼에도 불구하고 19세기의 전자기학은 상대성 이론이라는 새로운 역학을 여는 데 기초를 놓았을 뿐 아니라 장 물리학이라는 새로운 자연관을 구축하는 데 핵심적인 역할을 하였다.

이러한 맥락에서 19세기 전자기학을 바라보는 기존의 관점은 다분히 휘그적이다. 기존 연구자들은 이러한 거대한 맥락과 관계된 문제들에만 주의를 집중하고 19세기 당시의 전자기학의 맥락에서 현상을 바라보지 못했다. 그런 점에서 맥스웰의 『전기자기론』에서 두드러지게 나타나는 실험에 대한 지대한 관심의 연원과 배경에 대해서는 제대로 연구되지 않았다. 이 걸출한 저작은 단순히 장의 개념과 '긴장'의 역학을 전자기 분야에서 구축하는 데만 관심을 기울이고 있는 것이 아니라 다양한 당시의 실험 연구의 실상을 전달하려는 취지를 담고 있었다. 이러한 장들은 매우 독립적인 구성을 갖고 있었는데 그런 과정에서 전자기학을 확고한 실험적 토대 위에 구축하려는 당시 연구자들의 의도를 반영하고 있었다.

이러한 당시의 맥락을 이해하는 데 레일리의 전자기 연구는 중요한 개념적 토대를 제공한다. 일급 물리학자라고 할만한 레일리는 사실상 맥스웰의 새로운 전자기적 이해 방식에 그렇게 지대한 관심을 기울이지 않았으며 오히려 상당히 동떨어진 주변적 문제에 관심을 기울인 것처럼 비추어진다. 그나마 레일리가 집중적인 관심의 조명을 받았던 것은 그가 전기의 표준화 작업에 중요한 기여를 했다는 점이었다. 케임브리지 대학의 캐번디시 연구소의 소장으로 재직하던 짧은 기간 동안에 레일리는 저항의 단위인 옴을 비롯하여 암페어와 볼트의 단위를 정확하게 측정하는 데 기여를 함으로써 당시에 전기 산업에서 요구하는 표준화의 요구에 효과적으로 대응할 수 있었다. 전기 분야에서 레일리의 기여는 고작 이 정도로 폄하되어 왔고 그의 전기 연구가 당시 맥락에서 어떤 의미를 갖는지는 연구되지 않았다. 실제로 당시 전자기의 표준화의 문제는 비단 단위의 확정에만 관계된 것이 아니었다. 맥스웰이 자신의 책에서 그렇게 많은 분량을 할애해서 전달했던, 윌리엄 톰슨을 비롯한 당시 실험 연구자들의 정밀한 전자기 실험 장치의 작동 원리는 정량화된 측정의 문제에 왜 당시 실험 연구자들이 그렇게 많은 관심을 기울였는지에 의문을 갖게 만든다. 동일한 맥락에서 우리는 레일리가 왜 그렇게 많은 시간을 일정한 기전력을 내는 전지를 만드는 데 할애했는지를 돌아보게 된다. 은의 당량을 정확하게 측정하여 표준을 삼으려는 노력은 결국 질량을 정확하게 측정하는 문제에 닿아 있고 갈바노미터의 성능의 개선처럼 믿을 만한 측정 수단의 확보의 문제가 물리학의 제반 문제에 퍼져 있음을 깨닫게 한다. 이렇게 레일리의 물질의 양에 대한 깊이 있는 관심을 추적하다 보면 그에게 노벨 물리학상을 안겨주었던 희귀가스 아르곤의 발견이 그의 연구의 핵심에서 벗어난 외도 중에 얻어진 것이 아니라 그가 수십 년 동안 지속적으로 관심을 기울였던 실험적 노력의 자연스러운 귀결이었음을 깨닫게 된다.

이러한 관심과 연계되어서 레일리가 음향학의 실험적 문제를 해결하기 위해서 그렇게 많은 관심을 기울였던 전동 소리굽쇠의 제어의 문제와 전류의 검출 장치로서 전화기의 역할에 대한 지속적인 탐구활동도 이해될 수 있다. 정밀성의 확보는 음향학 실험에서도 역시 중요한 화두였던 것이다. 소리 바퀴나 레일리 디스크의 고안이 음향학에서 정밀성을 확보하는 데 핵심적인 역할을 하였고 이러한 중요한 실험적 성취에는 전기의 단속 제어가 중요한 기술적 선행 과제로 대두되었다. 그런 점에서 레일리의 전기 연구는 음향학과 긴밀한 상호 작용을 하고 있었다. 이런 점에서 레일리의 수력학과 전기학 연구는 당시 물리학의 관심사를 당시의 맥락에서 이해하는 데 중요한 착안점을 제공하며 역사는 당시의 맥락에서 이해하여야 한다는 역사학적 요구를 충족시키는 데 기여할 수 있을 것이다.

❀ 참고문헌 ❀

◆ 사 료

Rayleigh, Experimental Notebook, housed in Burndy Library, Dibner
   Institute, MIT, Cambridge.

Airy, G.B., "Tides and Waves" *Encyclopedia Metropolitana.* London,
   1845, vol. 5, pp. 241 -396.

Bedae, *Opera de Temporibus,* Art. 29, ed. C.W. Jones, Cambridge,
   Mass, 1943.

Bernoulli, Johann, 'Hydraulica nunc prmum detecta ac demonstrata
   directe ex fundamentis pure mechanicis. Anno 1732', *Opera
   omnia* 4.

Bernoulli, Daniel, *Hydrodynamica, sive de viribus et motibus fluidorum
   commentarii.* Strasbourg, 1738.

Cavendish, Henry, *The Electrical Researches of the Honourable Henry
   Cavendish edited by James Clerk Maxwell.* Cambridge: Cam-
   bridge University Press, 1879.

Challis, James, "Report on the Present State of the Analytical Theory
   of Hydrostatics and Hydrodynamics," *British Association Report,*

1833, pp. 131−151.

D'Alembert, Jean le Rond, *Traité de dynamique*. Paris, 1744.

Faraday, Michael, *Chemical Manipulation: being Instructions to Students in Chemistry, on the Methods of Performing Experiments of Demonstration or of Research, with Accuracy and Success*. London: Murray, 1827.

Gerstner, Franz Joseph von, "Theorie de Wellen," *Annalen der Physik* 32 (1809), pp. 412−415.

Havelock, Thomas Henry, "The Propagation of Groups of Waves in Dispersive Media, with Applications to Waves on Water Produced by a Travelling Disturbance," *Proceedings of Royal Society of London* 81 (1908), pp. 398−430.

Helmholtz, Hermann von, "Bericht über die theoretische Akustik betreffenden Arbeiten vom Jahren 1848 und 1849," *Die Fortschritte der Physik* 4 (1852), pp. 124−125; 5 (1853), pp. 93−98.

Hough, S.S., "On the Application of Harmonic Analysis to the Dynamical Theory of the Tides, I – On Laplace's 'Oscillations of the First Species', *Philosophical Transactions of Royal Society of London*, 189 (1897), pp. 201−257.

_____, "On the Dynamics of Ocean Currents II – On the General Integration of Laplace's Dynamical Equations," *Philosophical Transactions of Royal Society of London* 191 (1898) pp. 139−185.

Lagrange, Joseph L, "Mémoire sur la théorie mouvement des fluides," *Mémoires*, Académie Royale des Sciences et des Belles-Lettres de Berlin, 1781; *Oeuvres*, vol. 4 (1869), pp. 695−750.

Magnus, Gustav, "Über die Abweichung der Geschosse, und: Über eine auffallende Erscheinung bei rotirenden Köpern, *Annalen der Physik* 88 (1853) pp. 1−29.

Maxwell, J.C., *Treatise on Electricity and Magnetism*. 3rd ed. New

York: Dover, 1954.

Poiseuille, Jean-Louis, "Researches Expérimentales sur le mouvement des liquides dans les tubes de trés petit diamétre," *Mémoires des Académie des Sciences de l'Institut de France* 9 (1844), pp. 433–543.

Rayleigh and Mrs. H. Sidgwick, "On the Electro-Chemical Equivalent of Silver, and on the Absolute Electromotive Force of Clark Cells," *Philosophical Transactions* 175 (1884), pp. 411–460: *Scientific Papers by Lord Rayleigh*, vol. 2, art. 112, pp. 278–332.

Rayleigh, *Scientific Papers by Lord Rayleigh*. New York: Dover, 1954.

_____, "On Waves," *Philosophical Magazine* 1 (1876), pp. 257–279: *Scientific Papers by Lord Rayleigh*, vol. 1, art. 38, pp. 251–271.

_____, "Notes on Hydrodynamics," *Philosophical Magazine* 2 (1876), pp. 441–447: *Scientific Papers by Lord Rayleigh*, vol. 1, art. 43, p.297–304.

_____, "On the Irregular Flight of a Tennis-Ball," *Messenger of Mathematics* 7 (1877), pp. 14–16: *Scientific Papers by Lord Rayleigh*, vol. 1, art. 53, pp. 344–346.

_____, "On the Instability of Jets," *Proceedings of London Mathematical Society* 10 (1879) pp. 4–13: *Scientific Papers by Lord Rayleigh*, vol. 1, art. 58, pp. 361–371.

_____, "On the Stability, or Instability, of Certain Fluid Motions," *Proceedings of London Mathematical Society* 11 (1880) pp. 57–70: *Scientific Papers by Lord Rayleigh*, vol. 1, art. 66, pp. 474–487.

_____, "On the Electromagnetic Theory of Light," *Philosophical Magazine*, 12 (1881), pp. 81–101: *Scientific Papers by Lord Rayleigh*, vol. 1, art. 74, pp. 518–536.

_____, "On the Determination of the Ohm [B.A. Unit] in Absolute Measure by Lord Rayleigh, F.R.S. and Arthur Schuster Ph. D.,

F.R.S." *Proceedings of the Royal Society*, 32 (1881), pp. 104–141; *Scientific Papers by Lord Rayleigh*, vol. 2, art. 79, pp. 1–37.

_____, "Comparison of Methods for the Determination of Resistances in Absolute Measure," *Philosophical Magazine* 14 (1882), pp. 186–187; *Scientific Papers by Lord Rayleigh*, vol. 2, art. 92, pp. 134–150.

_____, "Suggestions for Facilitating the Use of a Delicate Balance," *British Association Report*, 1883, pp. 401–402; *Scientific Papers by Lord Rayleigh*, vol. 2, art. 104, pp. 226–227.

_____, "On Laplace's Theory of Capillarity," *Philosophical Magazine*, 16 (1883), pp. 309–315; *Scientific Papers by Lord Rayleigh*, vol. 2, art. 106, pp. 231–236.

_____, "On the Measurement of Electric Currents," *Cambridge Philosophical Society Proceedings* 5 (1883), pp. 50–52; *Scientific Papers by Lord Rayleigh*, vol. 2, art. 107, p. 309–310.

_____, "On the Circulation of Air Observed in Kundt's Tubes and on Some Allied Acoustical Problems," *Philosophical Transactions* 175 (1883), pp. 1–21; *Scientific Papers by Lord Rayleigh*, vol. 2, art. 108, pp. 239–257.

_____, "The Form of Standing Waves on the Surface of Running Water," *Proceedings of London Mathematical Society* 2 (1883), pp. 69–78; *Scientific Papers by Lord Rayleigh*, vol. 2, art. 109, pp. 258–267.

_____, "Presidential Address," *British Association Report*, 1884; pp. 1–23; *Scientific Papers by Lord Rayleigh*, vol. 2, art. 113, pp. 333–354.

_____, "On Telephoning through a Cable," *British Association Report*, 1884, pp. 632–633; *Scientific Papers by Lord Rayleigh*, vol. 3, art. 115, pp. 356.

_____, "On a Galvanometer with Twenty Wires," *British Association Report* 1884, p.633; *Scientific Papers by Lord Rayleigh*, vol. 3 art. 116, pp. 357–358.

_____, "Self-Induction in Relation to Certain Experiments of Mr Willoughby Smith and to the Determination of the Ohm," *Nature* 32 (1885), p. 7; *Scientific Papers by Lord Rayleigh*, vol. 3, art. 123, pp. 422–423.

_____, "On the Clark Cell as a Standard of Electro-motive Force," *Philosophical Transactions* 176 (1886), pp. 781–800; *Scientific Papers by Lord Rayleigh*, vol. 3, art. 132, pp. 451–473.

_____, "On the Theory of Surface Forces," *Philosophical Magazine* 30 (1890), pp. 285–298, 456–475; *Scientific Papers by Lord Rayleigh*, vol. 3, art. 176, pp. 397–425.

_____, "On the Sensitiveness of the Bridge Method in Its Application to Periodic Electric Currents," *Proceedings of the Royal Society* 49 (1891), pp. 203–217; *Scientific Papers by Lord Rayleigh*, vol. 3, art. 180, pp. 452–464.

_____, "On the Theory of Surface Forces II - Compressible Fluids," *Philosophical Magazine* 33 (1892), pp. 209–220; *Scientific Papers by Lord Rayleigh*, vol. 3, art. 186, pp. 513–523.

_____, "On the Theory of Surface Forces III - Effect of Slight Con- taminations," *Philosophical Magazine* 33 (1892), pp. 468–471; *Scientific Papers by Lord Rayleigh*, vol. 3, art. 193, pp. 572– 574.

_____, "On the Question of the Stability of the Flow of Fluids," *Philosophical Magazine* 34 (1892), pp. 59–70; *Scientific Papers by Lord Rayleigh*, vol. 3, art. 194, pp. 575–584.

_____, "On the Instability of a Cylinder of Viscous Liquid under Capillary Force," *Philosophical Magazine* 34 (1892), pp. 145–

154; *Scientific Papers by Lord Rayleigh*, vol. 3, art. 195, pp. 585
–593.

_____, "On the Minimum Current Audible in the Telephone,"
Philosophical Magazine 38 (1894), pp. 285–295; *Scientific Papers
by Lord Rayleigh*, vol. 4, art. 211, pp. 109–118.

_____, "An Attempt at a Quantitative Theory of the Telephone,"
Philosophical Magazine 38 (1894), pp. 295–301; *Scientific Papers
by Lord Rayleigh*, vol. 4, art. 212, pp. 119–124.

_____, "On the Incidence of Aerial and Electric Waves Upon
Obstacles in the Form of Ellipsoids or Elliptical Cylinders and
on the Passage of Electric Waves through a Circular Aperture
in a Conducting Screen," *Philosophical Magazine* 44 (1897), pp.
28–52; *Scientific Papers by Lord Rayleigh*, vol. 4, art. 230, pp.
305–326.

_____, "On the Passage of Electric Waves Through Tubes, or the
Vibrations of Dielectric Cylinders," *Philosophical Magazine* 43
(1897), pp. 125–132; *Scientific Papers by Lord Rayleigh*, vol. 4,
art. 226, pp. 276–282.

_____, "On the Propagation of Electric Waves along Cylindrical
Conductors of Any Section," *Philosophical Magazine* 44 (1898),
pp. 199–204; *Scientific Papers by Lord Rayleigh*, vol. 4, art.
231, pp. 327–331.

_____, "The Electro-chemical Equivalent of Silver," *Nature* 56 (1897),
p. 292; *Scientific Papers by Lord Rayleigh*, vol. 4, art. 232, p. 332.

_____, "Some Experiments with the Telephone," *Royal Institution
Proceedings* 15 (1898), pp. 786–789; *Nature* 58 (1898), pp. 429
–430; *Scientific Papers by Lord Rayleigh*, vol. 4, art. 239, pp.
357–366.

_____, "Investigations in Capillarity: The Size of Drops - The Liberation of Gas From Supersaturated Solutions - Colliding Jets - The Tension of Contaminated Water Surfaces - A Curious Observation," *Philosophical Magazine* 48 (1899), pp. 321–337; *Scientific Papers by Lord Rayleigh*, vol. 4, art. 251, pp. 415–430.

_____, "Remarks upon the Law of Complete Radiation," *Philosophical Magazine*, 49 (1900), pp. 539–540; *Scientific Papers by Lord Rayleigh*, vol. 4, art. 260, pp. 483–485.

_____, "On the Induction Coil," *Philosophical Magazine* 2 (1901), pp. 581–594; *Scientific Papers by Lord Rayleigh*, vol. 4, art. 272, pp. 557–568.

_____, "Note on the Theory of the Fortnightly Tide," *Philosophical Magazine* 5 (1903), pp. 136–141; *Scientific Papers by Lord Rayleigh*, vol. 5, art. 282, pp. 84–88.

_____, "Dynamical Theory of Gases and Radiation," *Nature* 72 (1905), pp. 54–55, pp. 243–244; *Scientific Papers by Lord Rayleigh*, vol. 5, art. 305, pp. 248–252.

_____, "Notes Concerning Tidal Oscillations upon a Rotating Globe," *Proceedings of the Royal Society*, A, 82 (1909), pp. 448–464; *Scientific Papers by Lord Rayleigh*, vol. 5, art. 334, pp. 497–513.

_____, "On the Resistance Due to Obliquely Moving Waves and Its Dependence upon the Particular Form of the Fore-Part of a Ship," *Philosophical Magazine* 18 (1909), pp. 414–416; *Scientific Papers by Lord Rayleigh*, vol. 5, art. 336, pp. 519–521.

_____, "Note on the Application of the Principle of Dynamical Similarity," *Report of the Advisory Committee for Aeronautics*, 1909–1910, p. 38; *Scientific Papers by Lord Rayleigh*, vol. 5, art. 340, pp. 532–533.

_____, "The Principle of Dynamical Similarity in Reference to the Results of Experiments on the Resistance of Square Plates

Normal to a Current of Air," *Report of the Advisory Committee for Aeronautics*, 1910-1911; *Scientific Papers by Lord Rayleigh*, vol. 5, art. 341, pp. 534–535.

_____, "On the Motion of Solid Bodies through Viscous Liquid," *Philosophical Magazine* 21 (1911), pp. 697–711; *Scientific Papers by Lord Rayleigh*, vol. 5, art. 354, pp. 29–40.

_____, "On the Self-Induction of Electric Currents in a Thin Anchor-Ring," *Proceedings of the Royal Society* A 86 (1912), pp. 562–571; *Scientific Papers by Lord Rayleigh*, vol. 6, art. 364, pp. 101–110.

_____, "Electrical Vibrations on a Thin Anchor-Ring," *Proceedings of the Royal Society* A 87 (1912), pp. 193–202; *Scientific Papers by Lord Rayleigh*, vol. 6, art. 365, pp. 111–120.

Russell, Scott, 'Experimental Researches into the Laws of Certain Hydrodynamical Phenomena that Accompany the Motion of Floating Bodies, and Have Not Previously Been Reduced into Conformity with the Known Laws of the Resistance of Fluids," *Transactions of Royal Society of Edinburgh* 14 (1839), pp. 47–109.

Rayleigh and Arthur Schuster, "On the Determination of the Ohm [B. A. Unit] in Absolute Measure." *Proceedings of Royal Society of London*, 32 (1881), pp. 104–141; *Scientific Papers by Lord Rayleigh*, vol. 1, art. 79, pp. 1–37.

Stokes, George Gabriel, "Report on Recent Researches on Hydrodynamics," *British Association Report* (1846); *Mathematical and Physical Papers*. 5 vols. Cambridge, 1880–1905, vol. 1, pp. 157–187.

Strutt, John William, "On the Theory of Resonance," *Philosophical Transactions* 161 (1870), p. 78; *Scientific Papers by Lord Rayleigh*, vol. 1, art. 5, p. 34.

Tait, Guthrie, *Lectures on Some Recent Advances in Physical Sciences*,

2nd ed. London, 1876.

Thomson, William, "The Influence of Wind and Capillarity on Waves in Water Supposed Frictionless," *Mathematical and Physical Papers*. Cambridge, 1882–1911, vol. 4, pp. 76–79.

_____, "On a Disturbing Infinity in Lord Rayleigh's Solution for Waves in a Plane Vortex Stratum," *Mathematical and Physical Papers*. Cambridge, 1882–1911, vol. 4, 1880, pp. 186–187.

_____, "On the Doctrine of Discontinuity of Fluid Motion, in Connection with the Resistance against a Solid moving through a Fluid," *Mathematical and Physical Papers*. Cambridge, 1882–1911, vol. 4, pp. 215–230.

_____, "On Ship Waves," *Popular Lectures and Addresses*, 3 vols. London, 1891, vol. 3, pp. 450–500.

Thomson, William and Peter Guthrie Tait, *Treatise on Natural Philosophy*. New Edition. Cambridge: Cambridge University Press, 1879.

Tyndall, John, "On the Action of Sonorous Vibrations on Gaseous and Liquid Jets," *Philosophical Magazine* 33 (1867), pp. 375–391.

Weber, Henrich and Wilhelm Weber, *Wellenlehre auf Experimente gegründet, oder über die Wellen tropfbarer Flüssigkeiten mit Anwendung auf die Schall- und Lichtwellen*. Leipzig, 1825.

◆ 연구서 및 연구 논문

Ball, W. W. Rouse, *A History of the Study of Mathematics at Cambridge*. Cambridge: Cambridge University Press, 1889.

_____, "The Cambridge School of Mathematics," *The Mathematical Gazette* 6 (1912), pp. 311–323.

Becher, Harvey W. "Radicals, Whigs and Conservatives: the Middle and Lower Classes in the Analytical Revolution at Cambridge in the Age of Aristocracy," *British Journal of History of Science* 28 (1993), pp. 405–426.

Brock, William H., *The Fontana History of Chemistry*. London: Fontana, 1992.

Brooks, John, *Telephone: The First Hundred Years*. New York: Harper & Row, 1875.

Campbell, Lewis and William Garnett, *The Life of James Clerk Maxwell*. London: Macmillan, 1884.

Cartwright, David Edgar, *Tides: A Scientific History*. Cambridge: Cambridge University Press, 1999.

Craik, Alex, "The Origins of Water Wave Theory," *Annual Reviews of Fluid Mechanics* 36 (2004), pp. 1–28.

Crowther, J.C., *The Cavendish Laboratory 1874–1974*. London and Basingstoke: Macmillan Press, 1974.

Darrigol, Olivier, *Worlds of Flows: A History of Hydrodynamics from the Bernoullis to Prandtl*. Oxford: Oxford University Press, 2005.

Dibner, Bern, *Early Electrical Machines*. Norwalk: Burndy Library, 1957.

_____, *Oersted and the Discovery of Electromagnetism*. New York: Blaisdell, 1962.

_____, *Alessandro Volta and the Electric Battery*. New York: Franklin Watts, 1964.

_____, *The Atlantic Cable*. New York: Blaisdell, 1964.

_____, *Benjamin Franklin: Electrician*. Norwalk: Burndy Library, 1976.

Drazin P.G. and W.H. Reid, *Hydrodynamic Stability*. Cambridge: Cambridge University Press, 1981.

Dugas, René, *A History of Mechanics*, New York: Dover Publications, 1988.

Fowles, Grant R., *Introduction to Modern Optics*, 2nd ed. New York: Holt, Rinehart and Wiston, Inc., 1975.

Gavin, Sir William, *Ninety Years of Family Farming: The Story of Lord Rayleigh's and Strutt & Parker·Farms*, London: Hutchinson, 1967.

Glazebrook, R.T., *James Clerk Maxwell and Modern Physics*. London: Cassell, 1896.

Hankins, Thomas, *Science and the Enlightenment*. Cambridge: Cambridge University Press, 1985.

Harman, Peter, *Energy, Force, and Matter: The Conceptual Development of Nineteenth-Century Physics*. Cambridge: Cambridge University Press, 1982. 『피터 하만, 에너지, 힘, 물질: 19세기 물리학』, 서울: 도서출판 성우, 2000.

Heath, Sir Thomas, *Aristarchus of Samos, the Ancient Copernicus*. Oxford, 1913, reprint New York: Dover, 1981.

John Hendry, *James Clerk Maxwell and the Theory of the Electromagnetic Field*. Bristol and Boston: Adam Hilgar, 1986.

Hunt, Bruce J., "The Ohm Is Where the Art Is: British Telegraph Engineers and the Development of Electrical Standards," *Osiris* 9 (1994), pp. 48–63.

Kim, Dong-Won, "The Emergence of the Cavendish School: An Early History of the Cavendish Laboratory, 1871-1900," Ph. D. Dissertation, Harvard University, 1991.

―――――――, *Leadership and Creativity: A History of the Cavendish Laboratory, 1871–1919*. Dordrecht: Kluwer, 2002.

Ku, Ja Hyon, "J.W. Strutt, Third Baron Rayleigh, The Theory of Sound, First Edition (1877–78)," in Ivor Grattan-Guinness ed., *Landmark Writings in Western Mathematics 1640–1940*. Amsterdam: Elsevier, 2005, chapter 45. pp. 588–599.

―――――――, "British Acoustics and Its Transformation from the

1860s to 1910s," *Annals of Science* 63 (2006), pp. 395–423.

Larsen, Russell D., "Lessons Learned from Lord Rayleigh on the Importance of Data Analysis," *Journal of Chemical Education* 67 (1990), pp. 925–928.

Lindley, David, *Degrees Kelvin: A Tale of Genius, Invention, and Tragedy.* Washington: Joseph Henry Press, 2004.

Lindsay, R. Bruce (ed.), *Lord Rayleigh: The Man and His Work.* Oxford: Pergamon Press, 1970.

_____, "Strutt, John William, Third Baron Rayleigh," in Charles Coulston Gillispie, ed. *Dictionary of Scientific Biography.* New York: Scribner, 1972. vol. 13, pp. 100–107.

Mahon, Basil, *The Man Who Changed Everything: The Life of James Clerk Maxwell.* Chichester: John Wiley, 2004.

Nylor, Ron, "Galileo's Tidal Theory," *Isis* 98 (2007), pp. 1–22.

Russell, Colin A., *Michael Faraday: Physics and Faith.* Oxford: Oxford University Press, 2000.

Siegel, Daniel M., *Innovation in Maxwell's Electromagnetic Theory: Molecular Vortices, Displacement Current, and Light.* Cambridge: Cambridge University Press, 1991.

Smith, Crosbie and M. Norton Wise, *Energy and Empire: A Biographical Study of Lord Kelvin.* Cambridge: Cambridge University Press, 1989.

Strutt, R.J., *Life of John William Strutt, Third Baron Rayleigh. O.M., F.R.S.* London: Edward Arnold, 1924; 2nd augmented, Madison: Wisconsin, 1968.

Warwick, Andrew, "Cambridge Mathematics and Cavendish Physics: Cunningham, Campbell and Einstein's Relativity 1905–1911, Part I: The Uses of Theory," *Studies of History and Philosophy of Science* 23 (1992), pp. 625–656.

_____, "Cambridge Mathematics and Cavendish Physics: Cunningham, Campbell and Einstein's Relativity 1905-1911, Part Ⅱ: Comparing Traditions in Cambridge Physics," *Studies of History and Philosophy of Science* 24 (1993), pp. 1 −25.

_____, "Exercising the Student Body: Mathematics and Athleticism in Victorian Cambridge" in Christopher Lawrence, Steven Shapin eds. *Science Incarnate: Historical Embodiments of Natural Knowledge.* Chicago: University of Chicago Press, 1998, pp. 288 −326.

_____, *Masters of Theory: Cambridge and the Rise of Mathematical Physics.* Chicago: University of Chicago Press, 2003.

Wilson, David B., "Experimentalists among the Mathematicians: Physics in the Cambridge Natural Sciences Tripos, 1851 −1900," *Historical Studies of Physical Sciences* 12 (1982), pp. 325 −371.

_____, *Kelvin and Stokes: A Comparative Study in Victorian Physics.* Bristol: Adam Hilgar, 1987.

구자현, 「레일리(1842 − 1919)의 음향학 연구의 성격과 성과」, 서울대학교 대학원 박사학위논문, 2002.

____, 「레일리의 실험 음향학 연구의 성과: 도구의 개선과 정밀성의 증진」, 한국음향학회지 22 (2003), pp. 114 − 120.

서소영, 「'전기화학법칙'(1832 − 1834) 성립 과정에 나타난 화학자 패러데이의 면모」, 서울대학교 이학석사논문, 1996.

임경순, 『현대 물리학의 선구자들』, 서울: 다산출판사, 2000.

· 저자 ·

구자현 · 약 력 ·
(具滋賢)   서울대학교 자연대학 물리학과 졸업
          서울대학교 대학원 과학사 및 과학철학 협동과정 석사
          서울대학교 대학원 과학사 및 과학철학 협동과정 박사
          서울대, 건국대, 숭실대, 홍익대, 서울시립대, 성공회대, 숙명여대, 대전대에서 강의
          현재 영산대학교 자유전공학부 조교수

          · 주요논저 ·
          『레일리의 음향학 연구의 성격과 성과』
          「19세기 음향학과 음악의 교감」
          「British Acoustics and its Transformation from the 1860s to the 1910s」
          「소리의 그늘, 반사, 간섭, 회절의 검출을 위한 레일리의 선구적 실험에 대한 연구」
          「19세기 영국 음향학의 특성 탐구: 음악과의 상호 작용을 중심으로」
          「Rayleigh's Acoustical Research on the Fog Signal」
          「레일리의 실험 음향학 연구의 성과: 도구의 개선과 정밀성의 증진」
          「Rayleigh의 소리의 방향지각 연구에 대한 과학사적 고찰」
          「엘리스(Havelock Ellis)의 성심리학 연구」(공저)
          『화염검의 언저리에서: 소설 속의 물리학은 재미있다』
          『Landmark Writings in Western Mathematics 1640-1940』(공저)
          『놀라운 발견들』(역서)
          『과학과 종교, 상생의 길을 가다』(역서)
          『Time: 시간여행 가이드』(역서)
          『아인슈타인의 나의 세계관』(공역)
          『천문학』(역서) / 『시간과 공간』(역서)
          『힘과 운동』(역서) / 『전기』(역서)
          『탈 것』(역서) / 『날씨와 환경』(역서)
          『물질과 에너지』(역서) / 『우주』(역서)

레일리의

수력학·전기학 연구

• 초판 인쇄	2008년 2월 29일
• 초판 발행	2008년 2월 29일
• 지 은 이	구자현
• 펴 낸 이	채종준
• 펴 낸 곳	한국학술정보㈜
	경기도 파주시 교하읍 문발리 513-5
	파주출판문화정보산업단지
	전화 031) 908-3181(대표) · 팩스 031) 908-3189
	홈페이지 http://www.kstudy.com
	e-mail(출판사업부) publish@kstudy.com
• 등 록	제일산-115호(2000. 6. 19)
• 가 격	17,000원

ISBN   978-89-534-8091-9 93400 (Paper Book)
        978-89-534-8092-6 98400 (e-Book)